·四川大学精品立项教材·

高分子近代分析方法

GAOFENZI JINDAI FENXI FANGFA

第二版

张 倩 编著

四川大学出版社

责任编辑：毕　潜
责任校对：李思莹
封面设计：墨创文化
责任印制：王　炜

图书在版编目(CIP)数据

高分子近代分析方法 / 张倩编著. —2 版. —成都：四川大学出版社，2015.11
ISBN 978-7-5614-9091-4

Ⅰ.①高…　Ⅱ.①张…　Ⅲ.①高分子材料-化学分析　Ⅳ.①TB324

中国版本图书馆 CIP 数据核字（2015）第 259591 号

书名　**高分子近代分析方法(第二版)**

编　　著　张　倩
出　　版　四川大学出版社
地　　址　成都市一环路南一段 24 号 (610065)
发　　行　四川大学出版社
书　　号　ISBN 978-7-5614-9091-4
印　　刷　郫县犀浦印刷厂
成品尺寸　185 mm×260 mm
印　　张　14.25
字　　数　374 千字
版　　次　2015 年 12 月第 2 版
印　　次　2015 年 12 月第 1 次印刷
定　　价　39.00 元

◆读者邮购本书，请与本社发行科联系。
电话：(028)85408408/(028)85401670/
(028)85408023　邮政编码：610065
◆本社图书如有印装质量问题，请寄回出版社调换。
◆网址：http://www.scup.cn

前 言

“高分子近代分析方法”是应用近代仪器分析的基本原理，研究聚合物链的结构、聚集态结构、谱图解析、试样制备及各种现代精密仪器在高聚物中应用的一门科学。教材的结构界定在“高分子材料与工程”一级学科范围内，以21世纪教育改革为目标，拟适应高分子科学与工程的发展及“十三五”人才培养的需要。在长期的教学和科研实践中，编者认为“高分子材料与工程”学科涉及高分子功能材料及复合材料、生物医用高分子材料、聚合物加工工程与模具等专业方向，因此迫切需要一本涵盖各专业方向、内容组织合理且分析方法全面的教材。

分析技术为高分子科学研究者提供确定聚合物、有机化合物结构及构型的有力工具。对于化学、化工、高分子专业的学生来说，了解近代分析方法在本专业方面的应用和必要的识谱知识是很重要的。聚合物的结构是材料物理和力学的基础，即使同一种结构已经确定的物质，由于处在不同的状态下，其分子运动方式也不一样，会显示出不同的性能。因此，帮助读者提高聚合过程、高分子设计、高分子加工、材料改性和新产品的研究及应用方面的能力是本书编写的宗旨。

根据科学技术的发展和目前学分制教学计划的要求，编者对第一版各章节进行了修订，并增加最新的分析方法的知识，力图深入浅出、循序渐进。全书共九章，内容包括紫外光谱法、红外光谱法、核磁共振波谱法、质谱分析法、热分析、凝胶色谱、电子显微镜、表面分析和X射线衍射分析。各章叙述了分析技术的发展历史、分析原理、仪器的结构组成、理论影响因素，并结合聚合物结构和高分子材料的研究状况进行了实例分析，将电子能谱分析、原子力显微分析、热裂解联用技术及高分子分子量测定等有机结合，每章末附有思考题和主要参考文献。本书可作为高等院校化学、化工、高分子等专业本科生的教材使用，也可供研究生和从事高分子科学与分析的科技工作者参阅。

《高分子近代分析方法》一书受到国内高校师生的好评，四川大学教务处将其第二版作为校级立项教材再次出版，本书的出版也得到了四川大学出版社的大力协助，在此一并致谢。

由于编者水平有限，书中难免会有疏漏和不足之处，恳请读者批评指正。

编 者

2015年8月于四川大学

前言

目　录

第 1 章　紫外光谱法

1.1　光谱学引论

1.1.1　光的特性

光是一种电磁波，具有一定的辐射能量。当光照射到物体上时，电磁波中互为垂直的交变电场分量和磁场分量与物质（分子、原子、电子或原子核）相互作用，在特征频率下发生能量的吸收（或发射），从而形成了光谱。自然界存在着不同波长的电磁波，从波长较长的无线电波到波长较短的 γ 射线和宇宙射线，电磁辐射覆盖着极宽的范围，见表 1－1。

表 1－1　电磁波范围与波谱学分类

辐射类型	γ 射线	X 射线	UV-Vis	IR	微波	无线电波
波长（nm）	$10^{-4}\sim10^{-2}$	$10^{-1}\sim1$	$10\sim10^{3}$	$10^{4}\sim10^{6}$	$10^{7}\sim10^{9}$	$10^{10}\sim10^{11}$
波数（cm^{-1}）	$10^{11}\sim10^{9}$	$10^{8}\sim10^{7}$	$10^{6}\sim10^{4}$	$10^{3}\sim10$	$1\sim10^{-2}$	$10^{-3}\sim10^{-4}$
能量（mol^{-1}）	$10^{12}\sim10^{10}$	$10^{9}\sim10^{8}$	$10^{7}\sim10^{5}$	$10^{4}\sim10^{2}$	$10\sim10^{-1}$	$10^{-2}\sim10^{-3}$

物质的能量吸收（或发射）发生在不同的波长范围。因为不同范围的电磁辐射具有不同的特性，因而产生的分析方法也不同，这样就形成了各种应用波谱学。无论何种电磁波都具有波粒二重性，即光可以在空气中传播同时又具有不连续性，这说明光与物质分子相互作用时，分子吸收光能并不是连续的。值得注意的是，不同范围的电磁波，习惯上使用波长的单位不同。紫外－可见光谱和 X 射线区常用纳米（nm）为单位，红外光谱常用微米（μm）或波数（cm^{-1}）为单位，微波区常用厘米（cm）为单位，无线电波区常用米（m）为单位。它们的互算关系是

$$1\ \text{nm}=10\ \text{Å},\ 1\ \text{nm}=10^{-3}\ \mu\text{m},\ 1\ \mu\text{m}=10^{-4}\ \text{cm},\ 1\ \text{cm}=10^{-2}\ \text{m}$$

波数（$\bar{\nu}$）和波长（λ）的关系是

$$\bar{\nu}=\frac{10^{4}}{\lambda\ (\mu\text{m})}\ (\text{cm}^{-1}) \qquad (1-1)$$

红外光谱、拉曼光谱用波数（cm^{-1}）表示频率，核磁共振中则用赫兹（Hz）表示射频的频率。频率（ν）和波长（λ）的关系是

$$\nu=\frac{c}{\lambda} \qquad (1-2)$$

式中，c 是光在真空中的传播速度，$c=3\times10^{10}$ cm/s。

1.1.2　光谱分析

光谱分析法（Spectrometry）包括吸收光谱分析、发射光谱分析和散射光谱分析三种基

本类型。在一般情况下，分子处于基态，当光与样品分子发生相互作用时，分子吸收光能从低能级跃迁到高能级，产生吸收光谱。相反，若分子由高能级回复到低能级则释放出光能，产生发射光谱。当光被样品分子散射，是光子与物质分子相互碰撞的结果，使散射光频率改变的光谱叫散射光谱。这种能量是量子化的，与电磁波的能量和物质本身的结构有关。通过对光谱学规律的研究，可以揭示物质的组成、结构及内部运动规律，获得物质定性与定量的信息。

分子中除了有电子的运动之外，还有组成分子的各原子的振动，以及分子作为整体的转动。如不考虑这三种运动形式之间的相互作用，则分子的总能量可认为是这三种运动能量之和，即

$$E=E_e+E_v+E_r \tag{1-3}$$

E_e，E_v 和 E_r 分别是分子的电子能、振动能和转动能。如图 1-1 所示，振动能级用振动量子数 $v=0$，1，2，3，…表示，转动能级用转动量子数 $j=1$，2，3，…表示。转动能级的间距最小，其次是振动能级，电子能级的间距最大，即电子能的能量差也最大。在每一电子能级上有许多间隔较小的振动能级（如 ψ_0，ψ_1，ψ_2，…），在每一振动能级上又有许多间隔更小的转动能级（如 j_1，j_2，j_3，…）。

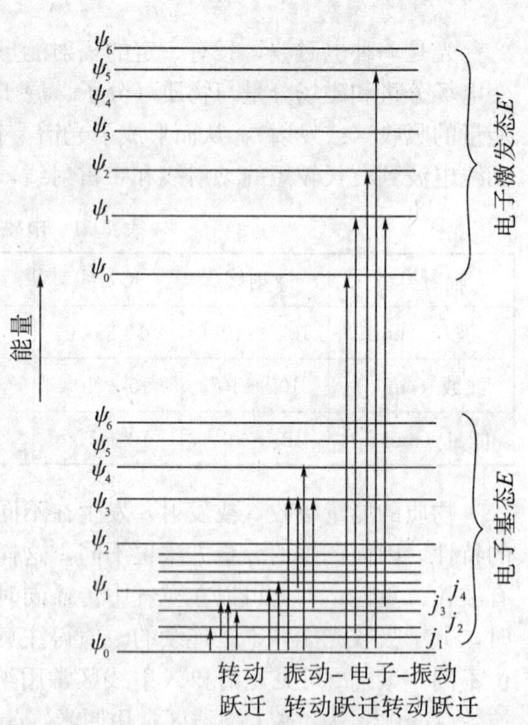

图 1-1 双原子分子的各能级示意图

按照量子化理论，当分子吸收一定的电磁辐射后，分子由较低的能级 E 跃迁到较高的能级 E'，吸收的辐射能量与这两个能级差相等，可用下式表示：

$$\Delta E=E'-E=h\nu=h\frac{c}{\lambda} \tag{1-4}$$

式中，h 是普朗克常数，$h=6.625\times10^{-34}\ \mathrm{J\cdot s^{-1}}$。

由（1-4）式可知，不同振动频率的光子具有不同的能量，电磁波的频率愈高、波长愈短，则分子的吸收辐射能量就愈高。一般电子能级间的能级差 ΔE_e 最大为 1 eV～20 eV，相当于紫外-可见光谱的能量，因此，分子中由价电子跃迁而产生的光谱叫电子光谱。振动能级差能量一般比电子能级差小 10 倍左右，在 0.05 eV～1 eV 之间，相当于红外光的能量，因此，分子中由振动能级间的跃迁所产生的光谱叫振动光谱。转动能级间的能量差为 0.005 eV～0.05 eV，比振动能级差小 10 到 100 倍，相当于远红外光甚至微波的能量，因此，由分子中转动能级的跃迁而产生的光谱叫转动光谱，它与物质分子的结构密切相关。

在图 1-1 中，由于分子在同一振动能级上还有许多间隔很小的转动能级，因此在振动能级发生变化时，同时又有转动能级的改变。所以，振动能级发生跃迁时，不是产生对应于该能级差的一条谱线，而是由一组很密集的谱线组成的光谱带。所以，振动光谱实际上是振动-转动光谱。对于液体和固体的红外光谱，由于分子间相互作用较强，一般转动能级分辨较困难，通常在同一振动能级上只显示一个振动峰。同样，在同一电子能级上还有许多间隔

较小的振动能级和间隔更小的转动能级。当用紫外光照射样品时，不但发生电子能级间的跃迁，同时又有许多不同振动能级间的跃迁和转动能级间的跃迁，得到的是很多光谱带，所以说电子光谱实际上是电子-振动-转动光谱。

1.1.3　光谱分析的特点

光谱分析的特点概括起来有以下几点：

（1）灵敏度高

利用光谱法进行痕量分析。目前，相对灵敏度可达到 $0.1\times10^{-6}\sim10\times10^{-6}$，绝对灵敏度可达 10^{-8} g～10^{-9} g。如果用化学法处理被测样品，相对灵敏度可达到 10^{-9}，绝对灵敏度可达 10^{-11} g。

（2）特征性强

测定化学结构相近的物质。它们的谱线可分开而不受干扰，基团与谱峰一一对应，根据谱峰的强度和位置可进行定性和定量分析。

（3）样品用量少

随着新技术的采用，定量分析的线性范围变宽，一般样品用量为 mg～μg 级，常用的溶液浓度为 $10^{-6}\sim10^{-9}$级，甚至高低含量不同的样品可同时测定，还可以进行微区分析。

（4）操作简便

一般样品不经过复杂的化学处理，便可直接进行光谱分析。采用计算机联用技术，大大提高了仪器的分析和数据处理速度。

（5）不需标样

有时利用已知谱图或基团在谱峰中的位置，就可进行光谱定性分析，这是光谱分析一个十分突出的优点。

除了以上的特点外，在吸收光谱中，朗伯-比尔定律是样品最重要的定量依据。按照光谱分析原理，朗伯-比尔定律说明了光强与吸收的光子数目有关，样品分子吸收光子数的多少，既反映了分子中能级跃迁的几率，又反映了样品中分子数的多少。式（1-5）表示一束单色光通过溶液后，其吸光度与溶液的浓度以及样品池厚度成正比：

$$A=\lg\left(\frac{I_0}{I_t}\right)=Klc \tag{1-5}$$

式中，A 是吸光度，I_0 是入射光强度，I_t 是透射光强度，K 是比例常数，l 是样品池厚度，c 是溶液的摩尔浓度。

当浓度 c 用 $\mathrm{mg\cdot L^{-1}}$，样品池厚度 l 用 cm 表示时，K 可用摩尔吸光系数 ε 代替，即

$$A=\varepsilon lc \tag{1-6}$$

ε 是物质的量的浓度为 $1\ \mathrm{mg\cdot L^{-1}}$，样品池厚度为 1 cm 时，溶液的吸光度。摩尔吸收系数 ε 反映了吸光物质对光吸收的能力，一定条件下为常数。

光强表示方法：

①透光率　$$T\%=\frac{I_t}{I_0}\times100\% \tag{1-7}$$

②吸光度　$$A=\lg\left(\frac{I_0}{I_t}\right) \tag{1-8}$$

③对数吸光系数　$$\lg\varepsilon \tag{1-9}$$

④吸收率　$$A\%=1-(T\%) \tag{1-10}$$

一般情况下，光强表示纵坐标，波长（λ nm）、波数（$\bar{\nu}$ cm^{-1}）表示横坐标，当纵坐标选用不同的光强表示方法时，所得到曲线形状是不同的，图 1−2 为在同样条件下测定的不同形状的紫外光谱吸收曲线。

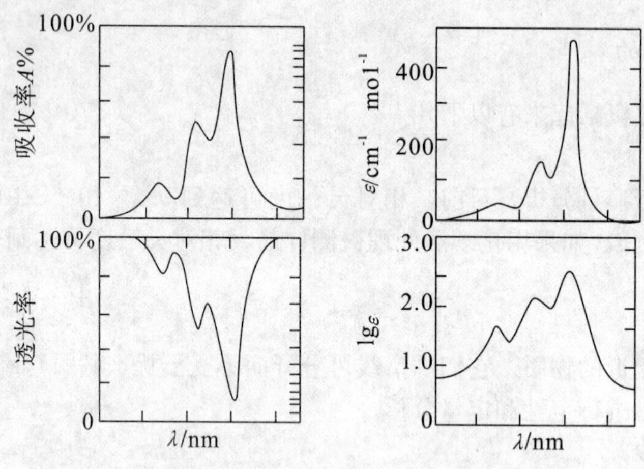

图 1−2 各种紫外吸收光谱曲线

1.1.4 聚合物的光谱分析

当电磁波与聚合物相互作用时，分子能产生量子共振，可获得聚合物光谱。这类光谱可用来研究聚合物的单体、均聚物及共聚物的化学组成以及链结构、聚集态结构、高聚物的反应和变化过程。由于光谱所提供的信息是属于分子水平的，因此在某些情况下，周围基团的影响对谱图有明显的干扰，谱图反映了聚合物的特征。谱图不仅提供了高聚物化学组成的信息，而且还揭示了链的排列及聚集态结构。

红外光谱实验资料说明，同一种化学键和基团，在不同化合物的红外光谱中，往往出现大致相同的吸收峰位置，称为某基团特征频率。与聚合物的独立振动单元概念是一致的。这种基因频率是分子整体某种振动的反映，这样由基团频率就可以确定分子结构。紫外−可见光谱可用于研究聚合物材料中的颜色对紫外光的稳定性，用羰基 C═O 吸收峰研究高分子材料的降解问题。当高分子材料用于室外时，可在空气中降解，常常有羰基生成，可利用紫外−可见光谱跟踪分析 C═O 吸收峰的变化来了解降解进程。例如，聚氯乙烯降解过程中，在波长 270 nm～285 nm 有吸收带，表示有不饱和键生成。

紫外−可见光谱在确定有机化合物的分子结构和在定量分析方面是很有用的，是高分子光谱分析中最简单的一种。以下主要论述紫外光谱的基本理论和用紫外光谱数据来解释化合物的结构，最后列举其在高分子材料中的应用实例。

1.2 紫外光谱的基本原理

1.2.1 紫外−可见光谱的产生

因紫外光谱仪的测试波长范围可扩展到可见光区域（400 nm～800 nm），低于 200 nm 以下属真空紫外光谱，要用专门的真空紫外光谱仪测试。所以，紫外光谱法应准确称为紫外−可见吸收光谱法（Ultraviolet and Visible Spectroscopy，UV-Vis）。它是利用某些物质的分子吸收 200 nm～800 nm 光谱区的辐射来进行分析测定的方法。这种分子吸收光谱产生于价电子和分子轨道上的电子在电子能级间的跃迁，紫外－可见吸收光谱广泛用于有机化合物的定性和定量测定。

紫外－可见光区由三个部分组成，即可见光区（400 nm～800 nm），有色物质在这个区域有吸收；近紫外区（200 nm～400 nm），芳香族化合物或共轭体系在此区域有吸收，是紫外光谱研究的主要区域；远紫外区（4 nm～200 nm），由于空气中的气体在此区域有吸收，会对测定有干扰，故远紫外光谱须在真空中进行，所以又称真空紫外光谱，如图 1－3 所示。

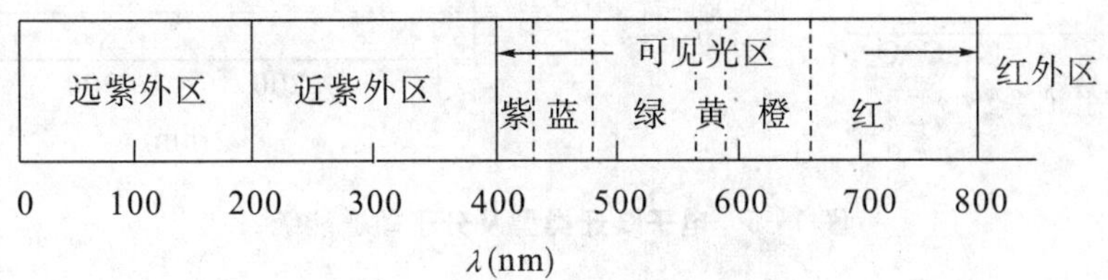

图 1－3　电子光谱的三个区域

当紫外光照射分子时，分子吸收光子能量后受激发而从一个能级跃迁到另一个能级。由于分子的能量是量子化的，所以只能吸收等于分子内两个能级差的光子。将紫外光的波长以 300 nm 代入（1－4）式，则该紫外光的能量为

$$E=6.625\times10^{-34}\times\frac{3\times10^{8}}{3\times10^{-7}}=4(\text{eV}) \tag{1-11}$$

紫外光谱的能量较高，在引起价电子的跃迁同时，也会引起只需要低能量的分子振动和转动。结果是紫外－可见吸收光谱不是一条谱线，而是较宽的谱带。以波长 λ（nm）为横坐标，以吸光度 A 或吸收系数 ε 为纵坐标，可得到紫外吸收曲线（图 1－4）。

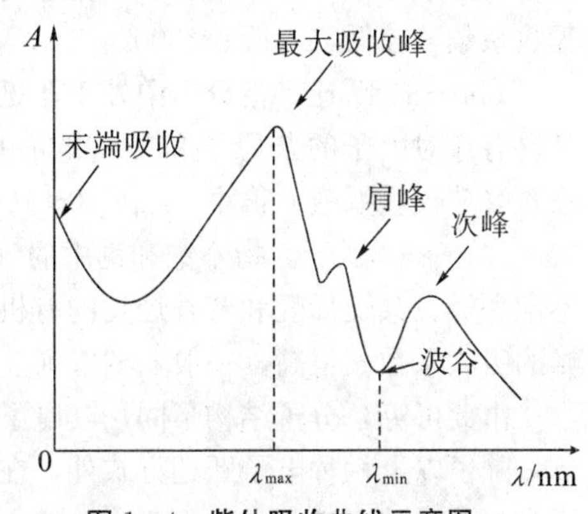

图 1－4　紫外吸收曲线示意图

在图 1－4 中，紫外吸收光谱曲线最大吸收峰所对应的是最大波长（λ_{max}）；λ_{max} 对应的摩尔吸收系数为最大摩尔吸收系数（ε_{max}）。$\varepsilon_{max}>10^4$ 为强吸收；$\varepsilon_{max}=10^3$～10^4 为中等强度吸收；$\varepsilon_{max}<10^3$ 为弱吸收。曲线中的波谷称为吸收波谷或最小吸收峰（对应波长为 λ_{min}），有时在曲线中还可看到肩峰（sh）。

紫外－可见吸收光谱遵循朗伯－比尔定律。但要注意朗伯－比尔定律仅对单色波长而言，严格对应溶液中各个组分。

1.2.2　电子的跃迁类型

前面我们曾提到，电子光谱起源于价电子的跃迁。所谓价电子，是分子在基态形成单键的 σ 电子、形成双键的 π 电子、形成非键轨道中的孤对电子即 n 电子。价电子从基态跃迁到反键轨道（激发态）必须吸收一定波长的紫外光。这样得到的光谱称为电子吸收光谱。图 1－5是三种电子形成的六种电子跃迁类型和五种轨道的能级示意图。

一般来说，分子轨道能级按下列次序增高：$\sigma<\pi<n<\pi^*<\sigma^*$，电子跃迁类型不同，

实际跃迁所需的能量大小有区别。

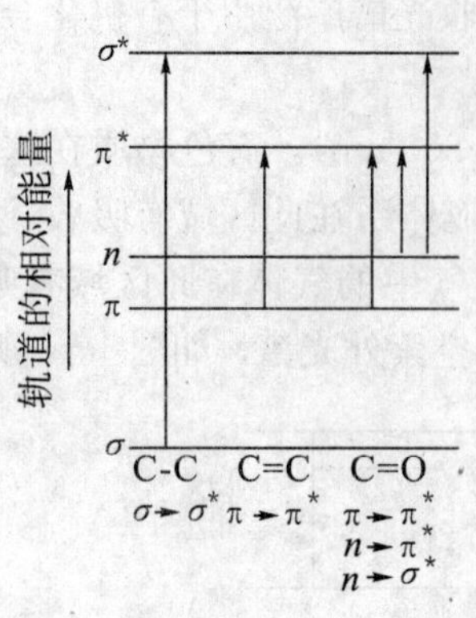

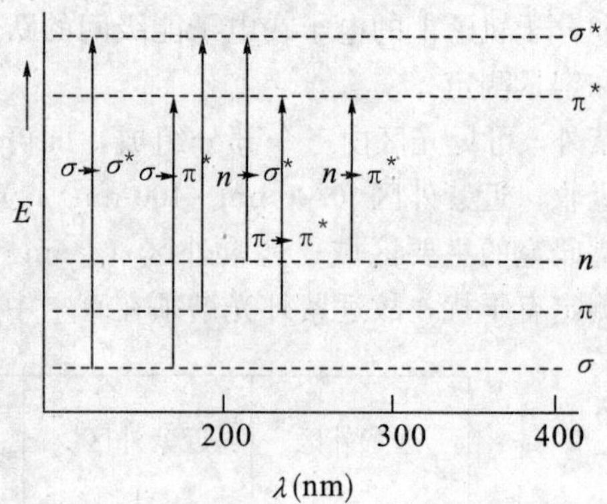

图 1-5 电子跃迁类型及分子轨道能级

吸收能量的次序为：$\sigma\rightarrow\sigma^*$、$\sigma\rightarrow\pi^*$ 和 $\pi\rightarrow\sigma^*$ ＞$n\rightarrow\sigma^*$ ≥$\pi\rightarrow\pi^*$ ＞$n\rightarrow\pi^*$。

从图 1-5 中看出，$\sigma\rightarrow\sigma^*$ 跃迁是指处于成键轨道上的 σ 电子吸收光能，跃迁到反键轨道 σ^*，此种跃迁所需能量最高（7.7×10^6 J/mol）。$\sigma\rightarrow\pi^*$ 和 $\pi\rightarrow\sigma^*$ 能量也都很高，因这些电子跃迁的 λ_{max}＜200 nm 属远紫外区。例如，饱和烃的 C—H，C—C 键都是 σ 键，因此 $\sigma\rightarrow\sigma^*$、$\sigma\rightarrow\pi^*$ 和 $\pi\rightarrow\sigma^*$ 三种电子跃迁的吸收都在远紫外区。

对近紫外区来讲，也有三种电子跃迁类型：

①$n\rightarrow\sigma^*$ 跃迁，指分子中处于非键轨道上的 n 电子吸收能量后向 σ^* 反键轨道的跃迁，凡含有卤素等杂原子的饱和烃及衍生物可发生此类跃迁。这类跃迁所需能量较大。吸收峰的吸收系数 ε 较低，一般 ε＜300。

②$n\rightarrow\pi^*$ 跃迁，指分子中处于非键轨道上的 n 电子吸收能量后向 π^* 反键轨道的跃迁，凡含有孤对电子的杂原子和 π 键的有机化合物，会发生此类跃迁。这类跃迁所需能量小。吸收峰的吸收系数 ε 很小，ε 在 10～100 之间。

③$\pi\rightarrow\pi^*$ 跃迁，指不饱和键中的 π 电子吸收光波能量后向 π^* 反键轨道的跃迁，凡含有不饱和烃、共轭烯烃和芳香烃类的有机化合物可发生此类跃迁。这类跃迁所需能量小。吸收峰的吸收系数 ε 很高，一般 ε＞10000。

由此可见，分子结构不同，其电子跃迁的方式也不同，有的分子中会有几种跃迁类型。

除了以上六种电子跃迁方式外，在紫外-可见光区还有两种较特殊的跃迁，即 $d-d$ 跃迁和电荷转移跃迁。

$d-d$ 跃迁是在过渡金属络合物溶液中容易产生的跃迁，其吸收波长一般在可见光区域，有机物和高分子的过渡金属络合物都会发生这种跃迁。

电荷转移跃迁可以是离子之间、离子与分子之间，以及分子内的电荷转移，条件是同时具备电子给予体和电子接受体。电荷转移吸收谱带的强度大，吸收系数 ε 一般大于 10000。这种跃迁在聚合物的研究中相当重要。

1.2.3 吸收带及其特征

紫外-可见光谱分析中，往往将不同特征的吸收谱带分为四种类型，即 R 吸收带、K 吸收带、B 吸收带和 E 吸收带。

R 吸收带：含C═O、—N═O、$—NO_2$、—N═N— 基的有机物可产生这类谱带。它是

$n \to \pi^*$ 跃迁形成的吸收带，由于 ε 很小，吸收谱带较弱，易被强吸收谱带掩盖，并易受溶剂极性的影响而发生偏移。

K 吸收带：共轭烯烃、取代芳香化合物可产生这类谱带。它是 $\pi \to \pi^*$ 跃迁形成的吸收带，$\varepsilon_{max}>10000$，吸收谱带较强。

B 吸收带：B 吸收带是芳香化合物及杂芳香化合物的特征谱带。在这个吸收带，有些化合物容易反映出精细结构。溶剂的极性、酸碱性等对精细结构的影响较大。苯和甲苯在环己烷溶液中的 B 吸收带精细结构在 230 nm～270 nm，如图 1－6 所示。苯酚在非极性溶剂庚烷中的 B 吸收带呈现精细结构，而在极性溶剂乙醇中则观察不到精细结构，如图 1－7 所示。

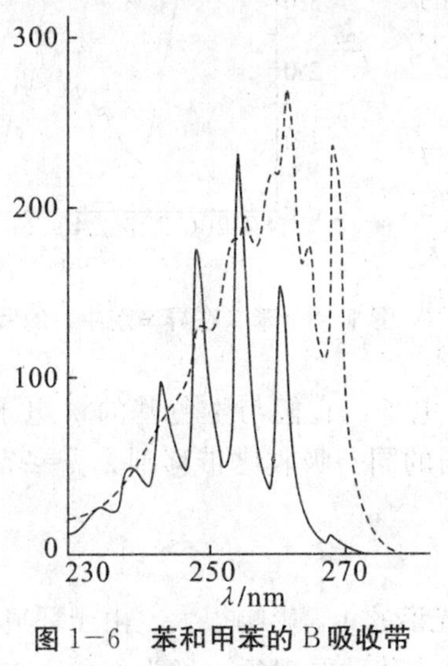

图 1－6　苯和甲苯的 B 吸收带

（苯为实线，甲苯为虚线）

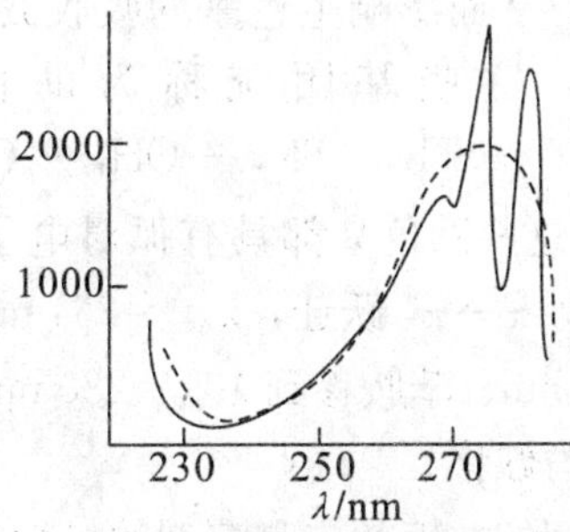

图 1－7　苯酚的 B 吸收带

（庚烷溶剂为实线，乙醇溶剂为虚线）

E 吸收带：它也是芳香族化合物的特征谱带之一，E 带可分为 E1 及 E2 两个吸收带，二者可以分别看成是苯环中的双键和共轭双键所引起的，也属 $\pi \to \pi^*$ 跃迁。

E1 带的吸收峰在 184 nm 左右，吸收特别强，$\varepsilon_{max}>10^4$，是由苯环内双键上的 π 电子被激发所致。

E2 带在 203 nm 处，中等强度吸收是由苯环的共轭双键所引起。当苯环上有发色基团取代并和苯环共轭时，E 带和 B 带均发生红移（见 1.2.4），E2 带又称为 K 带。

一般 E1 带吸收特别强，ε＞10000；E2 带强度中等，ε 为 2000～14000。由上可见，不同类型分子结构的紫外吸收谱带种类不同，有的分子可能有几种吸收谱带，例如苯乙酮。其正庚烷溶液的紫外光谱中，可观察到 K、B、R 等三种谱带分别为 240 nm（ε＞10000）、278 nm（ε≈1000）和 319 nm（ε≈50），它们的强度是依次下降的，其中 B 和 R 吸收带分别为苯环和羰基的吸收带，而苯环和羰基的共轭效应导致产生很强的 K 吸收带。

综上所述，在有机物和高分子的紫外吸收光谱中，R、K、B、E 吸收带的分类不仅反映出各基团的跃迁方式，而且还揭示了分子结构中各基团间的相互作用。

1.2.4　影响波长和吸收系数的因素

（1）生色基与助色基

在紫外－可见光谱中，具有双键结构的基团对紫外－可见光区能产生特征吸收的基团统称为生色基。生色基可为C═C、C═O、C═S、—N═N— 双键及共轭双键、芳环等，也可为$—NO_2$、$—NO_3$、—COOH、$—CONH_2$ 等基团。总之，可以产生 $\pi\rightarrow\pi^*$ 和 $n\rightarrow\pi^*$ 跃迁的基团都是生色基。由于生色基不同，组成它们的分子键轨道也不同，故最大吸收波长（λ_{max}）则不同。这是紫外光谱用于结构测定的主要依据。即使是同一生色基，由于电子跃迁类型不同，它们表现的 λ_{max} 也不相同。例如，丙酮中羰基发色团有下列电子跃迁类型：

①$n\rightarrow\sigma^*$，$\lambda_{max}=160$ nm。

②$\pi\rightarrow\pi^*$，$\lambda_{max}=190$ nm。

③$\pi\rightarrow\sigma^*$，$\lambda_{max}=280$ nm。

有时，即使是同类型跃迁，也可以产生不同的吸收峰。图 1－8 苯的紫外吸收光谱中表现出三个不同的吸收峰，即 B 带、E1 带和 E2 带。

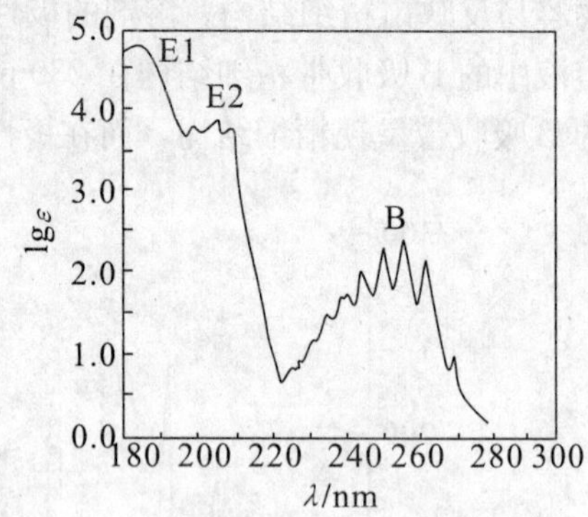

图 1－8 苯（在异辛烷中）的紫外吸收光谱

另有一些基团虽然本身不具有生色作用，但与生色基相连时，通过非键电子的分配，扩展了生色基的共轭效应，从而影响生色基的吸收波长，增大其吸收系数，这些基团统称为助色基。如$—NH_2$，$—NR_2$，—SH，—SR，—OH，—OR，—Cl，—Br，—I等。这些助色基都具有孤对电子——n 电子，它们与生色基的 π 电子发生共轭。例如，苯的一个 $\pi\rightarrow\pi^*$ 跃迁，$\lambda_{max}=254$ nm，苯酚的同一吸收谱带移到 $\lambda_{max}=270$ nm、氯苯移到 $\lambda_{max}=265$ nm、苯胺移到 $\lambda_{max}=280$ nm。

（2） **蓝移与红移**

生色基之间的共轭效应和溶剂的极性对紫外光谱的 λ_{max} 影响很大。由于环境或结构的变化，使生色基的最大吸收波长（λ_{max}）向高波长方向移动的现象，称为红移；与此相反，因环境或结构的变化，使生色基的 λ_{max} 向低波长方向移动，称为紫移或蓝移。当两个或多个碳—碳双键发生共轭时，因为分子组成了新的分子轨道，最高占有轨道和最低空轨道之间能量差随着共轭的加长而减小，因而 $\pi\rightarrow\pi^*$ 跃迁能降低，λ_{max} 向高波长方向移动。图 1－9 表示乙烯、1，3-丁二烯、1，3，5-己三烯分子的 $\pi\rightarrow\pi^*$ 电子能的比较。

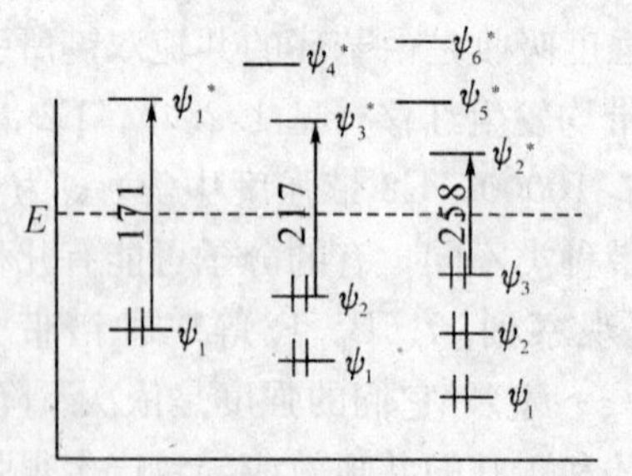

图 1－9 乙烯 $\pi\rightarrow\pi^*$ 跃迁共轭效应

（3） **溶剂和介质**

溶剂的极性对 λ_{max} 的影响，可使 $n\rightarrow\pi^*$ 跃迁向低波长方向移动称为蓝移，使 $\pi\rightarrow\pi^*$ 跃迁向高波长方向移动称为红移。

异丙基丙酮分子中两种不同的电子跃迁随溶剂的极性增加不会变化，见表 1－2。

表 1－2　异丙基丙酮不同类型的电子跃迁

适跃类型＼溶剂	正己烷	氯仿	甲醇	水
$n \rightarrow \pi^*$	329 nm	315 nm	309 nm	305 nm
$\pi \rightarrow \pi^*$	230 nm	238 nm	237 nm	243 nm

$n \rightarrow \pi^*$ 跃迁所产生的吸收峰随溶剂极性的增加而向短波长方向移动。因为具有孤立电子对的分子能与极性溶剂发生氢键缔合，其作用强度以极性较强的基态大于极性较弱的激发态，致使基态能级的能量下降较大，而激发态能级的能量下降较小，故两个能级间的能量差值增加。实现 $n \rightarrow \pi^*$ 跃迁需要的能量也相应增加，故使吸收峰向短波长方向位移。

$\pi \rightarrow \pi^*$ 跃迁所产生的吸收峰随着溶剂极性的增加而向长波长方向移动。因为在多数 $\pi \rightarrow \pi^*$ 跃迁中，激发态的极性要强于基态，极性大的 π^* 轨道与溶剂作用强，能量下降较大，而 π 轨道极性小，与极性溶剂作用较弱，故能量降低较小，致使 π 及 π^* 间能量差值变小。因此，$\pi \rightarrow \pi^*$ 跃迁在极性溶剂中的跃迁能小于在非极性溶剂中的跃迁能。所以在极性溶剂中，$\pi \rightarrow \pi^*$ 跃迁产生的吸收峰向长波长方向移动，如图 1－10 所示。

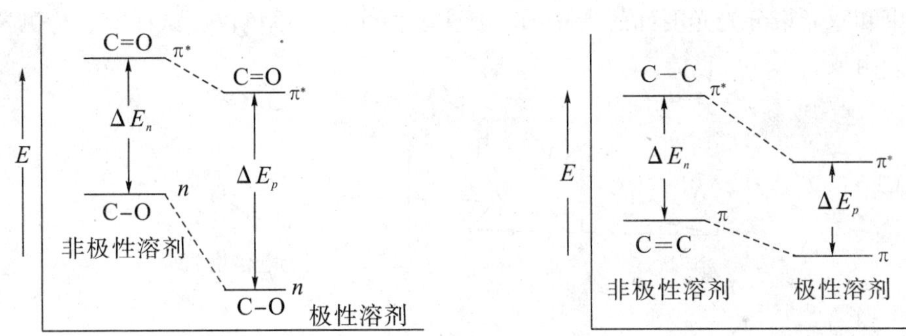

图 1－10　$n \rightarrow \pi^*$ 和 $\pi \rightarrow \pi^*$ 跃迁能在极性溶剂中的不同变化

此外，溶剂的酸碱性等对吸收光谱的影响也很大。例如，苯胺在中性溶液中，于 280 nm处有吸收，加酸后发生蓝移，吸收波长为 254 nm；苯酚在中性溶液中，于 270 nm 处有吸收，加碱后发生红移，吸收波长为 287 nm。图 1－11 是苯胺和苯酚在不同 pH 值下的紫外吸收曲线。曲线随不同 pH 值的移动是由于苯胺或苯酚中基团与苯环的共轭体系发生了变化。苯胺在酸性溶液中接受 H^+ 成铵离子，渐渐失去 n 电子，使 $n \rightarrow \pi^*$ 跃迁带逐渐削弱，即氨基与苯环的共轭体系消失，吸收谱带蓝移。苯酚在碱性溶液中失去 H^+ 成负氧离子，形成一对新的非键电子，增加了羟基与苯环的共轭效应，吸收谱带红移。

由上例可知，当溶液由中性变为酸性时，若谱带发生蓝移，应考虑到可能有氨基与芳环的共轭结构存在；当溶液由中性变为碱性时，若谱带发生红移，应考虑到可能有羟基与芳环的共轭结构存在。

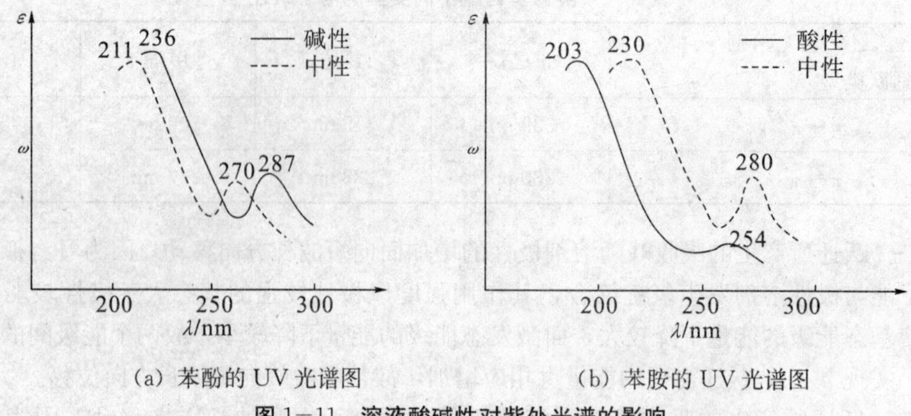

(a) 苯酚的 UV 光谱图　　(b) 苯胺的 UV 光谱图

图 1-11　溶液酸碱性对紫外光谱的影响

1.2.5　紫外-可见光谱仪的基本结构

紫外-可见光谱仪常用的是分光光度计，为适应不同用途，有一系列不同型号的商售产品。对于一般的吸收光谱和反射光谱来说，分光光度计是方便的。图 1-12 是常见的紫外-可见单光束和双光束分光光度计的光路图，其主要由光源、单色仪、试样室、检测器和记录系统等部分组成。

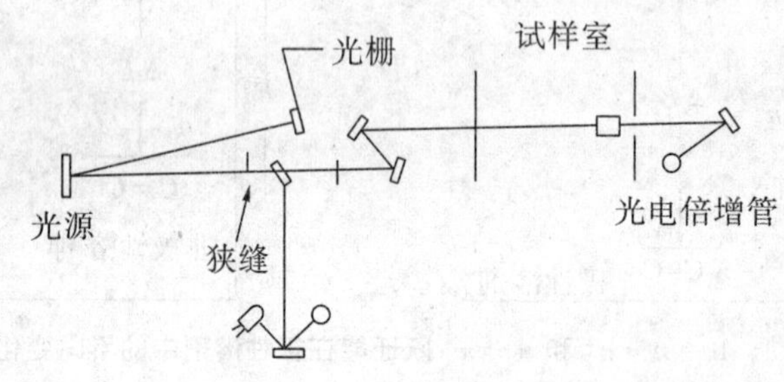

(a) 单光束分光光度计

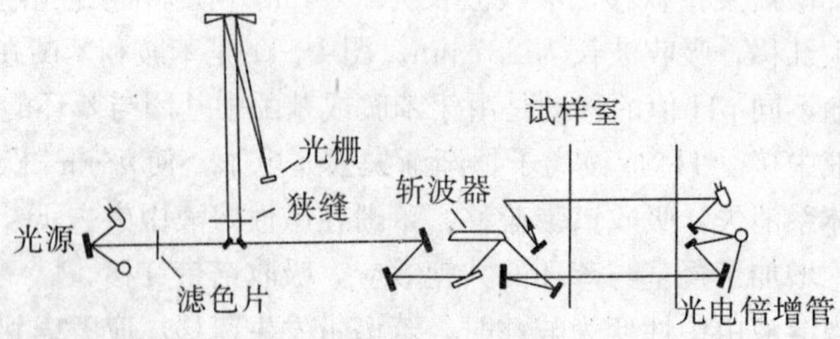

(b) 双光束分光光度计

图 1-12　紫外-可见分光光度计的光路图

紫外-可见光谱仪设计一般都应尽量避免在光路中使用透镜，主要使用反射镜，以防止由仪器带来的吸收误差。当光路中不能避免使用透明元件时，应选择对紫外、可见光均透明的材料（如样品池和参比池均选用石英玻璃）。

这类仪器的发展主要集中在光电倍增管、检测器和光栅的改进上，以提高仪器的分辨率、准确性和扫描速度，最大限度地降低杂散光干扰为主要目标。目前，大多数仪器都配置了计算机操作，软件界面更贴近我们所要完成的分析工作。

1.3　紫外吸收光谱在高分子中的应用

紫外吸收光谱的吸收强度比红外光谱大得多，红外的 ε 值很少超过紫外的 ε 值，最高可达 $10^4 \sim 10^5$。紫外光谱法的灵敏度高（10^{-4} mg·L^{-1}～10^{-5} mg·L^{-1}），测量准确度高于红外光谱法。紫外光谱的仪器也比较简单，操作方便，所以紫外光谱法在定量分析上有优势。近年来，紫外光谱法在研究高分子共聚物组成、单体中的杂质、聚合物中少量添加剂和聚合反应动力学方面，越来越受到人们的重视。

1.3.1　定量分析

（1）**丁苯橡胶中共聚组成的分析**

丁苯共聚物在氯仿中的最大吸收波长是 260 nm，随苯乙烯含量增加会向高波长偏移。在氯仿溶液中，当 λ=260 nm 时，丁二烯吸收很弱，摩尔吸收系数 ε 是苯乙烯的 1/50，可以忽略不计。但考虑丁苯橡胶中芳胺类防老剂的影响，为此选定 260 nm 和 275 nm 两个波长进行测定，得到 $\Delta\varepsilon = \varepsilon_{260} - \varepsilon_{275}$，这样就消除了防老剂特征吸收的干扰。

将聚苯乙烯和聚丁二烯两种均聚物以不同比例混合，以氯仿为溶剂测得一系列已知苯乙烯含量所对应的 $\Delta\varepsilon$ 值，作出工作曲线，如图 1－13 所示。于是，只要测得未知物的 $\Delta\varepsilon$ 就可从曲线上查出苯乙烯含量。

（2）**高分子单体纯度的测定**

大多数高分子的合成反应，对所用单体的纯度要求很高，如聚酰胺的单体 1，6-己二胺和 1，4-己二酸，若含有微量的不饱和或芳香性杂质，即可干扰直链高分子的生成，从而影响其质量。由于这两个单体本身在近紫外区是透明的，因此用紫外光谱检查是否存在杂质是既方便又灵敏的方法。

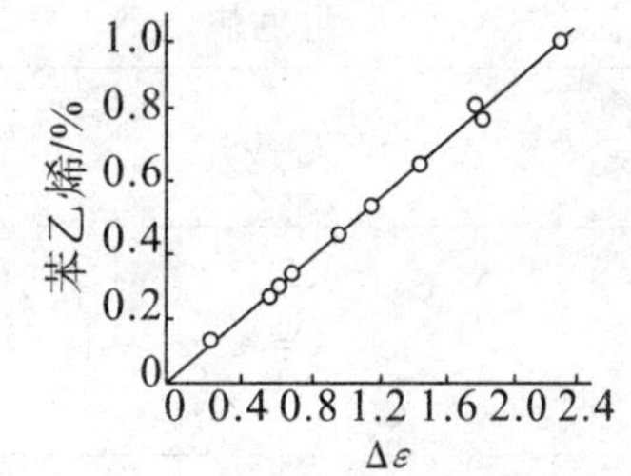

图 1－13　**橡胶中苯乙烯含量与 Δε 的关系**

又例如涤纶的单体对苯二甲酸二甲酯（DMT）常混有间位和邻位异构体，虽然它们都不影响聚合，但对聚合物的性能却影响很大，所以要控制它们的最高含量。以甲醇为溶剂，对苯二甲酸二甲酯在 286 nm 有特征吸收 ε=1680。若含有其他二组分时，它的 ε 值成比例地降低。通过测定未知物的 ε 值，可计算出 DMT 的含量：

$$\text{DMT 含量} = \frac{\varepsilon_{未}}{\varepsilon_{纯}} \times 100\% \qquad (1-12)$$

式中，$\varepsilon_{未}$和 $\varepsilon_{纯}$分别为未知物和纯 DMT 的摩尔吸收系数。

1.3.2　定性分析

由于高分子的紫外吸收峰通常只有 2～3 个，且峰形平缓，它的选择性远不如红外光谱。而且紫外光谱主要决定于分子中生色基和助色基的特性，而不是整个分子的特性，所以紫外吸收光谱用于定性分析不如红外光谱重要和准确。但是，含不饱和键和芳香共轭体系的高分子同样具有紫外活性，将已报道的某些高分子的紫外吸收特征波长数据列于表 1－3 中。

表 1-3 某些高分子的紫外特征波长

聚合物	生色基	λ_{max}（nm）
聚苯乙烯	苯基	270，280
聚对苯二甲酸乙二醇酯	对苯二甲酸酯	290，300
聚甲基丙烯酸甲酯	脂肪族酯基	250～260
聚醋酸乙烯	脂肪族酯基	210
聚乙烯基咔唑	咔唑基	345

图 1-14 是聚苯乙烯和聚乙烯基咔唑的紫外吸收光谱，这是高分子紫外光谱的典型例子。

在进行定性分析时，如果没有相应高分子的标准谱图可供对照，也可以根据以下有机化合物中生色基的出峰规律来分析。一些生色基的紫外吸收特征列于表 1-4 中。

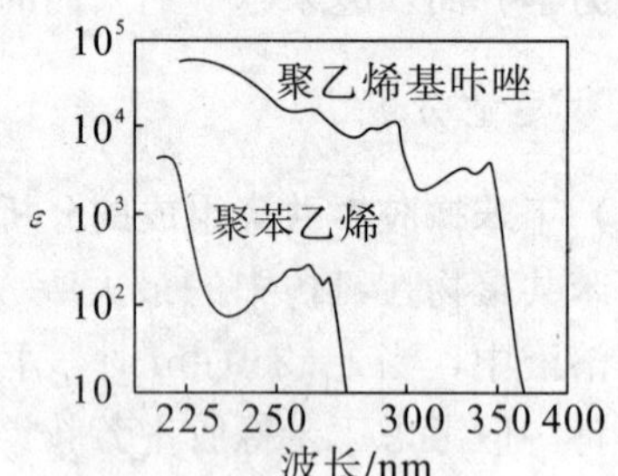

图 1-14 聚苯乙烯、聚乙烯基咔唑的紫外吸收光谱

表 1-4 典型生色基的紫外吸收特征

生色基	λ_{max}（nm）	ε_{max}
C═C	175 185	14000 8000
C≡C	175 195 223	10000 2000 150
C═O	160 185 280	18000 5000 15
C═C—C═C	217	20000
苯环	184 200 255	60000 4400 204

尽管紫外光谱图简单对定性不利，但采用生色基的紫外吸收特征，可将不具备生色基的高分子区别开来。例如，聚二甲基硅氧烷（硅橡胶）就易于与含有苯基的硅橡胶区分。首先用碱溶液破坏这类含硅高分子，配成适当浓度的溶液进行测定，含有苯基的在紫外区有 B 吸收带，不含苯基的则没有吸收。

1.3.3 聚合反应动力学

利用紫外-可见光谱进行聚合反应动力学研究，只适用于反应物（单体）或产物（高分子）中的一种在这一光区具有特征吸收，或者虽然两者在这一光区都有吸收的，但 λ_{max} 和 ε

都有明显区别的反应。实验时可以采用定时取样或用仪器配有的反应动力学附件，测量反应物和产物的光谱变化来得到反应动力学数据。

例如，苯胺光引发机理的研究。苯胺作引发剂引发甲基丙烯酸甲酯（MMA），在光照下，苯胺上氨基的一个氢原子被激活，同时 MMA 中的不饱和键打开，形成过渡态络合物，然后电荷转移形成带苯胺片段的 MMA 自由基，取样经紫外光谱分析，聚合物的端基形成的是二级胺，反应式如下：

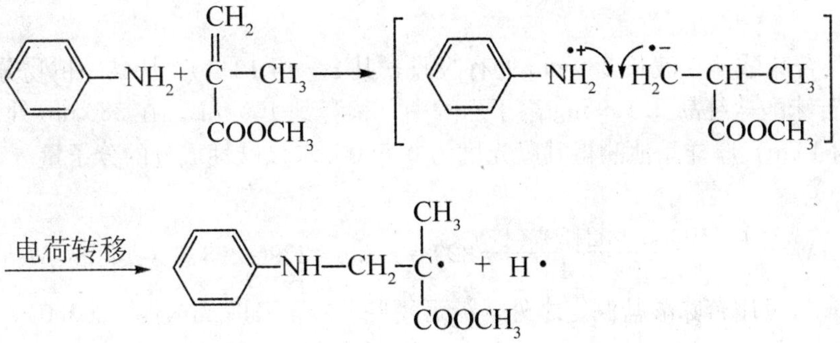

$$C_6H_5-NH_2 + CH_2{=}C(CH_3)-COOCH_3 \longrightarrow \left[C_6H_5-\dot{N}H_2 \curvearrowright \dot{H}_2C-CH(COOCH_3)-CH_3\right]$$

$$\xrightarrow{\text{电荷转移}} C_6H_5-NH-CH_2-\dot{C}(CH_3)(COOCH_3) + H\cdot$$

1.3.4　其他应用

紫外光谱在有机化学领域里应用很广，可以解决许多不同类型的问题。例如，有机化合物的成分分析、混合物分析、平衡常数的测定、分子量的测定、互变异构的确定、氢键强度的测定等。这里只讨论互变异构体判别和分子量的测定问题，其他方面的应用可参考相关专著。

（1）**互变异构体的确定**

紫外光谱可以用来研究互变异构体。

例如：$CH_3-\overset{\overset{O}{\|}}{C}-CH_2-\overset{\overset{O}{\|}}{C}-OC_2H_5$ 乙酰乙酸乙酯在极性溶剂中有一个 $\lambda_{max}=272$ nm 的弱吸收带（$\varepsilon=16$），显然，这是 $n\rightarrow\pi^*$ 跃迁引起的 R 吸收带，证明乙酰乙酸乙酯在极性溶剂中酮式稳定；如果在非极性溶剂三甲基戊烷中测定其紫外吸收，我们可以发现它在 $\lambda=243$ nm 处有一强吸收 $\varepsilon=16000$，表明它是以烯醇式存在的：

$$CH_3-\overset{\overset{O}{\|}}{C}-CH_2-\overset{\overset{O}{\|}}{C}-OC_2H_5 \rightleftharpoons CH_3-\overset{\overset{OH}{|}}{C}{=}CH-\overset{\overset{O}{\|}}{C}-OC_2H_5$$

在极性溶剂水中酮式与水分子形成氢键（a），使酮式稳定化。酮式占优势，所以只观察到 R 吸收带，没有观察到 $\pi\rightarrow\pi^*$ 跃迁。在非极性溶剂中，由于与溶剂作用很弱，烯醇式占优势，烯醇式形成分子内氢键（b），它是共轭结构，故可观察到 $\pi\rightarrow\pi^*$（K 带）。

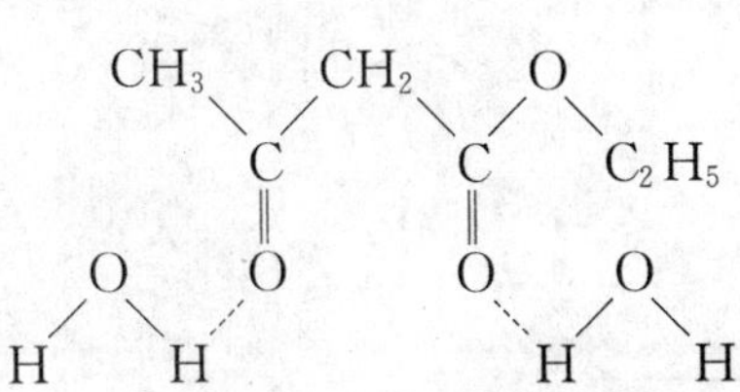

CH₃—C(=O···H—O—H)—CH₂—C(=O···H—O—H)—O—C₂H₅

（a）酮式与水形成的氢键

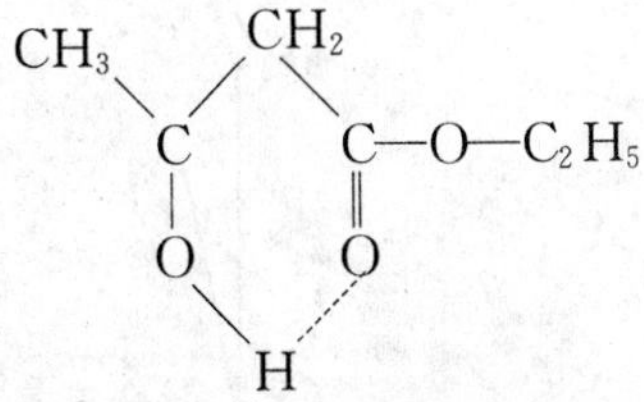

CH₃—C(—O—H···O=)C(—O—C₂H₅)，CH₂

（b）烯醇式形成分子内氢键

（2）**分子量的测定**

如果某一化合物与某一试剂形成一种衍生物，且试剂与此衍生物的摩尔吸收系数很接近，而试剂的 ε 是已知的，这样可以按式（1-13）计算分子量 M：

$$M=\frac{\varepsilon ml}{AV}-M' \tag{1-13}$$

式中，M 是欲测化合物的分子量；M'是试剂分子量；ε 是试剂在该波长下的摩尔吸收系数；l 是液体池的厚度（cm）；A 是测定的吸光度；V 是溶液体积（mL）；m 是该衍生物的质量（g）。

例如：胺类苦味酸盐在波长 380 nm 处有吸收，其 ε_{max}为 13440。从某一植物分离得一碱性成分，取其苦味酸盐纯品 2.159 mg 溶于乙醇中，稀释到 100 mL。在 380 nm 处用 0.1 mL（样品池厚度为 1 cm）厚样品池测得其吸光度为 0.550，求该碱性成分的分子量（苦味酸 $M'=229$）。

$$M=\frac{\varepsilon ml}{AV}-M'=\frac{13440\times0.002159\times1}{0.550\times0.1}-229=527.6-229=298.6 \text{（实际的 } M=303\text{）}$$

除胺的分子量可用苦味酸盐测定之外，糖可用脎（$\lambda_{max}=397$ nm，$\varepsilon=20360$），醛和酮可用 2，4-二硝基苯腙（$\lambda_{max}=360$ nm，$\varepsilon=22000$）测定。

参考文献

［1］吴人浩．现代分析技术在高聚物中的应用［M］．上海：上海科学技术出版社，1987.

［2］朱诚生．聚合物结构分析［M］．北京：科学出版社，2004.

［3］柴淑玲，杨莉燕，李晓萌，等．聚氨酯/聚丙烯酸的紫外光谱的研究［J］．光谱学与光谱分析，2005（5）：757-760.

［4］Pretsch E，Buhlmann P．Affolter C．Structure determination of organic compouds tables of spectral date［M］．Berlin：Springer-Verlaeg Berlin Heidelberg，2000.

［5］黄君礼，鲍治宇．紫外吸收光谱法及其应用［M］．北京：中国科学技术出版社，1992.

［6］张友杰，李念平．有机波谱学教程［M］．武汉：华中师范大学出版社，1990.

思考题

1. 简述紫外吸收光谱的特点及电子跃迁的类型。
2. 影响紫外吸收光谱波长的因素有哪些？
3. 紫外吸收光谱的特征性不强，但为什么它的应用仍很广泛？试举例说明。
4. 已知一个化合物是饱和胺 $\rangle$N—C—C—C— 或者不饱和胺 $\rangle$N—C—C═C 。化合物的紫外光谱如下，指出该化合物是哪一种结构？试述理由。

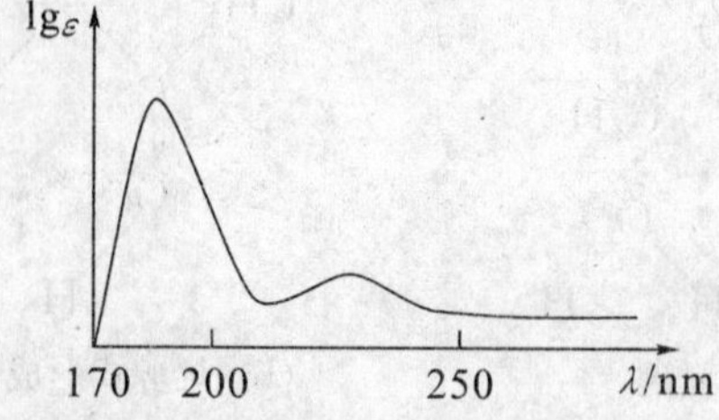

5. 已知亚硝酸丁酯的 $\lambda_{max}^{己烷}$ 和 $\varepsilon_{max}^{己烷}$ 如下，利用 1.0 cm 吸收池，化合物在己烷中的浓度为 1.0×10^{-4} mol/L，计算每个吸收峰的透光率（$T\%$）。

$\lambda_{max}^{己烷}$ (nm)	$\varepsilon_{max}^{己烷}$
220	14500
356	87

第 2 章 红外光谱法

20 世纪 60 年代，由于光栅的大量生产，使红外光谱仪不断革新和日臻完善，光栅的色散能力、分辨本领和波长范围都大大超过了棱镜。到了 20 世纪 70 年代初，傅里叶变换红外光谱仪的问世，使红外光谱仪具有极高的分辨本领和扫描速度，因而为红外光谱仪的应用开辟了许多新的领域，例如发射光谱、光声光谱、色谱-红外联用和漫反射技术等。

红外光谱（Infrared Spectroscopy）也是一种分子吸收光谱，又称有机分子的振-转光谱。它最突出的优点是具有高度的特征性，除光学异构体外，每种化合物都有自己的红外吸收光谱。因此，红外光谱特别适合于高分子材料中聚合物的鉴定。任何气态、液态、固态样品均可进行红外光谱测定，这是紫外、核磁、质谱等方法所不及的。一般聚合物的红外光谱至少有十几个吸收峰，可得到丰富的结构信息。

红外光辐射的能量远小于紫外光辐射的能量。物质分子吸收一定波长红外光的光能，并将其转化成振动和转动能，因此，红外吸收光谱可通过测定分子能级跃迁的信息来研究分子结构。

红外光是介于可见光和微波区之间的电磁波，其波长范围为 0.75 μm～1000 μm。红外光谱的频率一般用波数 $\bar{\nu}$ 表示，波数的单位为 cm^{-1}。谱图中的横坐标是以红外辐射光的波数 $\bar{\nu}$（cm^{-1}）为标度，但有时也用波长 λ（μm）为标度。

红外辐射光的波数可分为三个区（区域的分类如表 2-1 所示），即近红外区（10000 cm^{-1}～4000 cm^{-1}）、中红外区（4000 cm^{-1}～400 cm^{-1}）和远红外区（400 cm^{-1}～10 cm^{-1}）。这样分类是为了在测定这些区的光谱时，采用不同的仪器，且各区所引起的分子能级跃迁的类型也不同。

最常用的是中红外区，大多数有机化合物的化学键振动能级的跃迁和分子转动能级的跃迁都发生在这一区域；远红外区的吸收，反映金属有机化合物和无机物键的振动及晶体晶格的振动和纯转动跃迁；近红外区吸收可用于 OH—、NH—、CH—等基团的定量分析（表 2-1）。

表 2-1 红外区的分类

名称	λ（μm）	$\bar{\nu}$（cm^{-1}）	能级跃迁类型
近红外区	0.75～2.5	13158～4000	OH、NH、CH 等键伸缩振动的倍频吸收
中红外区	2.5～25	4000～400	分子的振动和转动
远红外区	25～1000	400～10	晶体的晶格振动和纯转动

2.1 红外光谱原理

在量子学说未建立以前，人们对光谱的研究几乎全是经验性的。量子学说为光谱的研究建立了理论基础。本节仅对红外光谱的理论进行介绍。

2.1.1　分子振－转光谱

分子由化学键连接的原子组成，而原子是由原子核和围绕它的电子所构成。原子中的电子有一定的运动状态，每种运动状态都有相应的能级。分子在不停运动着，分子的运动可近似地分为平动、转动和振动，以及分子内电子的运动。分子的总能量等于这几种运动能量之和：

$$E=E_0+E_{平}+E_{转}+E_{振}+E_{电} \tag{2-1}$$

式中，E_0 是分子的内在能，其能量不随分子运动而改变；$E_{平}$是温度的函数，由于在平动时不发生偶极矩的变化，故不会因分子的平动产生红外吸收。这样，和光谱有关的能量变化只有分子的转动能、振动能及分子中电子运动能的变化。

分子的每种运动状态都属于一定的能级。每种分子都有它的特征能级图。图 2－1 是分子的能级示意图。

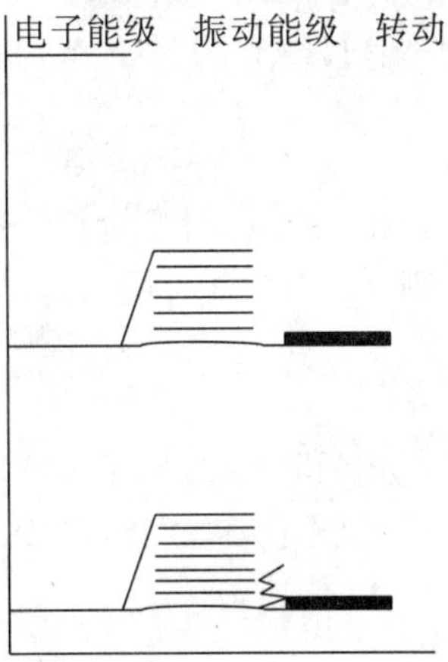

图 2－1　分子的能级示意图

当分子吸收了辐射光的能量后，便从较低能级跃迁到较高的能级，产生吸收光谱。但是，分子的能级跃迁并非任意两能级间都能进行的，它必须满足所谓量子化条件(选律)。电子能级、振动能级、转动能级的能量是量子化的。如图 2－1 所示，不论是电子能级、振动能级，还是转动能级，各能级间都有一定间隔，称之为能级间隔。所谓能级间隔，即两能级的能量差（ΔE）。根据量子力学的观点，只有当辐射光光子的能量（$h\nu$）正好等于两能级间的能量差时，分子才能吸收辐射光，从较低能级跃迁到较高能级，产生吸收光谱，这就是红外吸收光谱的基本原理。

分子中不同性质的运动即转动、振动，只能由一定波长的电磁波所激发。

转动能级间隔很小（$\Delta E<0.05$ eV)，欲使分子在转动能级之间发生跃迁，仅需能量较低的远红外光照射即可。分子吸收了远红外光光子的能量，便由较低转动能级跃迁到较高转动能级。由于这些光子被吸收，光谱中呈现一系列吸收谱线，这就是远红外光谱，亦称分子的转动光谱。

振动能级间隔较大（$\Delta E=0.5$ eV～1 eV)，欲产生振动能级跃迁，需要吸收能量较高的中红外光，所产生的光谱称为分子振动光谱。

由于获得振动光谱所需要的能量远比转动光谱的大，故发生振动能级跃迁时，常伴随着转动能级跃迁的发生。因此，所测得的振动光谱包含有转动光谱，只不过振动光谱的谱带较宽，而转动光谱的很尖锐（低压简单气体分子的转动光谱近似线吸收)。

由以上叙述，不能说明通常所说的红外光谱是分子的振－转光谱。由于转动被“淹没”在振动光谱之中，故一般情况下测得的红外光谱只是分子的振动光谱。于是，我们便可以由分子的振动情况，从理论上预言实测分子能产生多少吸收谱带，这些谱带的位置和强度如何等。为此，有必要先对分子的振动模型及其规律进行讨论。

2.1.2　双原子分子的振动光谱

为简便起见，首先讨论双原子分子的振动光谱。以双原子分子 HCl 为例，可将其两个原子看成质量不等的小球 m_1 和 m_2，而把连接它们的化学键比喻成质量可以忽略不计的弹簧，那么原子在平衡位置附近的振动如图 2－2 所示，可近似地看作是简谐振动。根据虎克（Hooke）定律，简谐振动的频率为

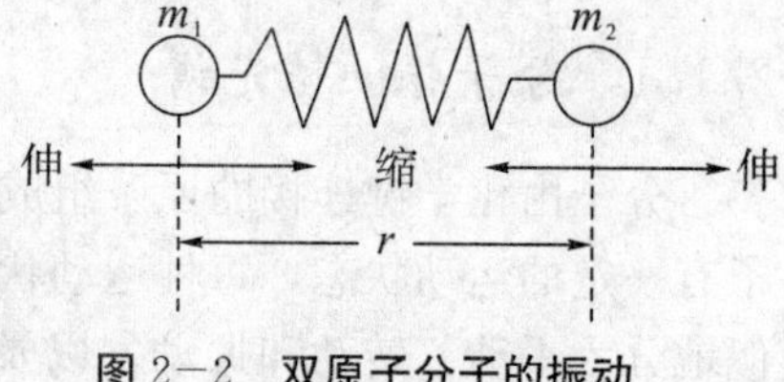

图 2－2 双原子分子的振动

$$\nu=\frac{1}{2\pi}\sqrt{\frac{K}{\mu}} \tag{2-2}$$

用波数表示，则（2－2）式可写成

$$\bar{\nu}\ (\text{cm}^{-1})=\frac{1}{2\pi c}\sqrt{\frac{K}{\mu}} \tag{2-3}$$

式中，$\bar{\nu}$ 是波数（显然波数不等于频率）；c 是光速（$c=3\times10^{10}\ \text{cm}\cdot\text{s}^{-1}$）；$K$ 是力常数，单键的 K 约为 $5\times10^{2}\ \text{N}\cdot\text{m}^{-1}$，双键和三键的 K 分别约为单键的 2 倍和 3 倍；μ 为折合质量。

$$\mu=\frac{m_1 m_2}{m_1+m_2} \tag{2-4}$$

式中，m_1 和 m_2 分别为两个原子的质量（g），若原子的质量用原子质量单位（AMU）表示，则（2－4）式可改写为

$$\mu=\frac{m_1 m_2}{m_1+m_2}\cdot\frac{1}{N} \tag{2-5}$$

式中，m_1 和 m_2 是原子量，N 是阿佛加德罗常数（6.023×10^{23}）。

将（2－5）式和各常数值代入（2－3）式，化简得

$$\bar{\nu}\ (\text{cm}^{-1})=1304\sqrt{\frac{K}{\mu}} \tag{2-6}$$

如果知道化学键的力常数，即可利用（2－6）式求出做简谐振动的双原子分子的振动频率。

例 1 计算 HCl 分子的振动频率。

解：$K=5.1$，$\mu=0.972$。

将 K 值和 μ 值代入（2－6）式，HCl 分子振动频率所对应的波数：

$$\bar{\nu}\ (\text{cm}^{-1})=1304\sqrt{\frac{5.1}{0.972}}=2990\ (\text{cm}^{-1})$$

实际测得 HCl 分子的振动频率是 2886 cm^{-1}，与上述计算值较接近，从而说明将双原子分子视作一个谐振子，利用经典力学的方法讨论双原子分子的振动，基本能够说明分子振动光谱的主要特征。

红外光谱和分子振动能级的跃迁是相对应的，对于谐振子来说，其能量为

$$E_{振}=h\nu\ \left(n+\frac{1}{2}\right) \tag{2-7}$$

式中，n 是振动量子数（$n=0$，1，2，3，…）。通常情况下，分子大都处于振动基态。一般分子吸收红外光主要属于从振动基态（$n=0$）到第一振动激发态（$n=1$）的跃迁，所吸收的频率称为基频，对应的吸收谱带称为基频谱带。

由于真空分子的振动是非谐振动，对于双原子的非谐振子，各种不同振动能级的能量一般低于对应的谐振子能级。根据量子力学方法，求得非谐振子的振动能量 $E_{振}$ 可用一级数表示，取这级数的前两项，给出一近似公式为

$$E_{振}=h\nu\ (n+\frac{1}{2})\ -xh\nu\ (n+\frac{1}{2})^2 \tag{2-8}$$

式中，x 为非谐性常数，该值很小，它是表示分子非谐性大小的一个量。

对于非谐振动，跃迁的选择定则（选律）已不局限于 $\Delta n=\pm1$，还有 $\Delta n=\pm2, \pm3, \cdots$ 即分子还可以由基态跃迁到第二（$n=2$）、第三（$n=3$）、第四（$n=4$）激发态，导致红外光谱中有其对应的弱吸收带，通常称为泛频吸收带。

比较（2-7）和（2-8）两式，其相对应的振动频率：

$$n=0\rightarrow1,\ \nu'=\nu-2\nu x \tag{2-9}$$

$$n=0\rightarrow2,\ \nu''=2\nu-6\nu x \tag{2-10}$$

$$n=0\rightarrow3,\ \nu'''=3\nu-12\nu x \tag{2-11}$$

式中，ν 为谐振子模型的振动频率，ν'、ν''、ν''' 为非谐振子模型的振动频率。

如果仍以 HCl 气态分子为例，利用（2-9）式计算非谐振子频率模型的振动频率为 2838 cm^{-1}，这较谐振子模型的振动频率（2990 cm^{-1}）更接近实测值（2886 cm^{-1}），说明利用非谐振子模型讨论双原子分子的振动，更接近于真空分子的振动情况。由于（2-6）式既能反映吸收谱带位置与力常数 K 值及原子质量的关系，又能反映分子振动光谱的特性，故一般都可用于粗略计算双原子分子或多原子分子中双原子化学键的振动频率所对应的波数。

例 2　计算 C═O 双键的伸缩振动频率所对应的波数。

解：$K=12.06$，$\mu=6.85$。

$$\bar{\nu}_{C=O}=1304\sqrt{\frac{12.06}{6.85}}=1724\ (cm^{-1})$$

例 3　计算 C≡N 三键的伸缩振动频率所对应的波数。

解：$K=15$，$\mu=6.46$。

$$\bar{\nu}_{C\equiv N}=1304\sqrt{\frac{15}{6.46}}=1987\ (cm^{-1})$$

2.1.3　多原子分子的振动光谱

大多数有机化合物分子是非常复杂的多原子分子。由于组成分子的原子较多，加之分子中各原子的排布情况不同，造成分子的振动比较复杂，因而其振动光谱是相当复杂的。然而，正是由于这种复杂性，才提供了大量的有关分子的结构信息，如化学键的特性、各键之间的相互作用以及分子的空间构型等。

多原子分子的光谱虽然复杂，但有机化合物分子中的一些基团，如—CH_2、>C═O、—OH、—NH_2 等，它们在分子中可以看做是一些相对独立的结构单元，使我们能够对多原子分子的振动形式及能级进行定性描述，从而对红外光谱中出现的基频谱带数目有一个初步了解，并能对吸收谱带进行归属。

(1) 振动形式及其表示

基团或化学键的振动形式一般分为两类，即伸缩振动和弯曲振动。不论红外光谱有多复杂，其吸收谱带均可归属为这两种振动形式。

伸缩振动（ν）：键长变化、键角不变的振动。双原子分子只有一种伸缩振动形式。当两个相同的原子和另一个中心原子相连接时，其伸缩振动便可分为对称伸缩振动（ν_s）和反对称伸缩振动（ν_{as}），例如亚甲基的两种伸缩振动形式：

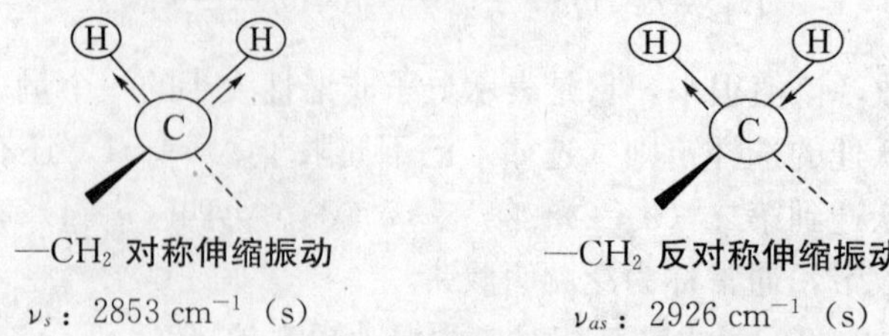

—CH_2 **对称伸缩振动** —CH_2 **反对称伸缩振动**

ν_s：2853 cm^{-1}（s） ν_{as}：2926 cm^{-1}（s）

对称伸缩振动指的是两个相同的原子沿着价键运动的方向相同，反对称伸缩振动指的是相同的两个原子沿着价键运动方向相反。对于同一个基团来说，反对称伸缩振动频率总比对称伸缩振动频率高。

弯曲振动（δ）：原子垂直于价键的振动，键长不变，键角发生变化的振动，亦称变形振动。弯曲振动有面内弯曲振动和面外弯曲振动之分。面内弯曲振动包括剪式振动和平面摇摆振动；面外弯曲振动分为面外摇摆振动和扭曲振动。

面内摇摆振动（γ）：基团作为一个整体在分子平面左右摇摆，亦称平面摇摆振动。

面外摇摆振动（ω）：基团作为一个整体垂直于分子对称面，前后摇摆。

扭曲振动（τ）：基团围绕它与其余部分相连的化学键前后扭动，亦称扭转振动。

现以亚甲基为例，说明各种弯曲振动形式：

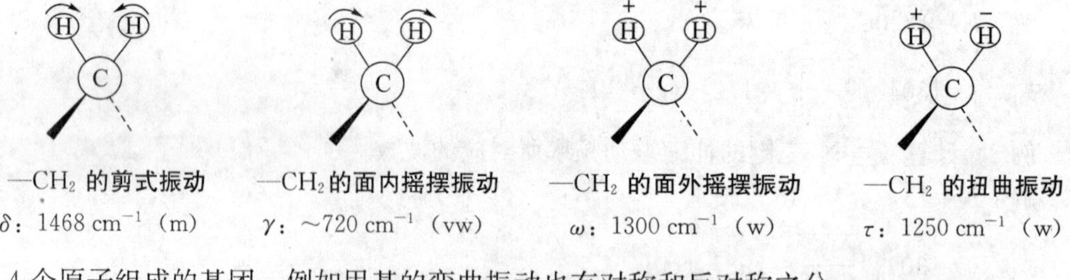

—CH_2 **的剪式振动** —CH_2 **的面内摇摆振动** —CH_2 **的面外摇摆振动** —CH_2 **的扭曲振动**

δ：1468 cm^{-1}（m） γ：~720 cm^{-1}（vw） ω：1300 cm^{-1}（w） τ：1250 cm^{-1}（w）

4 个原子组成的基团，例如甲基的弯曲振动也有对称和反对称之分。

对称弯曲振动（δ_s）：3 个相同的原子同时向中心原子作振动。

反对称弯曲振动（δ_{as}）：这种振动实际上存在两种形式，一种是 2 个原子向内，1 个向外进行相对运动；另一种是 2 个原子向外，1 个向内进行相对运动。

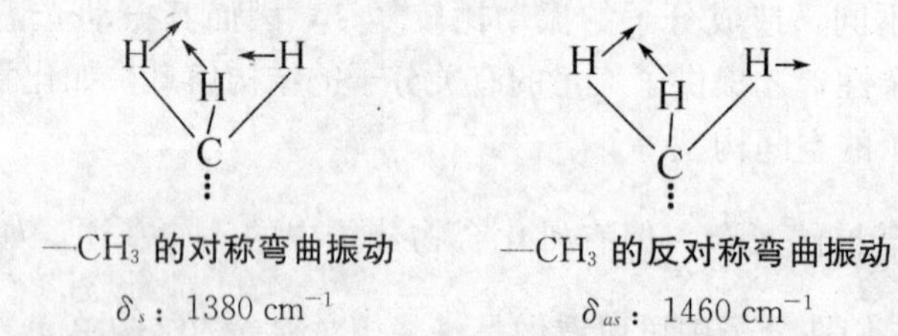

—CH_3 **的对称弯曲振动** —CH_3 **的反对称弯曲振动**

δ_s：1380 cm^{-1} δ_{as}：1460 cm^{-1}

在实际工作中经常需查阅一些红外光谱文献，现将基团或键的各种振动形式的缩写符号归纳如下：

ν：伸缩振动；δ：弯曲振动（变形振动）；β：面内弯曲振动；γ：面内摇摆振动；ω：面外摇摆振动；τ：扭曲振动；ν_{as} 或 ν^{as}：反对称伸缩振动；ν_s 或 ν^s：对称伸缩振动；δ_{as} 或者 δ^{as}：反对称弯曲（变形）振动；δ_s 或者 δ^s：对称弯曲（变形）振动。

（2）**基本振动数**

任何复杂的运动都可以看作是一些简单运动的组合。对于多原子分子的复杂振动，可以把它们分解成许多简单的基本振动。这种基本振动被称为简谐振动，亦称为振动自由度。若想了解某分子简谐振动的数目，首先必须确定各原子的相对位置，原子在空间的位置可利用其简正坐标求得。N 个原子组成的分子有 $3N$ 个简谐振动，即 $3N$ 个自由度。但由于 N 个原子被化学的相互作用力连接成一个整体，分子本身作为一个整体有 3 个平动自由度和 3 个转动自由度（线型分子只有 2 个转动自由度）。因此，分子振动自由度就等于 $3N-6$（线型分子为 $3N-5$），例如：

HCl 分子振动自由度$=3\times2-5=1$；

H_2O 分子振动自由度$=3\times3-6=3$。

分子有多少个振动自由度便有多少个简谐振动数，每个简谐振动就有其对应的简谐振动频率。然而，对于多原子分子的红外光谱，振动形式和吸收谱带并非一一相对应。偶尔也可发现吸收谱带比预料的要多，这是由于多原子分子至少有 3 个以上基频，就产生了基频的组合，所以红外光谱中除了泛频带以外，还出现弱的倍频、组频、差频吸收带。倍频为基频的倍数（$2\nu_1$，$2\nu_2$，…）；组频是两个或更多不同频率之和（$\nu_1+\nu_2$，$\nu_1+\nu_2+\nu_3$，…）。光子的能量同时激发两个或多个基本振动到激发态，便出现组频吸收带。差频是两个频率之差（$\nu_1-\nu_2$，$2\nu_1-\nu_3$，…），已处在一个激发态的分子再吸收足够的外加辐射能而跃迁到另一个激发态，产生的吸收谱带为差频带。这些吸收带一般都较弱，有时有一定的特征性，例如取代苯环在 2000 cm^{-1}～1600 cm^{-1} 的谱带，可以判别苯环的取代类型。

通常情况下，基频谱带的数目总小于基本振动的理论数。例如，CO_2 分子有四种振动形式，却只有两个红外吸收谱带，这与分子能级跃迁的选律和分子的对称性有关。

（3）**选律和对称性**

实验结果和量子力学理论都证明，当分子振动时，只有偶极矩发生变化的振动才有红外吸收，这种振动称为红外活性振动。

所谓偶极矩的变化，指的是分子中电荷的分布发生变化。极性分子和某些非极性分子在振动时产生瞬间偶极矩，有红外吸收。为什么偶极矩发生变化的振动才能引起红外吸收呢？这是因为红外吸收的实质是振动的分子与红外辐射发生能量变换。红外光是一种具有交变电场的电磁波，它只能与另一交变电场发生作用。例如一个极性的二元分子 A—B，它的两个原子在键的连接轴上振动时，随着两个原子中心之间距离的变化，就会引起分子偶极矩的变化。由于电荷分布发生变化，便产生一个瞬间变化的交变电磁场，即振动电磁场。这个交变电磁场的频率等于分子的振动频率，当它与红外辐射光的频率相匹配时，这一振动的交变电磁场便和红外辐射光的交变电磁场发生相互作用，从而产生红外吸收。

一般来说，具有永久偶极矩的分子或化学键如 NO、HCl、C═O 等有红外吸收；能产生瞬间偶极矩的分子或化学键如 CO_2 等有红外吸收。没有偶极矩变化的分子不吸收红外辐射，如 H_2、N_2、O_2 等；对称取代的化学键如 C═C、S—S、N═N、 C≡C 等在振动时没有偶极矩的变化，在红外光谱中观察不到它们的吸收谱带。

简并是引起谱带减少的原因之一。在红外光谱中，吸收频率相等的两个谱带重叠的现象称为简并。分子的对称性越高，简并度越高。例如，甲烷分子是一个具有高度对称性的正四面体结构（立方对称系），它有 9 个简谐振动，其红外光谱中只出现 4 个基本振动谱带。此外，高分子、大分子的重复结构单元也引起吸收谱带的重叠。

至此，不难说明为什么 CO_2 只出现两个吸收谱带。图 2−3 是 CO_2 分子的简谐振动和吸收情况。

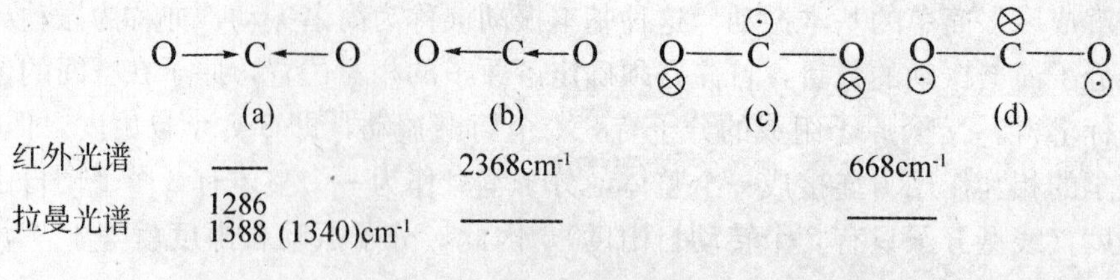

	O→C←O	O←C←O	O—C—O (⊙ ⊗ ⊗)	O—C—O (⊗ ⊙ ⊙)
	(a)	(b)	(c)	(d)
红外光谱	——	$2368cm^{-1}$	$668cm^{-1}$	
拉曼光谱	1286 1388 (1340)cm^{-1}	——	——	

图 2-3 CO_2 分子的简谐振动与吸收波数

图 2-3（a）中的简谐振动是两个 C—O 键同时伸长或缩短，偶极矩始终等于零（有对称中心分子的全对称振动），故在 1340 cm^{-1} 处无红外吸收谱带，而在拉曼光谱1286 cm^{-1} 和 1388 cm^{-1} 出现两个相当强的谱带。图 2-3（b）的一个 C—O 键伸长，另一个缩短，有瞬间偶极矩改变（有对称中心分子的非全对称振动），故在 2368 cm^{-1} 处有红外吸收谱带。图2-3（c）和（d）在振动过程中，分子发生弯曲，产生瞬间偶极矩，有红外吸收，但由于两个简谐振动有相同的频率（668 cm^{-1}）而发生了简并，因而只观察到两个吸收谱带。

（4）**吸收谱带的强度**

红外吸收谱带强度是一个振动跃迁概率的量度，而跃迁概率又取决于偶极矩变化的大小。化学键的极性越强，振动时偶极矩变化越大，吸收谱带越强。例如，C═O 基和具有强极性的基团 Si—O、C—Cl 等都有很强的红外吸收谱带，而 C═C、C—C、C—N 等弱极性基团，其伸缩振动吸收谱带较弱。

分子的对称性越高，振动时偶极矩变化越小，吸收谱带越弱，例如三氯乙烯和四氯乙烯。

$$\mathrm{Cl_2C{=}CHCl} \qquad \mathrm{Cl_2C{=}CCl_2}$$

三氯乙烯在 1535 cm^{-1} 处有 ν（C═C）的弱吸收谱带，四氯乙烯是全对称的，其 C═C 键进行全对称伸缩振动，没有偶极矩变化，跃迁概率等于零，没有红外吸收。这种振动是极化率（Polarizability）变化的振动，具有拉曼（Raman）活性，在拉曼光谱中呈强吸收。

吸收谱带强度和形状的表示：强（s）、中（m）、弱（w）、较弱（vw）、宽（b）、肩（sh）。

2.2 红外光谱与分子结构的关系

在红外光谱中吸收谱带出现在一定的位置，能代表某些基团的存在，有一定强度的吸收带具有一定的特征性，这样的吸收带称为基团的特征谱带。特征谱带极大值的波数位置称为特征频率。

一般来说，红外光谱可以分为两个部分。4000 cm^{-1}～1300 cm^{-1} 部分是官能团特征吸收峰出现较多的部分，称为官能团区。该区主要反映分子中特征基团的振动，基团的鉴定工作主要在该区域。1300 cm^{-1} 以下部分吸收谱带较多，但各个化合物在这一区域内的特异性较强，同系物结构相近的化合物谱带往往有一定的差别，如人的指纹一样，因此称为指纹区。这一区域反映了整体分子结构特征和分子结构的细微变化，对鉴定化合物有很大帮助。

高聚物含有原子的数目较大，其基本振动自由度巨大。按理说，聚合物的红外光谱也将是复杂的，但事实上测得的大多数高分子的红外光谱是比较简单的。例如，聚苯乙烯的红外光谱并不比苯乙烯复杂。其原因是，高分子键是许多重复单元组成的，各重复单元中的原子振动几乎相同，其对应的振动频率也有相同值。总体上说，聚合物的红外光谱图大致与组成它重复单元的单体的红外光谱图相似，但由于高聚物聚集态结构不同，共聚系列结构的不同也会影响到谱图。因此高聚物的红外光谱图也有其特殊性，在解谱时要特别注意。下面就常见聚合物的基团频率进行简要介绍。

2.2.1　常见聚合物的基团频率

在研究红外吸收峰与分子结构的关系时，不能仅仅依靠一种振动的特征频率，而应由一组特征峰来确定。下面讨论在高聚物分析中常用的几类化合物的特征谱带。

(1) 脂肪族碳氢化合物

这类化合物中含碳碳键和碳氢键，是高聚物中最多的基团。碳氢基团振动在多个区域有吸收，即 3300 cm^{-1}～2700 cm^{-1} 的伸缩振动，1500 cm^{-1}～1300 cm^{-1} 的面内弯曲振动和 1000 cm^{-1}～650 cm^{-1} 的面外弯曲振动。而碳－碳伸缩振动，三键在 2500 cm^{-1}～1900 cm^{-1}，双键在 1675 cm^{-1}～1500 cm^{-1}，单键在 1300 cm^{-1}～1000 cm^{-1}。表 2－2 中列出了脂肪族烃的特征吸收频率。

表 2－2　脂肪族烃的特征频率（cm^{-1}）

结构	频率（cm^{-1}）	强度	振动形式	备注
$>C-CH_3$	2990±20 2875±10 1450±10 1380～1370	s s m s	$\nu_{as}C-H$ $\nu_{s}C-H$ $\delta_{外}C-H$ $\delta_{内}C-H$	
$(CH_3)_2CH-$	1385～1380 1370～1365	s s	$\delta_{内}C-H$	
$CH_3-C(CH_3)_2-$	1395～1385 1370～1365	m s	$\delta_{内}C-H$	
$-C-(CH_2)_n-C-$	2925±10 2850±10 1460±20 750～720	s s m m	$\nu_{as}C-H$ $\nu_{s}C-H$ δ_{C-H} γ_{C-H}	$n\geqslant4$　725～720 $n\leqslant3$　770～735
$R_1R_2C=CH_2$	3095～3075 1698～1658 1420～1410 895～885	m m m s	$\nu_{as}C-H$ $\nu_{s}C=C$ β_{CH_2} γ_{CH_2}	

续表2-2

结构	频率（cm^{-1}）	强度	振动形式	备注
$R_1(H)C=CH_2$	3040～3010 1645～1640 1420～1410 990	m－w m－w s s	$\nu_{s\,C-H}$ $\nu_{s\,C=C}$ β_{CH_2} γ_{CH_2}	
$R_1R_2C=CR_3H$	3040～～3010 1675～1665 840～790	m m－w s	$\nu_{s\,C-H}$ $\nu_{C=C}$ γ_{C-H}	
$R_1HC=CHR_2$（反式）	3040～3010 1675～1665 965	m m s	$\nu_{s\,C-H}$ $\nu_{C=C}$ γ_{C-H}	
$R_1HC=CHR_2$（顺式）	3040～3010 1665～1650 730～675	m m－w m－s	$\nu_{as\,C-H}$ $\nu_{C=C}$ γ_{C-H}	
—C≡C—H	3310～3300 2180～2140 630±15	m m m	$\nu_{as\,C-H}$ $\nu_{s\,C\equiv C}$ γ_{C-H}	

从表中可以看出，有些谱带不仅说明有哪些基团存在，而且还表示了基团的连接方式。例如，C—H 的面内弯曲振动在 1300 cm^{-1}～1500 cm^{-1}，但其强度较弱，又在指纹区，因此有时被掩盖。但在 1375 cm^{-1}处的峰，对确定甲基的存在及其连接方式还是很有用的。当碳上连有一个甲基时，CH_3 的非对称与对称弯曲振动分别在 1465 cm^{-1} 和 1380 cm^{-1} 处有两个峰；若在一个碳上连两个甲基，其 1380 cm^{-1}的对称伸缩振动峰分裂成等强度的双峰（分别在1385 cm^{-1} 和 1375 cm^{-1}）；而叔丁基的 CH_3 分裂的双峰是一弱一强，分别在 1395 cm^{-1}（较弱）和 1365 cm^{-1}（较强）。

此外，在 650 cm^{-1}～1000 cm^{-1}处存在的 C—H 键的面外弯曲振动，对确定结构，特别是鉴别烯烃的取代基很有用。同样，这些峰和 C═C 的伸缩振动峰一样，在研究高分子聚合反应时，可提供反应进行程度的信息。

（2）**芳烃化合物**

在这类化合物谱图中，除能观察到 C 与 H 之间的各种振动形式和 C 与 C 之间的骨架振动外，还可观察到它们之间的合频振动，这对确定结构和取代基的位置是很有用的。下面以苯系芳烃中的各种振动形式为例加以说明。

C—H 的伸缩振动是在 3100 cm^{-1}～3010 cm^{-1} 出现一组谱峰（3～4 个）。其面内弯曲振动谱带在 1300 cm^{-1}～1000 cm^{-1} 容易被掩盖，对鉴别结构意义不大，但其面外弯曲振动在 900 cm^{-1}～675 cm^{-1} 区域具有特征性，可用于确定苯环的取代基。

骨架振动是碳与碳之间的振动，可引起芳香烃的扩大和缩小，有时也称为呼吸振动。一般在 1600 cm^{-1} 和 1500 cm^{-1} 处出现 $\nu_{C=C}$ 共轭体系的振动谱带。若邻接 C═O、C═N、C═C、NO_2 或其他元素如 Cl、S、P 等，由于这些基团与苯核的共振作用，使 1600 cm^{-1}处的峰进一步分裂为两个峰。

在 2000 cm^{-1}～1600 cm^{-1}处是 C—C、C—H 振动的倍频和合频引起的吸收峰。该区域的峰形对判别苯的取代基类型和取代基的位置具有特征性，见表 2－3。

表 2－3 芳烃化合物的特征频率（cm^{-1}）

结构	频率（cm^{-1}）	强度	振动形式	备注
	3100～3000 2000～1660 1650～1450 910～650	m m m s	ν_{C-H} ν_{C-C}，ν_{C-H} $\nu_{C=C}$ γ_{C-H}	倍频、组合频 2～4 个谱带 共轭体系 面外弯曲
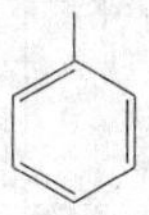	795～730 710～665	s s	γ_{C-H} $\delta_{环}$	邻接 5H
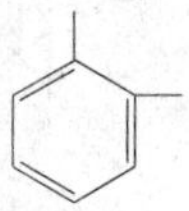	780～720	s	γ_{C-H}	邻接 4H
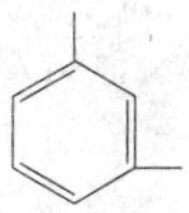	810～750 720～680 910～860	s s s	γ_{C-H} $\delta_{环}$ γ_{C-H}	邻接 3H 孤立 H
	860～800	s	γ_{C-H}	邻接 2H
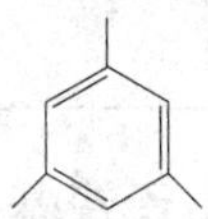	910～860 820～800 755～675	s s s	γ_{C-H} γ_{C-H} $\delta_{环}$	孤立 H 位移至此 1，3，5 三取代

（3）**含氧类化合物**

这类化合物中主要含有羰基、羟基、醚基等，其中羰基在高聚物分析中是很重要的。

由于羰基的极性，C═O 的伸缩振动在 1650 cm^{-1}～1900 cm^{-1}处出现很强的吸收带。当取代基不同时，吸收峰的位置也会发生移动，如表 2－4 所示。虽然这个谱带可提供结构的信息，但仅依靠它来确定结构是困难的，需参照其他谱带才能做出正确判断。例如，脂肪族的酯、酮和醛的羰基谱带相差很小，但是如果在 2720 cm^{-1}处出现峰，则是醛类的 C—H 伸缩振动，可判断存在醛基。对脂肪族的酮和酯的区分需要特别慎重，因为大多数的酮在 1100 cm^{-1}～1300 cm^{-1}处区域也有很强的谱带，与酯的 C—O—C 谱带容易混淆。

醚键在 1100 cm^{-1}～1300 cm^{-1}处有强吸收带，但在此区域内各种官能团谱带吸收重叠，因此，只有当没有观察到 C═O 基和羟基的吸收带时，才可判断为醚键。一般脂肪族醚出现在 1050 cm^{-1}处左右，而芳香族醚则在 1300 cm^{-1}处。

表 2-4 含羰基的化合物特征频率（cm^{-1}）

脂肪族酮 $R-\overset{O}{\overset{\|}{C}}-R'$ $\nu_{C=O}=1715\ cm^{-1}$						
化合物类型	$\nu_{C=O}/cm^{-1}$	化合物类型	$\nu_{C=O}/cm^{-1}$	化合物类型	n 值	$\nu_{C=O}/cm^{-1}$
$Ph-\overset{O}{\overset{\|}{C}}-OR'$	1720	$Ph-\overset{O}{\overset{\|}{C}}-H$	1705	$\begin{pmatrix}\overset{O}{\overset{\|}{C}}\\ (CH_2)\end{pmatrix}$	7	1705
$R-\overset{O}{\overset{\|}{C}}-H$	1730	$R-\overset{O}{\overset{\|}{C}}-Ph$	1690		6	1715
$R-\overset{O}{\overset{\|}{C}}-OR'$	1740	$O=C_6H_4=O$	1675		5 4	1745 1780
$R-\overset{O}{\overset{\|}{C}}-O-\overset{\|}{C}=C\langle$	1780	$Ph-\overset{O}{\overset{\|}{C}}-Ph$	1665	$\begin{pmatrix}\overset{O}{\overset{\|}{C}}-O\\ (CH_2)_n\end{pmatrix}$		
$R-\overset{O}{\overset{\|}{C}}-Cl$	1800	$Ph-\overset{O}{\overset{\|}{C}}-\overset{\|}{C}=\overset{\|}{C}-R$	1660		4	1740
$Cl-\overset{O}{\overset{\|}{C}}-Cl$	1830	$R-\overset{O}{\overset{\|}{C}}-NH_2$	1690		3	1770
$F-\overset{O}{\overset{\|}{C}}-F$	1930	$R-\overset{O}{\overset{\|}{C}}-NH-R'$	1670		2	1830
酸酐	1820， 1755	$R-\overset{O}{\overset{\|}{C}}-NR_2$	1650			

羟基中的 O—H 伸缩振动在 3200 cm^{-1}～3700 cm^{-1} 区域有吸收峰。由于羟基易与氢缔合，随缔合度加大，吸收峰移向低波数区，且峰变宽。如果样品中既存在自由羟基，又有缔合的羟基，那么可观察到两个峰。O—H 的面内弯曲振动在 1250 cm^{-1} 附近，但实用价值不大。

利用羟基中的 C—O 伸缩振动谱带也有助于确定化合物的类型。酸出现在 1280 cm^{-1}处，酚在 1220 cm^{-1} 处有吸收峰，伯醇、仲醇和叔醇中 C—O 的伸缩振动分别出现在 1050 cm^{-1}、1100 cm^{-1}和 1130 cm^{-1}附近。

在羧酸类化合物中，由于羰基和羟基形成氢键，不仅使羰基的吸收带移向低频处，而且使 O—H 的伸缩振动带在 2500 cm^{-1}～3500 cm^{-1} 范围出现一个很强很宽的谱带，往往和 C—H的伸缩振动谱带叠加在一起，使 ν_{C-H}出现在 ν_{O-H}宽峰的尾部，这在对鉴别羧酸类化合物上很具有特征性，见表 2-4。

（4）**含氮类化合物**

一些很重要的高聚物如聚丙烯腈、聚氨酯、尼龙等都属于含氮化合物。它们在红外吸收光谱中存在特征谱带。

腈基（—C≡N）和异腈酸酯基（—N═C═O）的伸缩振动谱带出现在2200 cm^{-1}～2280 cm^{-1}范围。

—C≡N的吸收带是中强度，但很尖锐，而—N═C═O 则非常强，大约比腈基强 100 倍以上，而且常常是双峰或具有不规则的形状。由于在这个区域内很少有其他基团的吸收峰干扰，因此对于鉴别含有这些基团的含氮聚合物是具有特征性的，在定量分析中也很有用。在这个区域应注意区分 CO_2 伸缩振动吸收峰的干扰。

氨基中 N—H 伸缩振动谱带在 3300 cm^{-1}～3500 cm^{-1}区域，与 O—H 伸缩振动谱带在同一区。这两类振动的共同特点是容易发生缔合，随缔合程度加强，特征频率向低波数方向移动，且峰形也逐渐变宽并加强。它们的区别是氨基的峰形比较尖锐，由于伯胺、仲胺和叔胺的区分，在伯胺中存在—NH_2 的对称和非对称伸缩振动，因此出现两个中强吸收带；在仲胺中只有一个 N—H 的伸缩振动；叔胺在这个区则没有吸收。除 N—H 伸缩振动带外，氨基还有弯曲振动带。伯胺的面内弯曲振动在 1640 cm^{-1}～1560 cm^{-1}处，面外弯曲振动在 900 cm^{-1}～650 cm^{-1}处，是宽的中等强度的峰；仲胺面内弯曲振动在 1580 cm^{-1}～1490 cm^{-1}处。

酰胺基与氨基的区别是酰胺有羰基，且易形成分子间的氢键，使峰发生位移。习惯上把具有酰胺基特征的吸收峰分成几个带，其中最具有鉴定作用的是酰胺Ⅰ带（即 C═O 伸缩振动带）和酰胺Ⅱ带（N—H 的面内弯曲振动带）。伯、仲和叔酰胺基的区别如表 2-5 所示。

表 2-5　酰胺基的特征频率（cm^{-1}）

化合物		ν_{N-H}	$\nu_{C=O}$	δ_{N-H}	$\delta_{N-C=O}$	$\delta_{C-C=O}$
伯酰胺	（游离）	3540～3480 3420～3380	1690	1620～1590	632～570	520～450
	（缔合）	3360～3180 （几个）	1650	1650～1620		
仲酰胺（游离）（缔合）		3460～3420 3300～3070	1670 1650	1550～1510 1570～1515	610～550	480～430
叔酰胺			1650		600～570	480～440

（5）**卤素化合物**

卤素化合物一般都显示很强的碳卤键的伸缩振动。当在同一碳原子上有几个卤素相连时，吸收峰更强，同时，吸收频率移向高频端。氟化物中，C—F 键的伸缩振动：一氟化物的在 1110 cm^{-1}～1000 cm^{-1}；二氟化物的在 1250 cm^{-1}～1050 cm^{-1}，且分裂成两个峰；多氟化物的在 1400 cm^{-1}～1100 cm^{-1}处有多个峰。一氯化物中，ν_{C-Cl} 在 750 cm^{-1}～700 cm^{-1}，而多氯化物则移到 800 cm^{-1}～700 cm^{-1}。

2.2.2　影响聚合物基团特征频率的因素

由上述各类化合物与特征频率之间的关系可观察到，同一种基团的某种振动方式，若处于不同的分子和外界环境中，其键力常数是不同的，因此它们的特征频率也会有差异。了解各种因素对基团频率的影响，依据特征频率的差别和谱带形状，可帮助我们确定化合物的类型。

影响键力常数的因素都会导致特征频率改变，这些因素可分成内部因素与外部因素两大部分。内部因素是由分子内各基团间的相互影响造成的，现简述如下。

（1）**诱导效应**

由于取代基的电负性不同引起分子中电荷分布发生变化，从而使键力常数改变，特征频率也随之变化。例如，从表 2-4 可看出，随着与烷基酮羰基上的碳原子相连的取代基电负性的增加，羰基伸缩振动频率移向高频。而对于烯烃与 C═C 相连的碳氢的面外弯曲振动，则随取代基电负性的增加，特征频率降低，见表 2-6。

表 2-6 取代基对碳氢面外弯曲振动的影响

类型	$CH_3(H)C=C(H)CH_3$	$CH_3(H)C=C(H)Cl$	$Cl(H)C=C(H)Cl$
特征频率（cm^{-1}）	964	926	892
类型	$CH_3(H)C=CH_2$	$CH_3-O(H)C=CH_2$	
特征频率（cm^{-1}）	{986，908}	{960，813}	

（2）**共轭效应**

共轭效应使体系 π 电子云密度均匀化，单键键长变短，双键键长伸长。因此，显著影响了官能团特征频率的位置和强度。如在表 2-4 中，当羰基与苯环或双键共轭时，使 C═O 的键力常数减小，特征频率降低。

（3）**环的张力效应**

随环减小，张力增加，吸收频率也就增高，如表 2-4 第 3 列所示。

（4）**氢键效应**

由于氢键的形成，常常使正常共价键的键长伸长，键能降低，特征频率也随之降低，而且谱线也变宽。例如，乙醇溶解在 CCl_4 溶液中，当浓度大于 0.1 mg·L^{-1}时，乙醇分子间形成二缔合体或多缔合体，OH 的伸缩振动波数从 3640 cm^{-1}降到 3515 cm^{-1}。

（5）**耦合效应**

两个伸缩振动的耦合必须有一个共用原子；两个弯曲振动的耦合则要有一个共用键。如果引起弯曲振动中的一根键同时进行伸缩振动，则弯曲振动和伸缩振动之间能发生耦合。只有当耦合的两谐振子具有相近的能量时，才发生强的相互作用。因相位和耦合情况不同，会在单个谐振子位置出现两个频率，两频率的距离取决于两谐振子的耦合程度。

除了上述分子的化学结构不同会影响特征频率外，外部因素也会引起特征频率改变。样品的状态是主要的外部因素。蒸气态样品特征频率升高，且较尖锐；溶液的光谱随溶剂的极性变化；固态样品的光谱则随粒子的颗粒大小和结晶形状不同而不同。虽然这些影响因素给谱图解析增加了困难，但对结构的鉴定，特别是高聚物链结构、聚集态结构以及高聚物反应和变化过程等的研究提供了非常有用的信息。

2.2.3 高聚物红外光谱谱图解析

解析高聚物的红外谱图与解析一般有机化合物红外谱图同样需注意谱峰位置、形状和强度，这三要素是解谱的基本原则。谱峰位置即谱带的特征振动频率对应分子链中的官能团，是进行定性分析的基础，进而可确定聚合物的类型。谱带的形状包括谱带是否有分裂，可以研究分子内是否存在缔合以及分子对称性、旋转异构、互变异构等。谱带的强度与分子振动时偶极矩的变化率有关，且同时与分子的含量成正比，因此可作为定量分析的基础。依据某些特征峰谱带强度随时间、温度和压力的变化规律可研究动力学过程。

红外光谱谱图解析最简单的方法是把样品谱图直接和已知标样谱图对照。美国费城萨德勒实验室（Sadtler Research Laboratories）编制的 SADTLAR 光谱谱图集包含了世界上最多的化合物的红外谱图，分为标样谱图与商品谱图两部分。除了单体和常见化合物外，还包含塑料、橡胶、纤维、黏合剂、涂料、各类助剂等。这套谱图检索方便，既可按化合物分类、化合物或官能团的名称检索，也可按吸收峰的波长、分子式或分子量检索。另外，在 Flummel 和 Saholl 所编的《聚合物和塑料的红外分析图谱集》中也收集了许多谱图。但是，在对照谱图时，应注意制样条件。因为不同的制样条件会影响谱带位置、形状和强度。

随着计算机技术的发展，在红外光谱仪中引入了红外光谱数据库检索与辅助结构解析系统。但运用这种技术的关键问题是建立一个高质量的谱图数据库和快速准确的检索方法。人工检索速度尽管不如计算机速度快，但更加准确可靠。

在进行高聚物红外光谱解析时应注意以下几点：第一，光谱解析的正确性依赖于能否得到一张最佳的光谱图，这和分析技术及操作条件有关。如制样是否均匀、样品厚度是否恰当、本底扣除是否正确等，因此必须注意选择最佳的操作条件，方能得到一张满意的谱图。第二，对未知高聚物或添加剂的红外谱图的正确判别，除要掌握红外分析的有关知识外，还必须对高聚物样品的来源、性能及用途有足够的了解。第三，高聚物谱图虽与分子链中重复单元的谱图相似，但它仍有自身的特殊性。由于高聚物聚集态结构的不同、共聚物序列结构的不同等都会影响谱图，因此在解析谱图时要特别注意，相互印证。

高聚物的红外光谱谱图的解析，可根据读者自身对样品的了解程度灵活应用下面三种方法。

（1）**直接法**

直接法是最简单方便的方法，样品谱图直接和已知标样谱图对照或直接与 SADTLAR 收集谱图对照。

（2）**否定法**

如果在某个基团的特征频率吸收区找不到吸收峰，我们就可判断样品中不存在该基团。

可用图 2－4 来查找。一般是先检查 1300 cm^{-1} 以上区域，确定没有哪些官能团；再查 1000 cm^{-1} 以下区域，检查碳氢键面外振动形式；最后再检查 1000 cm^{-1}～1300 cm^{-1} 区域，就可确定没有哪些基团。

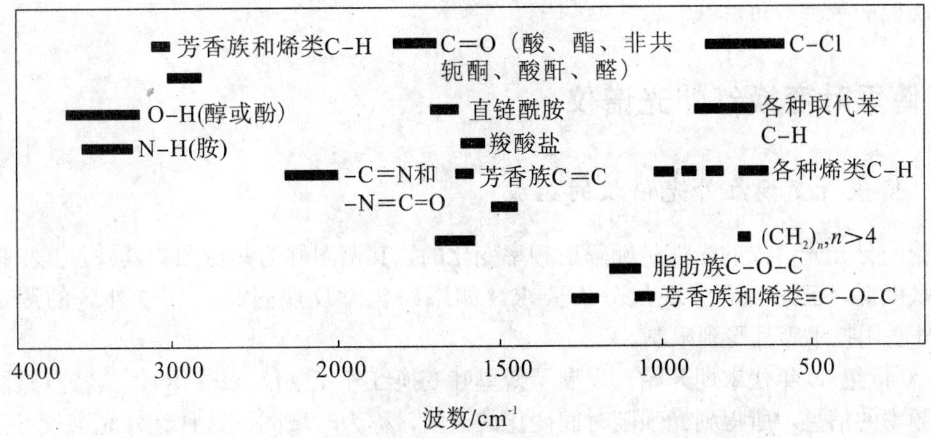

图 2－4　基团的特征频率区域

（3）**肯定法**

这种分析方法主要针对谱图上强的吸收带，确定是属于什么基团，然后再分析具有较强特征性的吸收带，如在 2240 cm^{-1}出现吸收峰，可确定含有腈基。高聚物中含有腈基的为数不多，可判断是含有丙烯腈类的聚合物。有些吸收谱带可能会有多种基团重叠，只依据基团的一种振动形式是不够的，需要分析基团的各种振动频率才能做出判断。

也可以把肯定法和否定法配合起来使用，并和标准光谱对照，证明推断的正确性，下面举例说明。

例如，图 2-5 是未知高聚物谱图。此物在 3100 cm^{-1}～3000 cm^{-1}区域有吸收峰，可知含有芳烃或烯类的 C—H 伸缩振动，但究竟是属于哪种类型就要看它 C—H 的其他峰。由 2000 cm^{-1}～1668 cm^{-1}区域的一系列峰和 757 cm^{-1}及 699 cm^{-1}出现的峰，可知为苯的单取代基，这样可判定 3100 cm^{-1}～3000 cm^{-1}处的峰为芳环中的 C—H 伸缩振动。再检查苯的骨架振动，在 1601 cm^{-1}、1583 cm^{-1}、1493 cm^{-1}和 1452 cm^{-1}的谱带可证实确有苯环存在。最后依据3000 cm^{-1}～2800 cm^{-1}的谱带判断是饱和碳氢化合物的吸收，而且 1493 cm^{-1}和 1452 cm^{-1}的强吸收带也可说明有 CH_2 或 CH 弯曲振动与苯环骨架振动的重叠。由上可初步判断该物为聚苯乙烯。

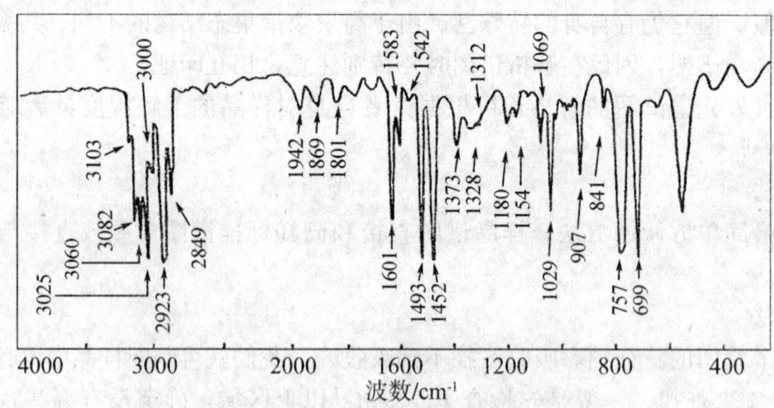

图 2-5 未知高聚物谱图

如果没有标准光谱图作对照，应有其他方法配合起来进行综合分析，如核磁共振谱图和质谱等数据的支持方可确认。

2.3 傅里叶变换红外光谱仪

2.3.1 傅里叶变换红外光谱仪的组成

传统的分光光谱仪的光强是随辐射频率变化的，其谱图称为频域图。其缺点是扫描速度慢，灵敏度低，已无法适应现代分析要求，如跟踪化学反应过程、远红外区的测定、色谱-红外联用技术等都受到限制。

从 20 世纪 60 年代末期开始，发展了傅里叶变换红外光谱仪（FTIR），其特点是同时测定所有频率的信息，所得到光强随时间变化的谱图，称为时域图。这种红外光谱仪可以大大缩短扫描时间，同时由于不采用传统的色散元件，提高了测量灵敏度和测定的频率范围，分辨率和波数精度也好。

傅里叶变换红外光谱仪，主要是由光学系统和数据处理系统两大部分所组成。光学系统包括光源、迈克尔逊干涉仪和探测器。数据处理系统由计算机、绘图仪、荧光屏显示器及打印机等组成，其原理如图 2-6 所示。迈克尔逊干涉仪是光学系统的心脏，包含光源、动镜、定镜、分束器、探测器等部分。探测器的信号经放大器、滤波器得到干涉图，最后经计算机数据处理系统呈现红外光谱图。

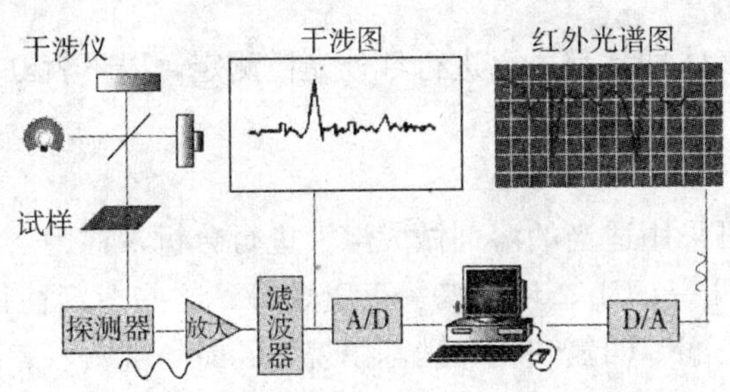

图 2-6 傅里叶变换红外光谱仪工作原理

在迈克尔逊干涉仪中，当光源发出一束光后，首先到达分束器，把光分成两束：一束透射到定镜，另一束经过分束器，反射到动镜，再反射回分束器，透过分束器与定镜来的光合在一起，形成干涉光透过样品池进入探测器。由于动镜的不断运动，使两束光线的光程差随动镜移动距离不同，呈周期性变化。干涉光的信号强度的变化可用余弦函数表示：

$$I(x)=B(\nu)\cos(2\pi\nu x) \tag{2-12}$$

式中，$I(x)$表示干涉光强度，I 是光程差 x 的函数；$B(\nu)$表示入射光强度，B 是频率 ν 的函数；ν 是干涉光的变化频率。

若光源发出的是多色光，干涉光强度应是各单色光的叠加，积分得到干涉光强度。式（2-13）说明干涉光强度是随动镜移动距离 x 变化的叠加函数：

$$I(x)=\int_{-\infty}^{+\infty} B(\nu)\cos(2\pi\nu x)\mathrm{d}\nu \tag{2-13}$$

图 2-7 是干涉曲线图。为了得到光强随频率变化的频域图，借助傅里叶变换函数，将式（2-13）转换成下式：

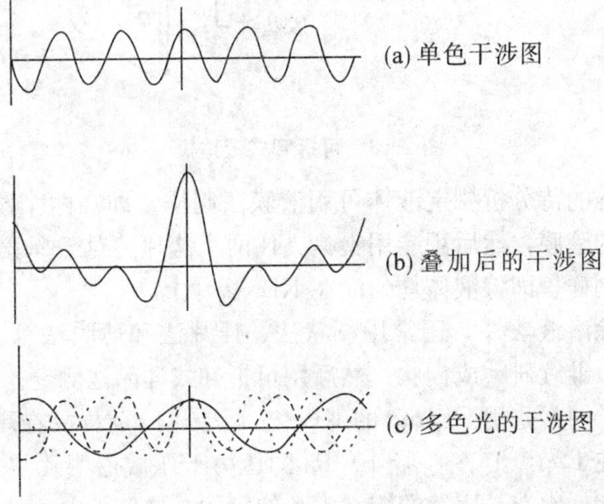

图 2-7 干涉曲线图

$$B(\nu)=\int_{-\infty}^{+\infty} I(x)\cos(2\pi\nu x)\mathrm{d}x \tag{2-14}$$

这个变化过程比较复杂，在仪器中是由计算机完成的，最后计算机控制的终端打印出与经典红外光谱仪同样的光强随频率变化的红外吸收光谱图。

2.3.2 红外光谱分析的相关技术

无论液体、固体或气体样品都可以进行红外光谱测定，以下就红外光谱的制样技术和联用技术作简单介绍。

(1) **样品制备技术**

液体和固体样品均可采用适当的溶剂做成溶液进行分析，称为溶液法。最常用的溶剂有CCl_4、CS_2、$CHCl_3$、$CCl_2{=}CCl_2$、环己烷、正庚烷等。这些溶剂往往难于溶解高聚物或其他材料，这时多采用甲乙酮、四氢呋喃、硝基甲烷、乙醚、吡啶、二甲基甲酰胺、二甲基亚砜、氯苯等。

对于溶剂的要求：在样品光谱范围内具有良好的透明度，对红外线无吸收或溶剂吸收峰很少，对样品有良好的溶解性且不与样品发生化学反应等。

液体样品通常都放于光程为 0.01 mm~1 mm 的液体槽中进行测定，极限纯液体吸收较强，可用较薄的液体槽。液体槽主要有封闭式、可拆卸式、可变层厚度和微量液体槽。但也有专门用于测定微量样品的显微液体槽以及可加热或冷却的变温液体槽。液体槽的结构大同小异，主要是两片透光窗（KBr 盐片）夹一片铅垫片，垫片用以限制光程的长短和使用液体体积。图 2-8 是可拆卸式液体槽示意图，主要部分用螺丝固定。

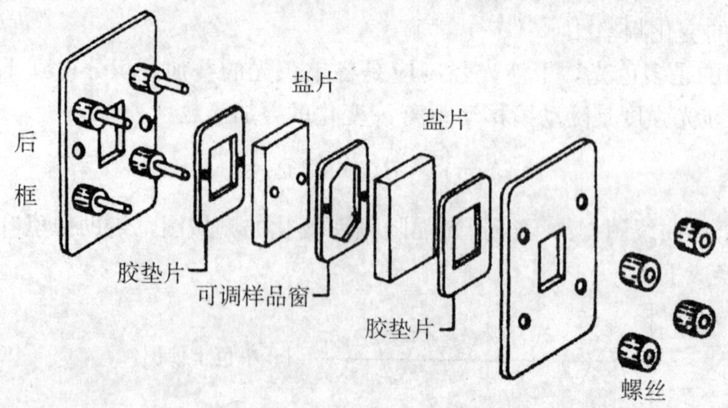

图 2-8 可拆卸式液体槽

高沸点及不易清洗的待分析测定液体可用液膜法制样，即在两个圆形盐片间滴 1~2 滴液体，使之形成一薄的液膜，然后用专用夹具夹住两个盐片。对于挥发性较小而黏度较大的液体，也可用涂片法制样，即将液体均匀涂在 KBr 盐片上。

固体样品制备，除溶液法外，还常用糊状法、压片法和薄膜法等。糊状法是把样品研细，滴入几滴悬浮剂，继续研磨成糊状，然后用可拆卸式样品池测定。压片法是分析固体样品时应用最广的方法，通常是用 300 mg 的 KBr 与 1 mg~3 mg 样品在玛瑙研钵中充分研磨，而在模具中用油压机在 1×10^4 Pa~1.5×10^4 Pa 的压力下压成透明片状。薄膜法是将样品热压成膜或将样品溶解在低沸点易挥发的溶剂中，然后倒在玻璃板上，待溶剂挥发后成膜。薄膜法主要用于高分子材料的测定。固体样品压片或薄膜均直接置于光路中进行分析测定。

衰减全反射光谱测定法（Attenuated Total Reflection，ATR）是一些不溶、不熔且难粉碎的片状试样，并且不透明表面的涂层可以采用的测定方法，其原理可参阅相关专著。

气体样品一般都灌注于专用气体槽内（气槽先抽真空）进行分析测定。

(2) **红外光谱联用技术**

①气相色谱－红外光谱联用仪：

它是将色谱的高效分离能力与红外光谱可对分子结构提供较多信息的特点相结合的一种仪器，是对多组分混合物进行结构分析的有力手段。其工作原理是：多组分混合物样品经过气相色谱柱分离，得到各个单一组分，按保留时间顺序逐一进入红外光谱测量区进行检测，经快速扫描后，给出各单一组分的相应红外光谱图。根据所得各红外光谱图与标准谱图对照和谱图解析的结果，可以对这些单一组分进行定性分析。由于气相色谱中进样量较少，而且相邻两组分流出的时间间隔较短，因此要求红外光谱仪的灵敏度要高、响应要快。

②固相微萃取－气相色谱－红外光谱联用仪：

该技术是 20 世纪 90 年代发展的一种集萃取、浓缩、进样于一体的样品前处理方法。其基本的固相微萃取是通过石英纤维头表面涂渍的高分子层对进样器中直接热解吸，使样品预处理过程大为简化，提高了分析速度和灵敏度，其检出限的数量级为 $ng \cdot g^{-1} \sim pg \cdot g^{-1}$，相对标准偏差小于 30%，线性范围为 3～5 个数量级。气相色谱－红外光谱联用技术结合了气相色谱分离性能高的特点和红外光谱定性能力较强的特点，大大提高了检出限。

③傅里叶变换红外光谱－红外显微镜联用仪：

配置有衰减全反射、漫反射、镜反射等附件，其广泛应用于高分子材料（塑料、橡胶、纤维、黏合剂及涂料等）的成分分析，药物、食品、表面活性剂、农药中的有机成分分析，部分无机物的定性分析，以及有机化合物的结构鉴定。

红外光谱与红外显微镜联用技术，可应用于复合或填充高分子材料、天然纤维、合成纤维、地质、矿物等领域的研究。

④热重分析－红外光谱联用仪：

热重分析法（TGA）被广泛地用于化学及高分子领域。对于物质在受热时所释放出的挥发性物质如要定性和定量分析，除色谱法外，也可使用红外光谱方法。其检测方式可为间歇式，但更多是连续式检测。对于红外光谱法来说，只要在 TGA 分析中被分析物所释放的挥发组分有红外吸收，而且能被载气带入红外光谱仪的气体池中，就能用红外光谱法对气样进行分析，这一联用技术已在研究高分子材料中得到广泛应用。

2.4　红外光谱法在高分子研究中的应用

在许多情况下要对高分子材料进行鉴别。例如，高分子材料的回收利用，检验成品在加工过程中的性能变化，开发新型合成材料和共混共聚材料等。红外光谱法是聚合物研究中特征性最强、最常用和普遍的方法之一。

2.4.1　鉴别均聚物

聚乙烯（PE）是最简单的聚合物，由于聚合物几乎完全由亚甲基基团组成，所以它的红外光谱图中仅存在亚甲基的伸缩和弯曲振动峰。图 2－9 中主要出现 4 个尖峰：在 2920 cm^{-1} 和 2850 cm^{-1} 处是亚甲基伸缩振动吸收峰；在 1464 cm^{-1} 和 719 cm^{-1} 处是亚甲基扭曲变形振动吸收峰。由于 PE 具有结晶形态，在 1464 cm^{-1}和 719 cm^{-1}处的吸收峰是双峰，并且在 1473 cm^{-1}和 731 cm^{-1}处出现了另外的峰。高密度聚乙烯（HDPE）是非常规整的，大约有 70%的结晶度。但低密度聚乙烯（LDPE）支化程度较大，只有大约 50%的结晶度。PE 试样的结晶度可以按731 cm^{-1}与 719 cm^{-1}处吸收峰的比来确定。

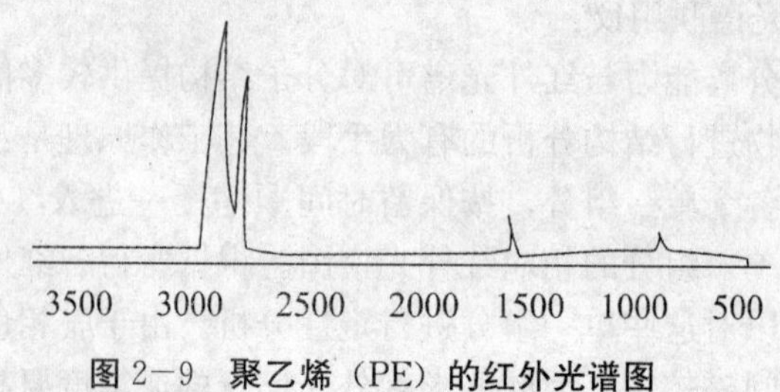

图 2-9 聚乙烯（PE）的红外光谱图

如果 PE 中所有的氢被氟原子取代，就形成了另一种重要的塑料聚四氟乙烯——PTFE（商品名为特氟隆）。因为氟原子比氢原子大，CF_2 伸缩振动频率比 CH_2 伸缩振动频率低很多，它的吸收峰出现在 1200 cm^{-1}和 1146 cm^{-1}处；CF_2 扭曲变形振动频率也比较低，此处的光谱图 2-10 中没有出现。氟原子的电负性高，使得 C—F 键具有很大的偶极矩，从而引起一个非常强的红外吸收。

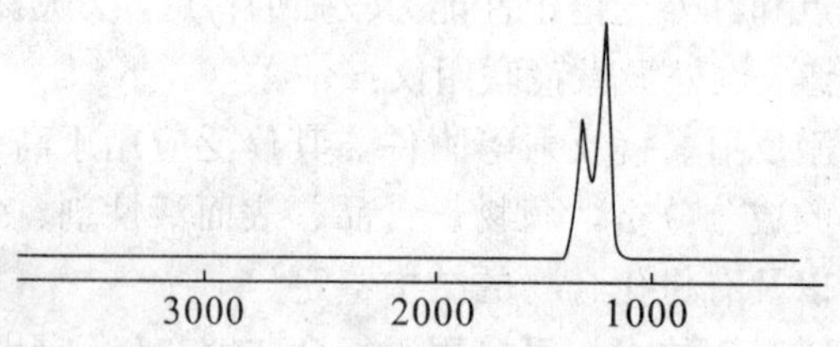

图 2-10 聚四氟乙烯（PTFE）的红外光谱图

在 PE 上每隔一个碳原子连接一个甲基就形成了聚丙烯（PP），红外光谱图 2-11 很快就变得复杂了。除了亚甲基之外还存在甲基、次甲基基团。甲基的吸收峰出现在 2969 cm^{-1}和 2952 cm^{-1}（分裂的峰）、2868 cm^{-1}和 1377 cm^{-1}处；甲基的扭曲变形振动与亚甲基的扭曲变形振动吸收峰重叠，这个吸收峰轻微移到 1458 cm^{-1}处；次甲基的吸收峰很弱，不具有分析价值。

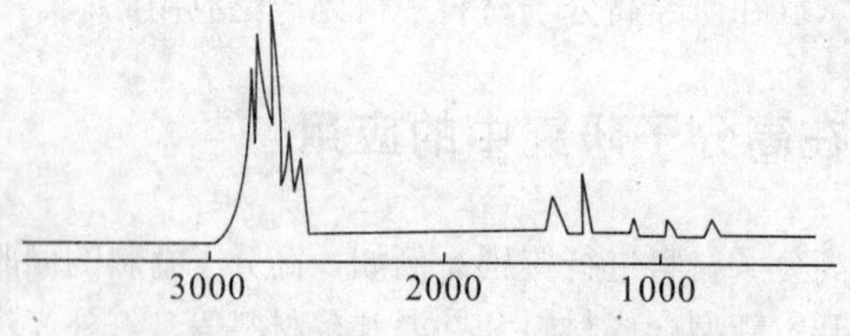

图 2-11 聚丙烯（PP）的红外光谱图

如果将 PP 组成中的甲基基团由氯原子取代就形成聚氯乙烯（PVC）聚合物。如果每隔一个碳原子有一个氯原子连接，氯化程度能达到 56.7%。甲基的伸缩和弯曲振动峰消失，取而代之的是 688 cm^{-1}和 615 cm^{-1}处出现的 C—Cl 伸缩振动吸收峰。在红外光谱图 2-12 中，强谱带最大出现在 1255 cm^{-1}处，这是由于 CH_2 相邻碳原子与一个氯原子连接所产生的摇摆振动引起的；在 1200 cm^{-1}处存在次甲基 C—H 的伸缩振动吸收峰，在 1435 cm^{-1}和

1427 cm^{-1}处出现的双峰是亚甲基剪切变形振动吸收峰。PVC 有时掺入大量的邻苯二甲酸酯或邻苯二甲酸盐作为增塑剂，需将增塑剂抽提掉，它才会出现清晰的红外光谱图。

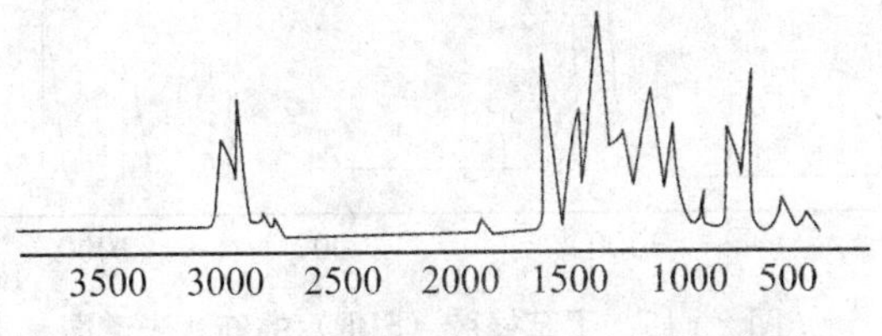

图 2－12　聚氯乙烯（PVC）的红外光谱图

聚乙酸乙烯酯（PVAc）具有典型乙酸酯的红外光谱特征。在红外光谱图 2－13 中，主要特征峰是 1739 cm^{-1}处的羰基伸缩振动吸收峰和 1242 cm^{-1}处的乙酸酯基上的 C—O 单键的伸缩振动吸收峰。此外，还有明显的甲基在 1373 cm^{-1}处的扭曲变形振动吸收峰和聚合物主碳链上的 C—O 单键在 1022 cm^{-1}处伸缩振动吸收峰。

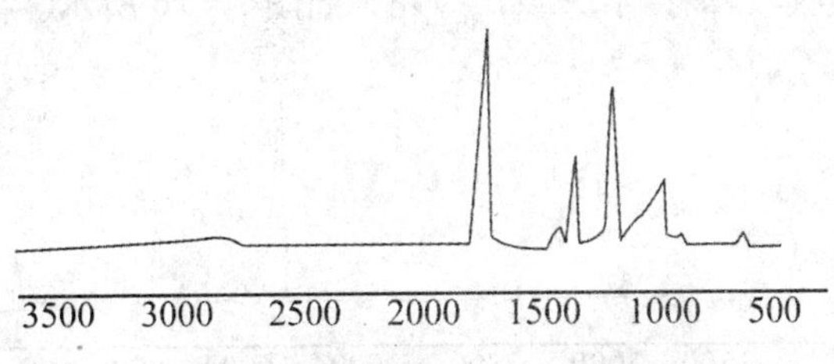

图 2－13　聚乙酸乙烯酯（PVAc）的红外光谱图

聚酰胺（PA）即尼龙，它是由内酰胺聚合或者由二胺和二羰酸缩聚而成的。名称后面的代号，如尼龙 6 或尼龙 66，表示原材料中碳原子的数目。在红外光谱图 2－14 中，最强的吸收峰是酰胺 Ⅰ 和酰胺 Ⅱ 的谱带，分别出现在 1640 cm^{-1}和 1545 cm^{-1}附近；在 3300 cm^{-1}附近的 N—H 伸缩振动吸收峰也非常强。酰胺 Ⅲ 在 1260 cm^{-1}和 1280 cm^{-1}之间出现的谱带以及亚甲基对称伸缩振动和亚甲基扭曲变形振动的谱带中，频率和强度的微小差别都可以用来鉴别不同类型的尼龙。

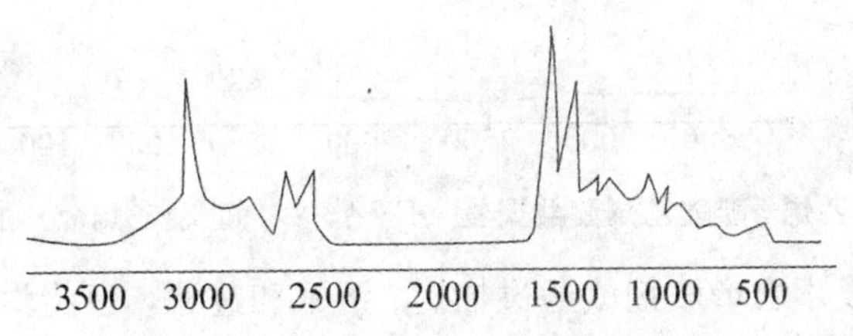

图 2－14　聚酰胺（PA）的红外光谱图

2.4.2　鉴别共混物/共聚物

丁苯橡胶（SBR），典型的乳溶聚合 SBR 含有 23％的苯乙烯和 18％顺式微观结构的丁二烯，42％反式丁二烯和 17％乙烯基。溶液聚合 SBR 顺式微观结构的含量高于乳液聚合 SBR。主要红外特征峰是亚甲基伸缩振动在 2925 cm^{-1}和 2854 cm^{-1}处出现的吸收峰；苯环上不同平面的C—H键扭曲变形振动吸收峰出现在 700 cm^{-1}处。其他明显的峰是苯环在 1603 cm^{-1}、1495 cm^{-1}、1452 cm^{-1}处的特征吸收峰；苯环上 C—H 扭曲振动吸收峰出现在 760 cm^{-1}处，反式双键和乙烯基双键不同平面上 C—H 键弯曲振动吸收峰出现在 968 cm^{-1}和

995 cm^{-1}处。如图 2－15 所示。

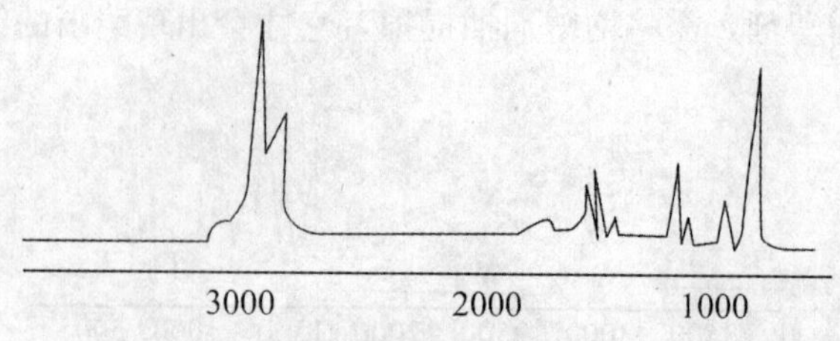

图 2－15 丁苯橡胶（SBR）的红外光谱图

聚对苯二甲酸乙二醇酯（PET）是采用 99.5％的对苯二甲酸与乙二醇通过酯化、缩合而成的。由于苯环的共轭使得羰基伸缩振动吸收峰的位置移到 1717 cm^{-1}处。第二个强吸收峰通常是由苯环上的 C—C—O 不对称伸缩振动产生的，出现在 1261 cm^{-1}处。在 1128 cm^{-1}和 1099 cm^{-1}处出现的双峰是 O—CH_2—不对称伸缩振动的吸收峰；受到羰基基团的影响，苯环上 C—H 摇摆振动吸收峰移到 723 cm^{-1}处。如图 2－16 所示。

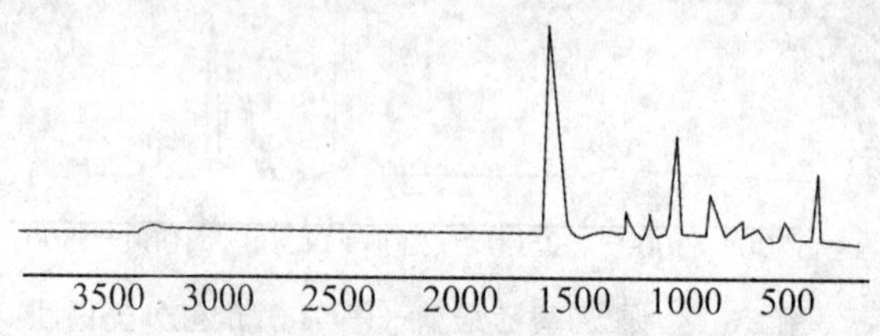

图 2－16 聚对苯二甲酸乙二醇酯（PET）的红外光谱图

乙烯－醋酸乙烯酯共聚物（EVA）是由乙烯和醋酸乙烯酯共聚而成的。在聚合物中，通常醋酸乙烯酯的质量分数在 7.5％～33％的范围。红外光谱图中呈现的吸收峰是上述两组分谱峰的组合。如图 2－17 所示。

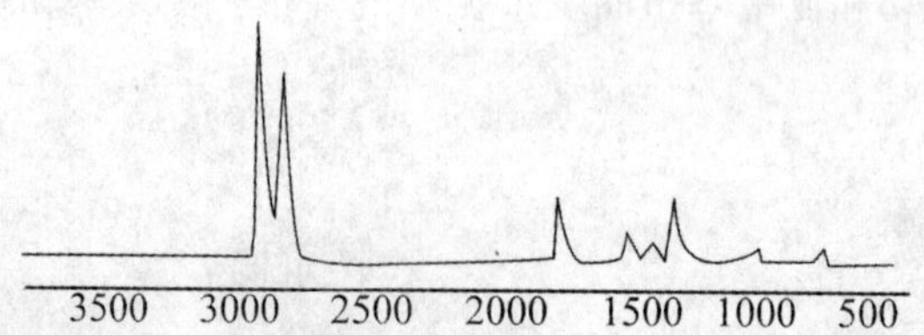

图 2－17 乙烯－醋酸乙烯酯共聚物（EVA，12％醋酸乙烯酯）的红外光谱图

以上所述都是假设不含增塑剂或通过抽提、溶解和过滤，已将聚合物中存在的增塑剂和填充剂除去的谱图，也是最重要的工业用聚合物及其红外光谱图。通过以上的光谱图产生的特征峰可以有效确定聚合物的类型。在鉴别中还要注意，当红外光谱图中出现多余的吸收峰时，这些峰可能是与主要聚合物并用的其他聚合物所产生的强峰，也可能是由于所含的增塑剂或填充剂未抽提干净以及用来溶解聚合物的残留溶剂而产生的。

随着科学技术的发展，对聚合物材料性能的要求日益提高。近年来发展起来的聚合物合金显示出特有的优越性。合金技术的关键是解决了不同聚合物的相容性问题，以确定能否组成聚合物合金。

例如，研究氯丁橡胶（CR）/聚苯乙烯（PS）共混体系中，采用极性不同的两种聚合物 PS 与 CR 共混，用傅里叶红外光谱（FTIR）对这种共混体系进行考察，用红外特征谱带的位移和峰形的变化来揭示两组分间不同程度的相互作用，并从理论上探讨影响相容性的因素。

图 2－18 是 CR/PS 配比为 50/50 的共混物 IR 谱和合成 IR 谱图（CR 和 PS 的红外光谱图按照其共混组成叠加得到）的对比。图 2－18（a）中 CR 对应的碳碳双键的伸缩振动 $\nu_{C=C}$ 吸收峰的位置有较大变化，在 1660 cm^{-1} 附近共混谱中的峰位按配比从小到大排列下来分别向低波数位移动了 1.1 cm^{-1}、1.6 cm^{-1}、1.9 cm^{-1}、2.5 cm^{-1}，且峰形相对尖锐，强度增大。图 2－18（b）中 PS 对应苯环在 700 cm^{-1} 附近的变形振动，在 75/25 和 60/40 两个配比中的共混 IR 谱比合成 IR 谱分别向高波数移动了 1.9 cm^{-1}、1.1 cm^{-1}，在 50/50 和 75/25 的配比中却变化甚微。另外，PS 在 770 cm^{-1}～730 cm^{-1} 处的单取代苯的碳氢键的面外弯曲振动 γ_{C-H} 也有很大的变化，共混 IR 谱中的峰位分别向低波数移动了 0.7 cm^{-1}、5.1 cm^{-1}、8.7 cm^{-1}、12.7 cm^{-1}。除此之外，共混 IR 谱和合成 IR 谱在其他特征峰峰位处几乎完全一致。由此可见，CR 与 PS 有较弱的相互作用，表现出弱的相容性。

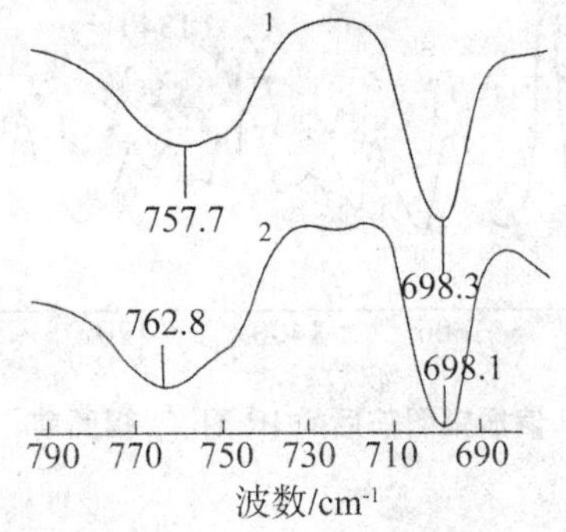

（a）CR 碳碳双键的伸缩振动对比

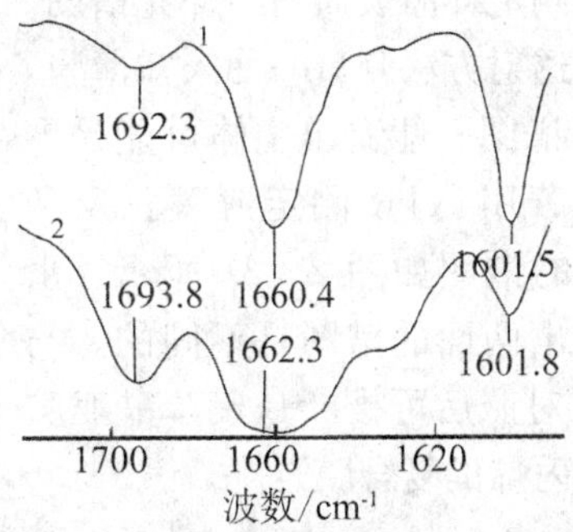

（b）PS 碳氢键面外弯曲振动对比

图 2－18　CR/PS（50/50）IR 特征峰共混谱和合成谱对比

2.4.3　高聚物取向的问题

在红外光谱仪的测量光路中加入一个偏振器便形成了偏振红外光谱，它是研究高聚物分子链取向很好的一种手段。当红外光通过偏振器后，得到的电矢量只有一个方向的偏振光。这束光射到取向的高聚物时，若基团振动偶极矩变化的方向与偏振光电矢量方向平行，则基团的振动吸收有最大吸收强度；反之，若两者垂直，则基团的振动吸收强度为零。

在研究光引发作用下含有偶氮基团的液晶分子发生三维取向现象时，使用了红外光谱技术探测 C═O 键、芳香碳键 C_{Ar} 以及偶氮苯的安息香环的骨架振动，以此来表征光激发前后各个基团的取向性变化情况，如图 2－19 所示。其中 a 表示受激发前的谱图，b 表示受激发后的谱图，c 表示了激发前后谱图的差异。从图 2－19 可以明显看出，1601 cm^{-1}、1500 cm^{-1} 和 1252 cm^{-1} 分别为上述化学键的吸收峰，它们在受到光激发后，吸收明显减少，说明在光激发过程中，一些官能团分子发生了取向。

又如，透射红外光谱表征了含偶氮苯侧基的聚氨酯－酰亚胺薄膜在受到偏振光辐射时偶氮侧基的面外取向特征。如图 2－20 所示，其中 1780 cm^{-1} 吸收峰对应于酰亚胺环上羰基对称伸缩振动吸收，由于它在光照前后不变化，因而可以在分析中作为内标物。1340 cm^{-1} 的吸收峰是由于偶氮苯侧基苯环上硝基的对称伸缩振动引起的，由于硝基的对称伸缩振动方向与偶氮苯侧基的伸展方向一致，所以可以用它来表示偶氮苯侧基的伸展方向。这样，

1340 cm^{-1}吸收峰与 1780 cm^{-1}吸收峰的面积比值就能够反映出平面内的偶氮苯侧基的含量。比较其偏振光辐照前后的面积比值，发现辐照后1340 cm^{-1}吸收带的面积减小了 13%，说明光辐射后，偶氮苯侧基有倾向于向平面外伸展的趋势。

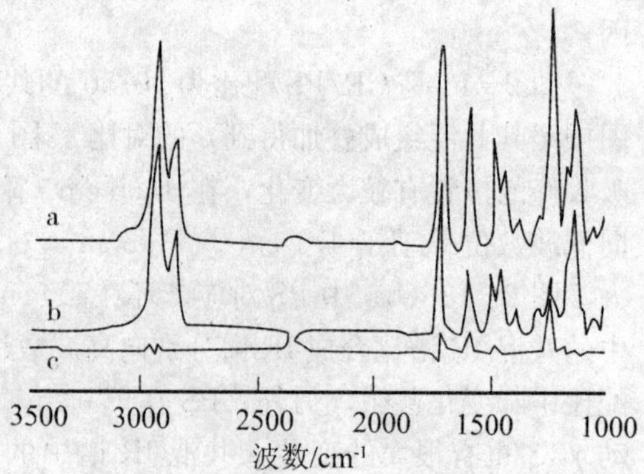

图 2-19　液晶分子发生三维取向 IR 图

2.4.4　聚合物表面的问题

橡胶制品、纤维、复合材料及表面涂层等高聚物材料用一般透射光谱法测量往往有困难，此时可以在傅里叶变换红外光谱仪中安装衰减全反射（ATR）附件，使用内反射技术来测定样品表面的红外光谱图。例如，用透射方法测量一种未知薄膜，从得到的谱图只能看出主体可能是聚酰亚胺。若用 ATR 测定薄膜正反两面，得到的谱图如图 2-21 所示，由图中可看出两面的谱图是不同的，与标准谱图对照后可推断是聚苯酰亚胺与氟化乙丙烯的复合膜。

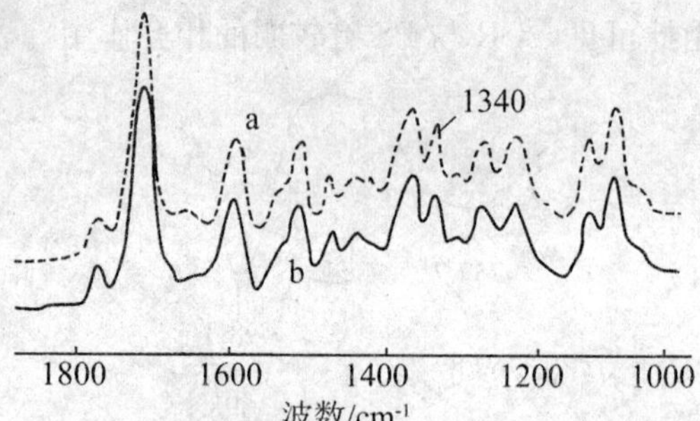

图 2-20　PUI 偏振辐照前后的 IR 图（a 辐照前，b 辐照后）

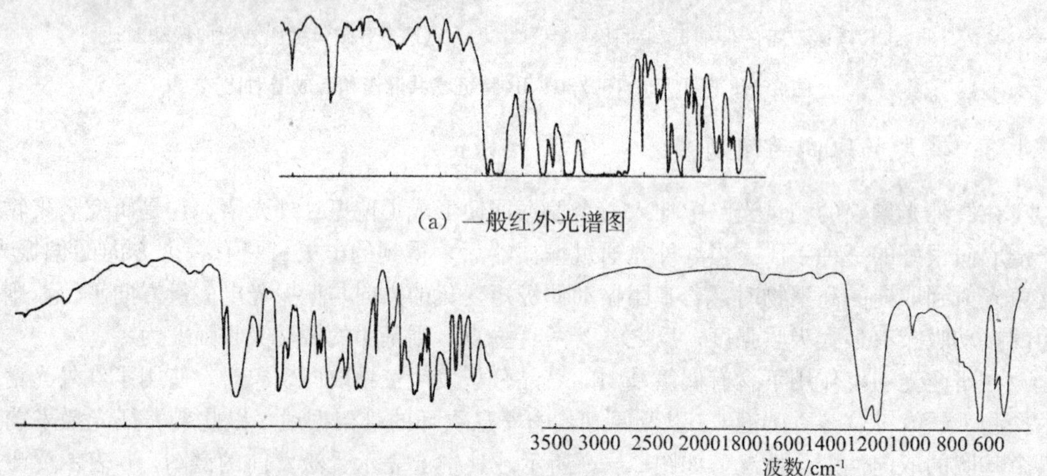

(a) 一般红外光谱图

(b) ATR 图谱　　(c) ATR 图谱

图 2-21　用 ATR 测量薄膜样品

近年来，衰减全反射傅里叶变换红外光谱（ATR-FTIR）在聚合物多相体系中组分扩散过程的研究中得到了很大的发展，已经成为人们广泛使用的检测手段之一。这里，在常规条件下利用 ATR-FTIR 定量描述聚合物各组分扩散过程，并推导相应的扩散方程。以聚乙二醇（PEG）-聚乙烯(PE) 共混物体系为研究对象，利用 ATR-FTIR 光谱对聚乙二醇组分的迁移扩散行为进行了研究。

PEG－PE 共混物的 ATR－FTIR 谱图如图 2－22 所示，由于 PEG 和 PE 的特征吸收峰都相互重叠，选择复合峰作为定量计算的基准。由于聚乙烯中 1463 cm^{-1} 左右的复合峰的振动强度较大，往往会造成全吸收现象，无法进行定量计算，故选取 1105 cm^{-1} 左右的特征峰为 A1，1367 cm^{-1} 左右的复合峰为 A2 。A1 峰：由于聚乙烯中无定形区的 C—C 伸缩振动在1078 cm^{-1} 处比较弱，基本可以忽略，这个峰主要由聚乙二醇中 C—O 键的伸缩振动组成。A2 峰：主要由聚乙烯在 1378 cm^{-1} 处无定形区 CH_3 的变形振动，1367 cm^{-1} 处 CH_2 的变形振动，1351 cm^{-1} 处 CH_2 的摇摆振动和聚乙二醇 1358 cm^{-1} 处 CH_2 的摇摆振动组成。以 R 作为基准（A：各个特征峰的强度）：

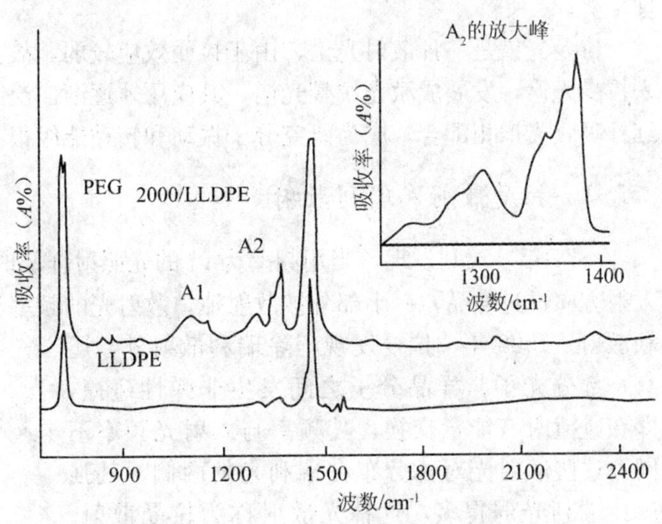

图 2－22　PEG（2000）/PE 共混物和 PE 的 FTIR 谱图

$$R=\frac{A_{1105}}{A_{1105}+A_{1351}+A_{1358}+A_{1367}+A_{1378}}$$

$$=\frac{\varepsilon_{1105}bC_{PEG(CO)}}{\varepsilon_{1105}bC_{PEG(CO)}+\varepsilon_{1351}bC_{PE(CH_2)}+\varepsilon_{1358}bC_{PEG(CH_2)}+\varepsilon_{1367}bC_{PE(CH_2)}+\varepsilon_{1378}bC_{PE(CH_3)}}$$

由于聚乙二醇、聚乙烯组分中各官能团的含量仅与其结构有关，引入结构因子 K：

$$R=\frac{\varepsilon_{1105}bK_1C_{PEG}}{\varepsilon_{1105}bK_1C_{PEG}+\varepsilon_{1351}bK_2C_{PE}+\varepsilon_{1358}bK_3C_{PEG}+\varepsilon_{1367}bK_4C_{PE}+\varepsilon_{1378}bK_5C_{PE(CH_3)}}$$

因此有

$$R=\frac{A_1}{A_1+A_2}=\frac{M_1C_{PEG}}{M_2C_{PEG}+M_3C_{PE}}$$

$$\frac{1}{R}=\frac{M_2}{M_1}+\frac{M_3}{M_1}\frac{C_{PE}}{C_{PEG}} \tag{2-13}$$

式中，M_1、M_2、M_3 为常数。从式（2－13）可以看到，$1/R$ 和聚乙烯、聚乙二醇的浓度比成正比，具有明确的物理意义。

通过 ATR－FTIR 法检测聚乙二醇组分在聚乙二醇－聚乙烯共混物薄膜中的迁移扩散过程，建立以峰面积比为参考基准的扩散方程，此方程较好地描述了聚乙二醇组分在聚乙二醇－聚乙烯共混物中迁移扩散的前期过程，只需通过 $1/R$ 的变化和对应的模型体系，就能计算聚乙二醇组分在聚乙烯基体中的扩散系数。

2.5　拉曼光谱

拉曼光谱（Raman Spectroscopy）是 1928 年印度物理学家 Raman C V 在气体与液体中观测到的一种特殊光谱的散射，当光穿过透明介质后被分子散射的光发生频率变化，同年后期前苏联和法国科学家在石英中也观察到这种现象。Raman C V 由此获得 1930 年诺贝尔物理学奖。

拉曼光谱是一种散射光谱，由于拉曼效应较弱，故其应用受到限制。后来把激光技术引入拉曼光谱，发展成激光拉曼光谱，其应用才逐渐广泛起来。目前，在高分子领域中将它与红外吸收光谱相配合，成为研究分子振动和转动能级很有力的手段。

2.5.1 拉曼散射和瑞利散射

1871 年，瑞利发现，当用频率为 ν_0 的光照射样品时，除部分光被吸收外，大部分光沿入射方向透过样品，一小部分被散射掉，散射光的频率与入射光频率相同，这种散射称为瑞利散射。1928 年，拉曼发现，除瑞利散射外，还有一部分光子与样品分子之间发生非弹性碰撞，即在碰撞时有能量交换，其频率与入射光频率不同，这些散射光对称分布在瑞利光的两侧，其强度比瑞利光弱得多，这种光散射称为拉曼散射。拉曼散射的概率极小，最强的散射也仅占整个散射光的千分之几，最弱的仅占万分之几。

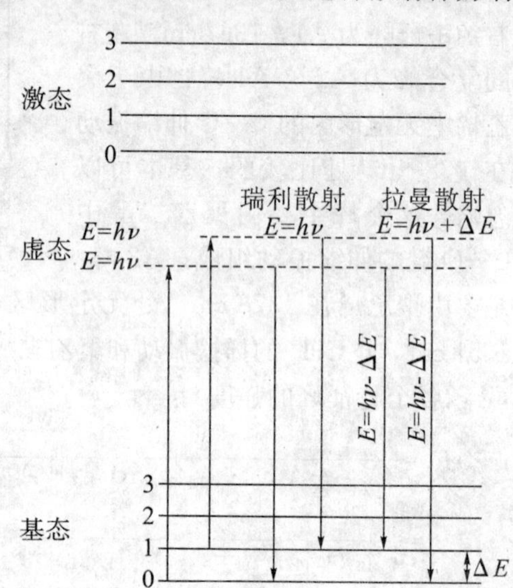

图 2-23 瑞利和拉曼散射的能级示意图

图 2-23 为瑞利散射和拉曼散射的能级图。处于振动基态的分子与光子发生非弹性碰撞，获得能量被激发到较高的（不稳定的）能态。当分子离开较高的能态回到较低的能态时，散射光的能量等于入射光的能量减去两振动能级的能量差。其数学表达式为

$$\nu_{散} = \nu_0 - \Delta\nu$$

也就是说，拉曼散射光的频率小于瑞利散射光的频率（$\nu_{散} < \nu_0$），或拉曼散射光的波长大于瑞利散射光的波长（$\lambda_{散} > \lambda_0$），称为斯托克斯线。

如果光子与处于激发态的分子相互作用，将被激发到更高的不稳定能态。当分子离开不稳定能态回到基态时，散射光的能量等于入射光的能量加上两振动能级的能量差，则散射光的频率大于入射光的频率，其数学表达式为

$$\nu_{散} = \nu_0 + \Delta\nu$$

也就是说，拉曼散射光的频率大于瑞利散射光的频率（$\nu_{散} > \nu_0$），或拉曼散射光的波长小于瑞利散射光的波长（$\lambda_{散} < \lambda_0$），称为反斯托克斯线。

2.5.2 拉曼位移与选律

(1) **拉曼位移**

无论是上述所讲的斯托克斯线还是反斯托克斯线，它们的频率都与入射光频率 ν_0 之间有一个频率差（$\Delta\nu$），称为拉曼位移。拉曼位移的大小和分子的跃迁能级差相等。因此，对应于同一个分子能级，斯托克斯线和反斯托克斯线的拉曼位移是相等的，而且跃迁的概率也相等。但在正常的情况下，大部分分子处于能量较低的基态，因此，测量到的斯托克斯线的强度应大于反斯托克斯线的强度。一般的拉曼光谱分析中，都采用斯托克斯线来研究拉曼位移。

由上述讨论我们可以看出，拉曼位移的大小与入射光的频率无关，只与分子的能量级结

构有关，其范围在 25 cm^{-1}～4000 cm^{-1}。因此，入射光的能量应大于分子振动跃迁所需能量，小于电子能级跃迁的能量。

（2）**拉曼选律**

如果把分子放在外电场中，分子中的电子向电场的正极移动，而原子却向相反的负极方向移动。其结果是分子内部产生一个诱导偶极矩（μ_i）。诱导偶极矩与外电场的强度成正比，其比例常数又被称为分子的极化率。

红外光谱的产生需要一定的选择定则，即有偶极矩变化的分子振动才能产生红外光谱。同样，分子振动产生拉曼位移也要服从一定的选律，即只有极化率发生变化的振动，在振动过程中有能量的转移，才会产生拉曼散射，这种类型的振动称为拉曼活性振动。极化率无改变的振动不产生拉曼散射，称为拉曼非活性振动。

分子极化率变化的大小，可以用振动时通过平衡位置的两边的电子云改变程度来定量估计，电子云形状改变越大，极化率越大，拉曼散射强度也越大。

例如，CO_2 为线性分子，有四种基本振动形式，即对称伸缩振动 ν_s、非对称伸缩振动 ν_{as}、面内弯曲振动 δ 和面外弯曲振动 γ。其中，对称伸缩振动 ν_s 的偶极矩不发生改变，为红外非活性。但通过平衡前后，电子云形状改变最大，因此是拉曼活性的。ν_{as} 和 δ 振动的偶极矩都变化称红外活性，但电子云的形状是相同的则是拉曼非活性，如图 2−24 所示。

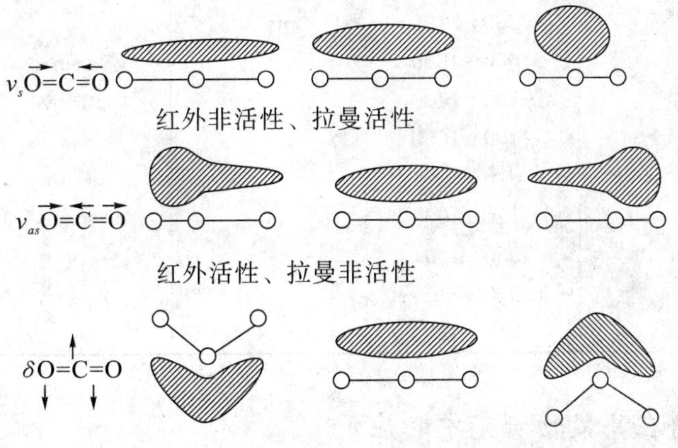

图 2−24　CO_2 的振动及其极化率的变化

多数的光谱图只有两个基本参数频率和强度，但是拉曼光谱还有一个重要参数——去偏振度（又称退偏度比，用 ρ 表示）。激光是偏振光，而大多数有机化合物都是各向异性的，样品被激光照射时，可散射出各种不同方向的散射光，因此在拉曼光谱中，用去偏振度（ρ）来表征分子对称性振动模式的高低，去偏振度是激光垂直和平行的谱线强度之比。

去偏振光与分子极化率有关，ρ 值越小，分子的对称性越高，一般 $\rho<3/4$ 的谱带称偏振谱带，即分子有较高的对称振动模式。$\rho=3/4$ 的谱带称去偏振谱带，表示分子对称振动模式较低。

（3）**拉曼光谱与红外光谱的比较**

虽然拉曼光谱和红外光谱同属于分子振动光谱，所测定辐射光的波数范围也相同，红外光谱解析中的解谱三要素（即吸收频率、强度和峰形）对拉曼光谱的解析也适用，但由于这两种光谱分析的机理不同，故所提供的信息是有差异的。红外光谱较为适合高分子侧基和端基，特别是一些极性基团的测定，而拉曼光谱对研究高聚物的骨架特征特别有效。在研究高聚物结构的对称性方面，一般对具有对称中心的基团的非对称振动而言，红外是活性的，而拉曼是非活性的；反之，对这些基团的对称振动，红外是非活性的，拉曼是活性的。对没有对称中心的基团，红外和拉曼都是活性的，因此在应用时应注意区别。把红外和拉曼结合起来使用，可更加完整地研究分子的振动和转动能级，对分子鉴定更加有效。

除此之外，水对红外光谱的影响较大，而拉曼光谱不仅不受水的影响，而且对液槽也无特殊要求，因此可用于样品水溶液的测定。对各种样品均可获得红外光谱图，而获得拉曼光谱图的成功率却较低。在定量方面拉曼光谱受仪器影响，不如红外光谱方便。红外与拉曼光谱的测定强度的比较见表 2-7。

表 2-7　红外与拉曼光谱强度的比较

振动形式	频率（cm^{-1}）	红外强度	拉曼强度	两者强度
ν_{O-H}	3600～3000	s	w	
ν_{N-H}	3500～3300	m	m	
$\nu_{\equiv C-H}$	3300	s	w	
$\nu_{=C-H}$	3100～3000	s	s	
ν_{-C-H}	3000～2800	s	s	s
ν_{-S-H}	2600～2550	s	s	
$\nu_{C\equiv N}$	2255～2200	s	m～s	s
$\nu_{C\equiv C}$	2250～2100	m～w	s	
ν_{C-C}	1600～1580		s～m	
	1500～1400		m～w	
$\nu_{as,C-O-C}$	1150～1060		w	
$\nu_{s,C-O-C}$	970～800		s～m	
$\nu_{as,Si-O-Si}$	1110～1000		w	
$\nu_{Si-O-Si}$	550～450		s	
ν_{O-O}	900～840		s	
ν_{S-S}	550～430		s	

2.5.3　拉曼光谱在高聚物研究中的应用

拉曼光谱又属于分子振动光谱，它能从分子尺度上反映被测物的化学键种类、键长和键角的变化以及构象变化等。拉曼光谱最大的优点是不需要对样品进行任何预处理即可进行原位无损测量，这一特点使其越来越多地被用于聚合物的研究。不同形状、形态的聚合物样品，如粉末、颗粒、管材、纤维、凝胶或液态样品都能进行拉曼光谱测定，对聚合物的凝聚态研究非常有利，对聚合物的加工过程跟踪也有一定的实际意义。

例如，聚丙烯利用非偏振拉曼光源（Olivares 等使用普通拉曼激光源）光谱对其取向进行表征。在图 2-25（a）中，当聚丙烯纤维束以不同的方法放置时，2957 cm^{-1}谱带位移到 2962 cm^{-1}，该谱带归属于 C—H 伸缩振动。光谱经二阶导数处理后，我们发现这一谱带实际是由 2954 cm^{-1}和 2963 cm^{-1}两个谱带组成。我们看到的光谱峰位变化是由这两个吸收峰相对强度的变化引起的。此外，从图 2-25（b）可以看出，1170 cm^{-1}（ν_{C-C}）与1155 cm^{-1}（ν_{C-C}）两峰的相对强度之比也是各不相同的。对于同一种样品放置方式，纤维束不同位置的光谱并无差别，这说明我们所观察到的由于纤维束摆放方式不同引起的光谱变化是可信的，表明图 2-25 中光谱的差别是由于纤维的各向异性造成的。同时我们也认为，拉曼光谱所表现的差异不仅与纤维的宏观取向方向有关，有可能还与分子链的构象变化有关。

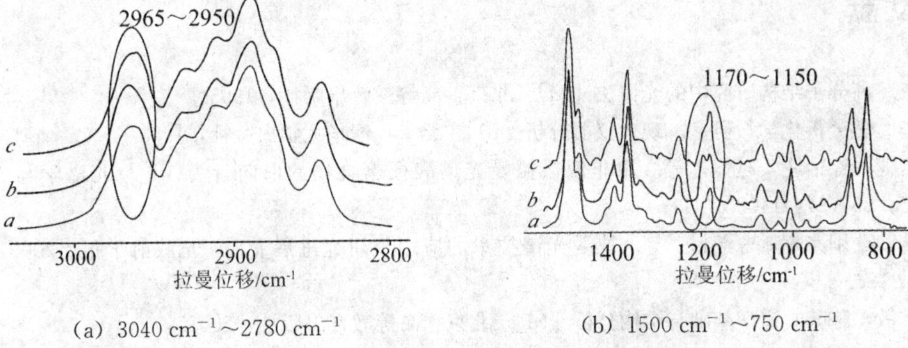

(a) 3040 cm^{-1}～2780 cm^{-1}　　(b) 1500 cm^{-1}～750 cm^{-1}

图 2-25　PP 纤维的拉曼光谱图

非偏振拉曼激光光谱与偏振激光拉曼光谱相比，具有光谱强度高、信噪比好、实验设备简单等优点。

由拉曼光谱与红外光谱的比较可知，拉曼光谱和红外光谱在高聚物研究中可互为补充。拉曼光谱在表征高分子链的碳-碳骨架振动方面更为有效。例如 C—C 的伸缩振动，在红外光谱中一般较弱，而在拉曼光谱中，在 1150 cm^{-1}～800 cm^{-1} 有强吸收带，易于区分伯、仲、叔以及成环化合物。由于拉曼光谱对烯类 C═C 振动也很敏感，因此有利于区分含有双键的聚合物的异构体。例如，在聚丁二烯中，C═C 的伸缩振动反式-1，4 在 1664 cm^{-1}，顺式-1，4 在 1650 cm^{-1}，而 1，2 结构的则在 1639 cm^{-1} 处有吸收峰。对于同类型聚合物的区分，拉曼光谱也有其独到之处。

例如，各种不同的聚酰胺的红外光谱图很相似，只能依靠指纹区来区分，但在拉曼光谱中却很容易区分，如图 2-26 所示，尼龙-8 和尼龙-11 的拉曼谱图有明显的差异。

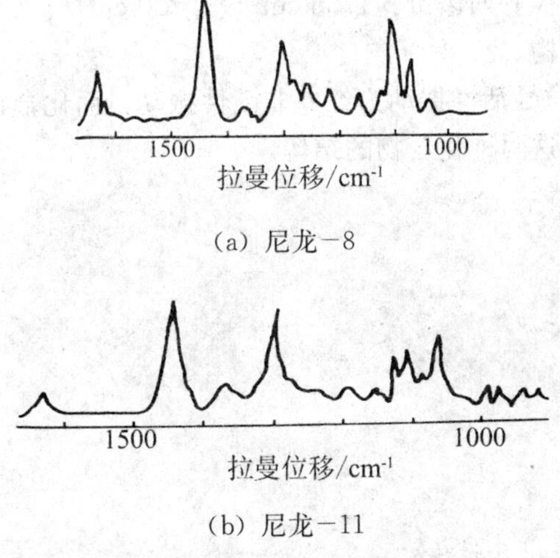

(a) 尼龙-8

(b) 尼龙-11

图 2-26　聚酰胺的拉曼光谱图

拉曼光谱还可用于研究高聚物的结晶行为，与红外光谱相配合研究高聚物的空间异构也是很有用的手段。

参考文献

[1] 薛奇. 高分子结构研究中的光谱法 [M]. 北京：高等教育出版社，1995.
[2] 清华大学分析化学教研室. 现代仪器分析 [M]. 北京：清华大学出版社，1983.
[3] 吴燕婕，徐怡庄，赵莹，等. 用非偏振拉曼光谱表征聚合物的取向行为 [J]. 光谱学与光谱分析，2005，25（9）：1408－1411.
[4] 伍林，欧阳兆辉，曹淑超，等. 拉曼光谱技术的应用及研究进展 [J]. 光散射学报，2005，35（7）：180－186.
[5] 陆维敏，陈芳. 谱学基础与结构分析 [M]. 北京：高等教育出版社，2005.
[6] 毕大芝，张斌. 聚合物共混物的红外光谱分析 [J]. 中国塑料，2002，16（7）：83－86.
[7] 钱浩，林志勇，张莹雪. 利用衰减全反射红外光谱检测聚合物薄膜中各组分的扩散系数 [J]. 材料科学与工程学报，2005，23（6）：875－878.
[8] 武晶，韩文霞. 用红外光谱法鉴别聚合物 [J]. 橡胶参考资料，2005，35（1）：38－44.

思考题

1. 红外光谱的谱图特点及其所能提供的信息是什么？

2. 红外光谱特征谱带受哪些因素影响？定量和定性分析的依据是什么？

3. 比较红外光谱与拉曼光谱的分析原理及谱图的异同点。

4. 指出 CO_2 和 H_2O 分子的转动、振动和平动自由度的数目，在红外谱图中有几条谱带，为什么？

5. 化合物 C_7H_8O 的红外谱带如下：3380 cm^{-1}、3040 cm^{-1}、2940 cm^{-1}、1460 cm^{-1}、690 cm^{-1}、740 cm^{-1}；没有下列谱带：1736 cm^{-1}、2720 cm^{-1}、1380 cm^{-1}、1182 cm^{-1}。请判断该化合物可能有的结构。

6. 化合物 CS_2 所有拉曼活性振动为红外非活性振动；而化合物 N_2O 的分子振动对拉曼和红外都是活性的，推测这两种化合物的结构。

第 3 章　核磁共振波谱法

核磁共振波谱（Nuclear Magcnetic Resonance，NMR）也是吸收波谱的一种。紫外光谱是由分子中电子能级跃迁产生的，核磁共振波谱则是由分子中具有磁矩的原子核吸收相应频率的电磁波而实现能级间的跃迁产生的。

1946 年，美国哈佛大学的波塞尔（Burcell E M）和斯坦福大学的布洛赫（Bloch F）独立地在各自的实验室里分别观测到水、石蜡质子的核磁共振信号。为此他们获得了 1952 年的诺贝尔物理学奖。这一技术很快就得到了广泛的应用和发展。目前，核磁共振不仅是研究物质的分子结构、构象和构型的重要方法，更是化学、物理、生物、医药和材料等研究领域不可缺少的重要工具。

核磁共振按照被测定对象，可分为氢谱和碳谱，氢谱常用^{1}H-NMR（或^{1}HNMR）表示，碳谱常用^{13}C-NMR 表示，其他还有^{19}F、^{31}P 及^{15}N 等的核磁共振谱，其中应用最广的是氢谱和碳谱。

3.1　核磁共振的基本原理

3.1.1　原子核的自旋与核磁共振的产生

（1）**原子核的自旋**

原子是由原子核和电子组成的，而质子和中子又组成了原子核。原子核具有质量并带有电荷。某些原子核能绕核轴进行自旋运动，各自有它的自旋量子数 I，自旋量子数有 0、1/2、1、3/2 等值。$I=0$ 意味着原子核没有自旋。每个质子和中子都有其自身的自旋，自旋量子数 I 是这些自旋的合量，即与原子核的质量数（A）及原子序数（Z）之间有一定的关系。若原子核的原子序数和质量数均为偶数，则 I 为零，原子核无自旋，如^{12}C 原子和^{16}O 原子，它们没有 NMR 信号。若原子序数为奇数或偶数、质量数为奇数，则 I 为半整数；若原子序数为奇数、质量数为偶数，则 I 为整数。如表 3-1 所示。

表 3-1　原子核的自旋量子数

原子序数	质量数	I	实例
偶	偶	0	$^{12}_{6}$C、$^{16}_{8}$O、$^{32}_{16}$S
奇、偶	奇	半整数	$^{1}_{1}$H、$^{13}_{6}$C、$^{19}_{9}$F、$^{15}_{7}$N、$^{31}_{15}$P（$I=\frac{1}{2}$）、$^{17}_{8}$O（$I=\frac{5}{2}$）、$^{11}_{5}$B（$I=\frac{3}{2}$）
奇	偶	整数	$^{2}_{1}$D（$I=1$）、$^{10}_{5}$B（$I=3$）

（2）**原子核的磁矩与自旋角动量**

原子核在围绕自旋轴（核轴）进行自旋运动时，由于原子核自身带有电荷，因此沿核轴方向产生一个磁场，而使核具有磁矩 μ。μ 的大小与自旋角动量（P）有关，它们间关系的

数学表达式为

$$\mu=\gamma P \tag{3-1}$$

式中，γ 为磁旋比，它是核的特征常数。

依据量子力学原理，自旋角动量是量子化的，其状态是由核的自旋量子数 I 所决定的，P 与 I 有下列关系：

$$P=\frac{h}{2\pi}\sqrt{I(I+1)}=\hbar\sqrt{I(I+1)} \tag{3-2}$$

式中，$\hbar=\frac{h}{2\pi}$，h 为普朗克常量。

如图 3-1 所示，因自旋角动量是量子化的，其在磁场方向上的分量 P_H 与磁量子数 m 的关系为

$$P_H=m\hbar \tag{3-3}$$

与此相应自旋核在 z 轴上的磁矩关系

$$\mu_H=\gamma P_H=\gamma m\hbar \tag{3-4}$$

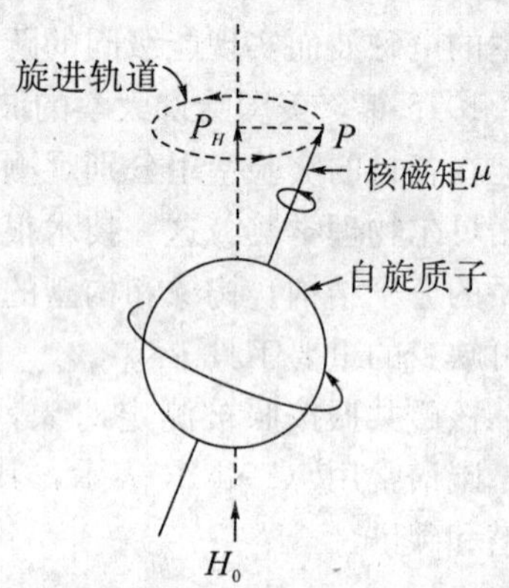

图 3-1　磁场 H_0 下质子的进动示意图

凡具有磁矩的核在外加磁场（H_0）中的取向必须是量子化的。核磁矩的取向数可用磁量子数 m 来表示核的不同空间取向，$m=I$，$I-1$，$I-2$，…，$-I-1$，$-I$。共有（$2I+1$）个取向，而使原来简并的能级分裂成 $2I+1$ 个能级。如图 3-2 所示，对质子 ^{1}H 而言，$I=1/2$，m 则有 $+1/2$ 和 $-1/2$。前者顺外磁场（H_0）方向，代表低能态；后者反外磁场（H_0）方向，代表高能态。每个能级的能量为

$$E=-\mu_H H_0 \tag{3-5}$$

式中，H_0 为外加磁场强度，μ_H 为磁矩在外磁场方向的分量。

（3）**磁场中核的自旋能量**

由式（3-4）和 $\hbar=\frac{h}{2\pi}$，则 $\mu_H=\gamma m\frac{h}{2\pi}$，所以有下面的关系式成立：

$$E=-\gamma m\frac{h}{2\pi}H_0=-\gamma m\hbar H_0 \tag{3-6}$$

E 属于势能性质，故该磁矩总是力求与外磁场方向平行。外加磁场越强，能量裂分越剧烈，如图 3-2 所示。

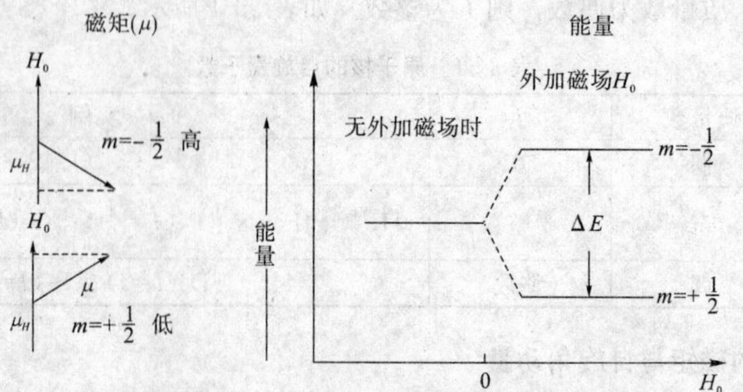

（a）磁核不同 E 时 μ 的取向　（b）磁核能量 E 与磁场强度 H_0 的关系

图 3-2　自旋核在磁场 H_0 中的能量 E 与磁矩 μ 的关系

（4）**核磁共振的产生**

如图 3−1 所示，在外加磁场 H_0 中，自旋核绕自旋轴旋转，而自旋轴与磁场 H_0 又以特定夹角绕 H_0 旋转，类似一陀螺在重力场中的运动，这样的运动称为拉摩尔（Lamor）进动。进动频率又称 Lamor 频率。按照量子力学的观点，Lamor 频率应该理解为磁核在相邻两能级间的跃迁频率（选择定律：$\Delta m=\pm1$）。

如果沿外磁场 H_0 的方向上发射一个射频波 Rf，当其频率正好等于 Lamor 频率时，核会吸收射频能量，从低能级跃迁到高能级。此时核会发生倒转，这种现象称为核磁共振（Nuclear Magcnetic Resonance）。

对质子 ^{1}H 而言，根据量子力学选率，只有 $\Delta m=\pm1$ 的跃迁才是允许的，则相邻能级之间跃迁的能级差为

$$\Delta E=E_{-\frac{1}{2}}-E_{\frac{1}{2}}=\gamma\hbar H_0 \tag{3-7}$$

如用一特定的射频频率 ν 的电磁波照射样品，则

$$E_{Rf}=h\nu \tag{3-8}$$

使 ν 正好等于 Lamor 频率，即 $E_{Rf}=\Delta E$ 时，原子核立刻进行能级之间的跃迁，产生核磁共振吸收，故

$$h\nu=\gamma\hbar H_0 \text{或} \nu=\frac{\gamma H_0}{2\pi} \tag{3-9}$$

式（3−9）即是产生核磁共振的条件。射频频率 ν 与磁场强度 H_0 成正比关系，即磁场强度越高，发生核磁共振所需的射频频率也越高。

3.1.2　饱和与弛豫过程

在外加磁场中，自旋的原子核（磁核）的能级分裂成（$2I+1$）个，磁核优先分布在低能级上。由于热能要比磁核能级差高几个数量级，磁核在热运动中仍有机会从低能级向高能级跃迁，整个体系处在高、低能级的动态平衡中。但是由于磁核高、低能级间能量相差很小，处于低能级的核仅比处于高能级的核过量很少，而 NMR 信号就是靠这极弱量的低能态的原子核产生的。处于低能态的核吸收电磁辐射，向高能态跃迁。如果这一过程连续下去，而没有核回复到低能态，那么极少过量的低能态原子核就会逐渐减少，NMR 信号的强度也逐渐减弱，最终处于低能态与处于高能态的原子核数目相等，体系没有能量变化，NMR 吸收信号也随之消失，这种情况称为“饱和”。实际上存在有一过程，使处于较高能态的原子核通过非辐射途径把能量转移到周围环境并回到低能态，这个过程称为“弛豫过程”，这样就可以连续地观察到 NMR 信号。

弛豫过程的能量交换目前观察到的有两种：第一种为自旋−晶格弛豫（纵向弛豫）；第二种为自旋−自旋弛豫（横向弛豫）。

（1）**自旋−晶格弛豫**

处于高能态的原子核，将其能量转移到周围环境，并回到低能态的过程，称为自旋−晶格弛豫。固体样品中是把能量转移给晶格，在液体样品中是把能量转移给周围分子或溶剂分子，变成热能，原子核又回复到低能态，通过这一过程，使高能态的核减少，体系又恢复平衡。全部自旋−晶格弛豫过程所需时间可用半衰期 T_1 来表示，T_1 越小，表示弛豫过程越快，T_1 与核的种类、样品状态、温度有关，液体样品的 T_1 较短（<1 s），固体样品的 T_1 较长，可达几小时甚至更长。

（2）**自旋-自旋弛豫**

处于高能态的原子核，将其能量转移到同类低能态的自旋核，结果是各个自旋状态的原子核的总数目不变，总能量也不变，称为自旋-自旋弛豫。其时间可用半衰期 T_2 来表示，液体样品 T_2 较小，约 1 s。

（3）**弛豫时间与核磁共振的谱线宽度**

对自旋的原子核，它的总体弛豫时间取决于弛豫时间 T_1 和 T_2 中的较小者，而弛豫过程的时间会影响谱线的宽度。根据海森堡测不准原理，核磁共振谱线应有一定的宽度 $\Delta\nu$，其谱带宽度与核在某一能级上停留的平均时间 Δt 有如下关系：

$$\Delta\nu\Delta t \approx 1 \tag{3-10}$$

因此，液体样品 T_1 和 T_2 适中，可以得到适当宽度的 NMR 谱线。固体和黏稠液体高分子样品，由于分子阻力大，分子相邻距离近，产生自旋-晶格弛豫的概率减小，使 T_1 增大；而自旋-自旋弛豫概率的增加，使 T_2 减小；自旋的原子核的总体弛豫时间取决于弛豫时间 T_1 和 T_2 中的较小者，因此测得的谱线加宽，经常检测不到 NMR 信号，所以 NMR 常在溶液中测定。但在高聚物研究中，也可直接用宽谱线的 NMR 来研究聚合物的形态和分子运动。

3.1.3 化学位移

（1）**电子屏蔽效应与化学位移的产生**

由产生核磁共振的条件可知，自旋的原子核应该只有一个共振频率 ν。例如，H 原子核的 NMR 的磁旋比是一定的，质子的共振频率也应该是一定的。如果这样，NMR 对分子结构的测定毫无意义。事实上，在实际测定化合物中处于不同环境的质子时发现，同类磁核往往出现不同的共振频率。例如选用 90MHz 的 NMR 仪器测定氯乙烷的氢谱时，得到两组不同共振频率的 NMR 信号，如图 3-3 所示。

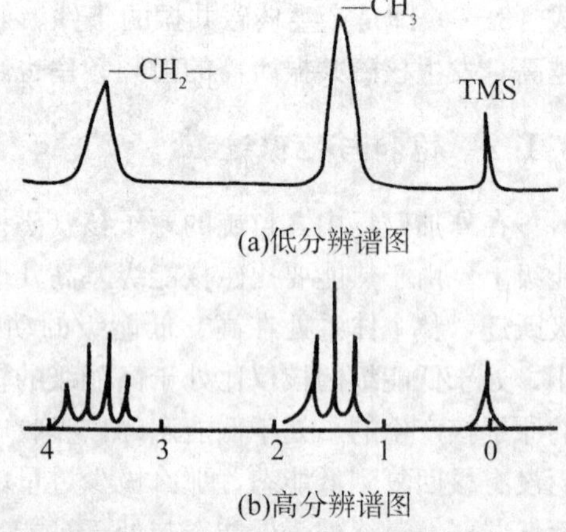

图 3-3 CH_3CH_2Cl 的 NMR 谱图

这主要是由于这些质子各自所处的化学环境不同而形成的。如图 3-4 所示，在核周围，存在着由电子运动而产生的“电子云”，核周围电子云的密度受外磁场的作用，产生了一个与 H_0 方向相反的感应磁场，使外加磁场对原子核的作用减弱，实际上原子核感受的磁场强度为

$$H'_0 = H_0 - \sigma H_0 = (1-\sigma)\ H_0 \tag{3-11}$$

式中，σ 称为屏蔽常数，是表征核外电子云对原子核屏蔽的程度，对分子来说是特定原子核所处的化学环境的反映。那么，在外加磁场作用下，原子核的共振频率为

$$\nu = \frac{\gamma\ (1-\sigma)\ H_0}{2\pi} \tag{3-12}$$

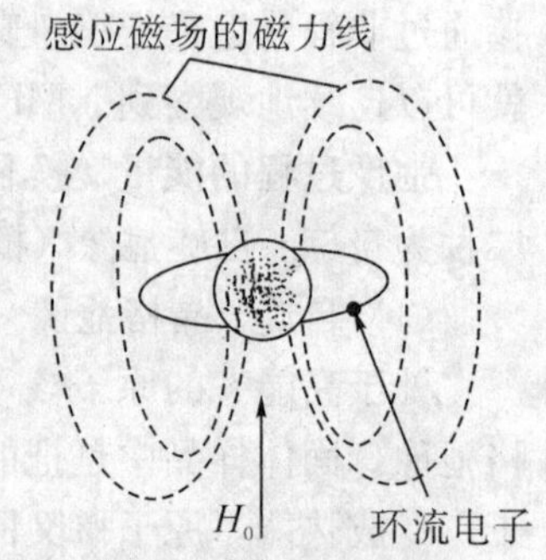

图 3-4 由环形电流引起的核磁屏蔽

因此，分子中相同的原子核，由于所处的化学环境不同，σ 不同，其共振频率也不相同，也就是说，共振频率发生了变化。

一般地，把分子中同类磁性核因化学环境不同而产生的共振频率的变化量，称为化学位移。

（2）**化学位移的表示**

在核磁共振测定中，外加磁场强度一般为几特斯拉（T），而屏蔽常数不到万分之一特斯拉。因此，由于屏蔽效应而引起的共振频率的变化是极小的，也就是说，按通常的表示方法表示化学位移的变化量极不方便，且因仪器不同，其磁场强度和屏蔽常数不同，则化学位移的差值也不相同。为了克服上述问题，在实际工作中，使用一个与仪器无关的相对值表示，即以某一物质的共振吸收峰频率为标准（$\nu_{标}$），测出样品中各共振吸收峰频率（$\nu_{样}$）与标准的差值 $\Delta\nu$，并采用无量纲的 $\Delta\nu$ 与 $\nu_{标}$ 的比值 δ 来表示化学位移，由于其值非常小，故乘以 10^{-6}，本书 δ 均以百万分之一为单位，其数学表达式为

$$\delta=\frac{\Delta\nu}{\nu_{标}}=\frac{\nu_{样}-\nu_{标}}{\nu_{标}}=\frac{\nu_{样}-\nu_{标}}{\nu_0} \tag{3-13}$$

（3）**标准物质**

在 ^{1}H 和 ^{13}C-NMR 谱中，最常用的样品是四甲基硅烷（Tetramethyl Silicon，TMS），结构式如下：

$$\begin{array}{c} CH_3 \\ | \\ H_3C—Si—CH_3 \\ | \\ CH_3 \end{array}$$

TMS 的各质子有相同的化学环境，$—CH_3$ 中各质子在 NMR 谱图中以一个尖锐单峰的形式出现，易辨认。由于 TMS 中氢核外围的电子屏蔽作用比较大，其共振吸收位于高场端，而绝大多数有机化合物的质子峰都出现在 TMS 左边（低场方向），因此，TMS 对一般化合物的吸收不产生干扰。TMS 化学性质稳定而溶于有机溶剂，一般不与待测样品反应，且容易从样品中分离除去（沸点低，27℃）。由于 TMS 具有上述许多优点，国际纯粹与应用化学会（IUPAC）建议化学位移采用 TMS 的 δ 为 0。TMS 左侧 δ 为正值，右侧 δ 为负值，早期用 τ 值表示化学位移，τ 与 δ 之间的换算关系为

$$\tau=10.00-\delta \tag{3-14}$$

用 TMS 作为标准物，通常采用内标法，即将 TMS 值直接加入到待测样品的溶液中，其优点是可抵消由溶剂等测试环境引起的误差。

3.1.4　自旋的耦合与裂分

由以上化学位移的探讨得知，样品中有几种化学环境的磁性核，NMR 谱图上就应有几个吸收峰。例如，图 3−3 中氯乙烷的 ^{1}H-NMR 谱图。当用低分辨的 NMR 仪进行测定时，得到的谱图中有两条谱线，CH_2 质子 $\delta=3.6$，CH_3 质子 $\delta=1.5$；当采用高分辨率 NMR 仪进行测定时，得到两组峰，即以 $\delta=3.6$ 为中心的四重峰和 $\delta=1.5$ 为中心的三重峰，质子的谱线发生了分裂。这是由于内部相邻的碳原子上自旋氢核的相互作用，这种相互作用称为核的自旋−自旋耦合，简称为自旋耦合。由自旋耦合作用而形成共振吸收峰分裂的现象，称为“自旋裂分”。

（1）**核的等价性**

核的等价性包括化学等价和磁等价。

分子中有一组核，如果它们的化学环境完全相同，化学位移也应该相等，则这组核称为

化学等价核；反之，化学环境不同，化学位移也不相等的核，称为化学不等价核。例如 CH_3CH_2Cl 中的 CH_3，三个质子的化学位移相同，可称为化学等价核。而 CH_2 两个质子的化学位移也相同，则 CH_2 中的两个 H 也是化学等价核。

分子中有一组化学等价核，若它们对组外任何一个核的耦合作用都相等，则称这一组化学等价核为磁等价核；若一组化学等价核，它们对外核的耦合作用大小不同，则这一组核称为磁不等价核。例如，CH_3CH_2Cl 中 CH_3 的三个 H 为化学等价核，又因这三个质子中的任何一个与 CH_2 中氢的耦合作用相同，所以这三个 H 也是磁等价核，同样 CH_2 也是磁等价核。而在偏氟乙烯

$$\begin{array}{ccc} H_1 & & F_1 \\ & \diagdown \quad \diagup & \\ & C{=}C & \\ & \diagup \quad \diagdown & \\ H_2 & & F_2 \end{array}$$

中，两个 H 和两个 F 都是化学等价的，但它们又是磁不等价的，对于任意一个 F，如 H_1 与其顺式耦合，而 H_2 与之反式耦合，因此，两个 H 和两个 F 都是磁不等价的。实际上，化学等价的核，不一定是磁等价的核，而磁等价的核则都是化学等价的核。

现以氯乙烷中—CH_3 基团中的 H 原子为例，讨论甲基对 H 原子核的等价性耦合作用产生的机理。由于甲基可以自由旋转，因此甲基中任何一个氢原子和邻碳上 H 的耦合作用相同。质子能自旋，相当于一个磁铁，产生局部磁场，在外加磁场中，氢核有两种取向，即平行于磁场方向或反向于磁场方向，两种取向的概率为 1∶1。因此，甲基中的每个氢有两种取向，三个氢就有 8 种取向（$2^3=8$），即它们取向组合方式可以有 8 种，如表 3－2 所示。

表 3－2　甲基三个氢对邻碳氢产生的附加磁场

	Ⅰ			Ⅱ			Ⅲ			Ⅳ		
甲基中三个氢原子的取向	H_1 ＋	H_2 ＋	H_3 ＋	H_1 ＋ ＋ －	H_2 ＋ － ＋	H_3 － ＋ ＋	H_1 ＋ － －	H_2 － ＋ －	H_3 － － ＋	H_1 －	H_2 －	H_3 －
甲基产生的总附加磁场		3H′			H′			－H′			－3H′	
出现概率		1/8			3/8			3/8			1/8	

这就是说，—CH_3 基团自旋取向组合，结果产生了四种不同强度的局部磁场，而使—CH_2CH_3 中 CH_3 的 H 质子实际上受到四种场的作用，因而 ^{1}HNMR 中呈现出四种取向组合，在谱图上即表现为裂分四峰，各峰强度为 1∶3∶3∶1，如图 3－5 所示。同样 CH_2 的 H 产生了三种局部磁场，使—CH_3 上的质子实际受到三种磁场作用，NMR 谱中出现了三重峰，也是对称分布的，各峰面积之比为 1∶2∶1。

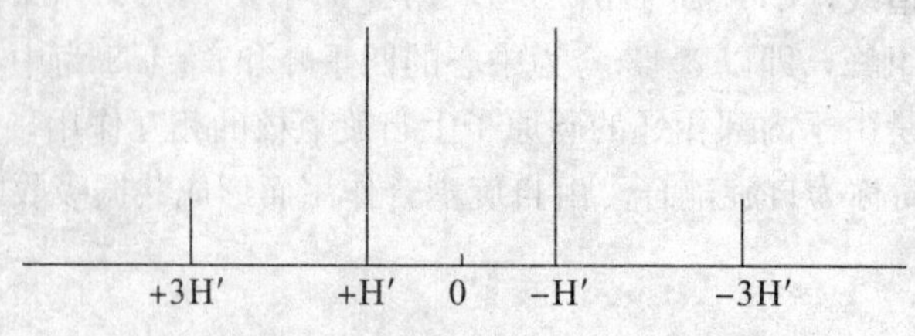

图 3－5　甲基耦合作用产生峰的裂分

（2）（$n+1$）**规律**

由上述分析，对于氢核，其自旋耦合的规律可总结如下：

①某组环境相同的 n 个核，在外磁场中共有（$n+1$）种取向，而使与其发生耦合的核裂分为（$n+1$）条谱线，这就是（$n+1$）规律。

②每相邻两条谱线间的距离相等。

③谱线强度比近似于二项式（$a+b$）展开式的各项系数之比。

n	二项式展开系数	峰形
0	1	单峰
1	1　1	二重峰
2	1　2　1	三重峰
3	1　3　3　1	四重峰
4	1　4　6　4　1	五重峰
5	1　5　10　10　5　1	六重峰

（3）**耦合常数**

由自旋耦合产生的分裂谱线间距叫耦合常数，用 J 表示，单位为 Hz。耦合作用是通过成键电子对间传递的，因此耦合的传递程度有限。对饱和烃化合物，自旋耦合作用一般只传到第三个单键上，在共轭体系中，可传到第四个单键上。

根据耦合质子间的键的间隔，耦合常数可分为以下三类：

①同碳耦合。同一碳原子上质子的耦合，称为同碳耦合，即 H_1—C—H_2 中 H_1 和 H_2 的耦合，它们相隔两个单键，以符号 ^2J 表示。

②邻碳耦合。邻位碳原子上质子间的耦合（H_1—C—C—H_2），称为邻碳耦合，耦合的两质子相隔三个单键，以符号 ^3J 表示。

③远程耦合。大于三键的耦合称为远程耦合，这种耦合对 π 体系较重要，耦合常数 J 有正负之分，但使用时往往用其绝对值。

耦合常数是核自旋分裂强度的量度，它只随磁性核环境不同而具有不同的数值，即只与化合物分子结构有关。目前还无确切的理论说明耦合常数的大小与分子结构之间的关系，但它们之间的经验关系和数据则是鉴定化合物非常有用的工具。

3.2 核磁共振波谱仪及实验技术

3.2.1 核磁共振波谱仪

现代常用的核磁共振波谱仪有两种形式，即连续波方式（CW）和脉冲傅里叶变换（PFT）方式。这里我们首先以 CW 式仪器为例，说明仪器的基本结构及测试原理，然后再简要介绍脉冲傅里叶变换核磁共振波谱仪。

（1）CW－NMR **波谱仪**

图 3－6 是 CW－NMR 波谱仪的结构示意图，其主要由以下四部分构成：

①磁铁（A）。其作用在于产生一个恒定的、均匀的磁场，使原子核自旋体系发生能级裂变，磁铁上绕有扫描线圈（B）以改变磁场的磁通量，为使磁场恒定均匀，其配备有锁场、均场、旋转试样管等装置。

②射频振荡器。其作用是产生与磁场强度相适应的电磁辐射，使核磁产生磁能级间的跃迁。

③射频接收器和记录系统。与振荡器及扫描线圈相互垂直，当磁核发生共振时，射频接收器会感应出共振信号，并经过检波，放大后记录出谱图。

④探头。探头中有射频振荡器线圈、射频接收器线圈（D）等。样品管插于探头内，样品管可以绕轴（y 轴）高速旋转，使样品基本处于一个恒定、均匀的磁场中。现代仪器还带有变温装置，这对于研究高聚物试样特别重要，因为一般的高聚物溶液黏度都较高，使吸收谱线变宽，引起分辨率低下，而提高样品温度，可得到较高的分辨率。

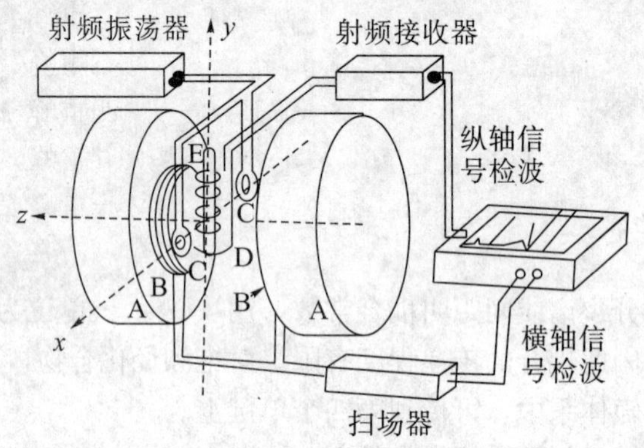

图 3-6　CW-NMR 波谱仪结构示意图

（2）**测试原理**

测试时将样品管放在磁极中心，由磁铁提供的强而均匀的磁场使样品管以一定速度旋转，以保持样品处于均匀磁场中。采用固定照射频率而连续改变磁场强度的方法（称为扫描法）和用固定磁场强度而连续改变照射频率的方法（称为扫频法）对样品进行扫描。在此过程中，样品中不同化学环境的磁核相继满足共振条件，产生共振信号，并将它送入射频接收器，经检波后放大输入记录仪，这样就得到 NMR 谱图。

（3）**锁场**

在 NMR 测试中，为了得到恒定、均匀的磁场，在仪器中配置了锁场或锁频系统。一般采用锁场试样进行锁场，锁场方法主要有两种。

在磁场中，样品管附近放入水或^{16}F 的化合物作锁场试样，用水的质子或^{16}F 核的 NMR 信号来恒定磁场强度。这种方法操作简单，不需要向样品中加入锁场化合物，一般多被采用。

在被测样品中加入锁场化合物，用锁场化合物的信号来恒定磁场强度。锁场化合物一般用 TMS，用内部锁场方法得到的谱图重现性好，在进行一些特殊的精密测定时使用。

（4）PFT-NMR **波谱仪**

PFT-NMR 波谱仪则是更先进的一代 NMR 波谱仪。它将 CW-NMR 波谱仪中连续扫场或扫频改成强脉冲照射，当样品受到强脉冲照射后，接收线圈就会感应出样品的共振信号干涉图，即自由感应衰减（FID）信号，经计算机进行傅里叶变换后，可得到一般 NMR 谱图。图 3-7 是一种商品化的 PFT-NMR 波谱仪的结构模型图。

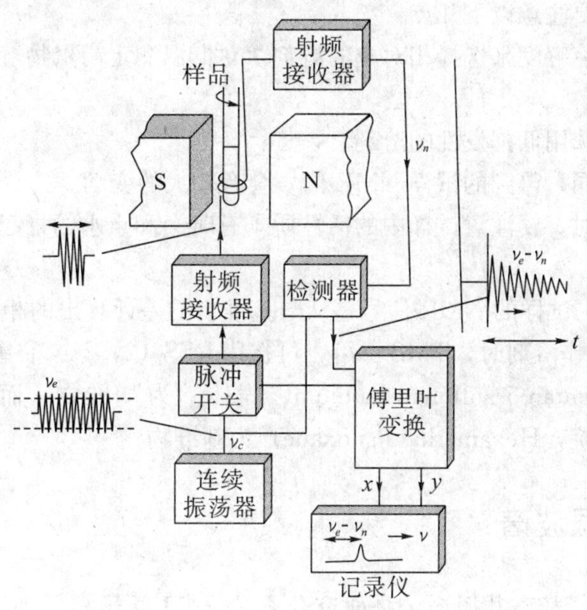

图 3-7　PFT-NMR 波谱仪结构示意图

连续晶体振荡器发出频率为 ν_c 的脉冲波，经脉冲开关及能量放大，再经射频发射器后，被放大成可调振幅和较高的强脉冲波，如图 3-7 中脉冲波一般为 10 μs~15 μs。样品受强脉冲照射后，产生一射频为 ν_n 的共振信号，被射频接收器接收后，输送到检测器。检测器检测到共振信号 ν_n 和发射频率 ν_e 的差别，并将其转变成 FID 信号，FID 信号经傅里叶转换，即可记录出 NMR 谱图。

PFT-NMR 波谱仪的使用提高了仪器测定的灵敏度，并使测定速度大幅提高，可以较快地自动测定高分辨谱线及所对应的弛豫时间，特别适用于聚合物的动态过程及反应动力学的研究。

3.2.2　核磁共振波谱实验技术

进行 NMR 测试的样品可以是溶液或固体，一般多应用于溶液测定。现就溶液样品的制备说明如下。

(1) **样品管**

商品的样品管常由硬质玻璃制成，外径为（5±0.01）mm，内径为 4.2 mm，长度约为 180 mm，并配有特氟隆材料制成的塞子。当试样不能与基准物混装时，可选用带毛细管的样品管。样品管使用前应洗净并干燥，外侧也要注意避免灰尘及指痕的污染。

(2) **溶液的配置**

样品溶液中溶质含量一般为 5 mg~10 mg，体积为 0.4 mL。

(3) **溶剂的选择**

NMR 测定对溶剂的要求：

①不产生干扰试样的 NMR 信号。

②对试样具有较好的溶解性能。

③与试样不发生化学反应，最常用的是四氯化碳和氘代氯仿。

一般溶剂的选择要注意以下几点：

①要考虑试样的溶解度来选择相对应的溶剂，对低温测定高聚物溶液，特别要注意不能使溶液黏度较高。

②高温测定时应选用低挥发性的溶剂。

③所用的溶剂不同，得到的试样 NMR 信号会有较大的变动。

④用重水作溶剂时，要注意试样中的活性质子有时会和重水的氘起交换反应。

(4) **基准物**

在 NMR 测定中，试样的 NMR 信号是从与基准物的差计算出的相对值，基准物最常用的是 TMS。当以重水作溶剂时，TMS 不溶，可选用 DSS（2，2-二甲基-2-硅戊烷-5-磺酸钠，2，2-dimethyl-2-silapentan-5-sulfonate sodium，固体）为基准物，而高温测定时则选用 HMDS（六甲基硅氧烷，Hexamethyldisiloxane）为基准物。

3.3 氢核磁共振波谱

^{1}H-NMR 又称质子核磁共振谱，是研究化合物中 H 原子核（即质子）的核磁共振信息，它可提供化合物分子中氢原子所处的不同化学环境和它们之间相互关系的信息，依据这些情报可确定分子的组成、连接方式、空间结构等信息。

3.3.1 ^{1}H-NMR 谱图表示法

如图 3－8 所示，^{1}H-NMR 谱图的横坐标表示化学位移（δ），纵坐标为磁场强度（MHz）。TMS 峰位于谱图的最右侧，并规定为 0。在表述 NMR 谱图时，还常用到术语——高场与低场。TMS 一侧为低化学位移方向，称为高场；相反，高化学位移方向则称为低场。以 TMS 为基准的 δ 值应为

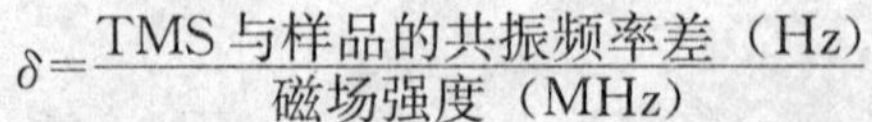

$$\delta=\frac{\text{TMS 与样品的共振频率差（Hz）}}{\text{磁场强度（MHz）}}$$

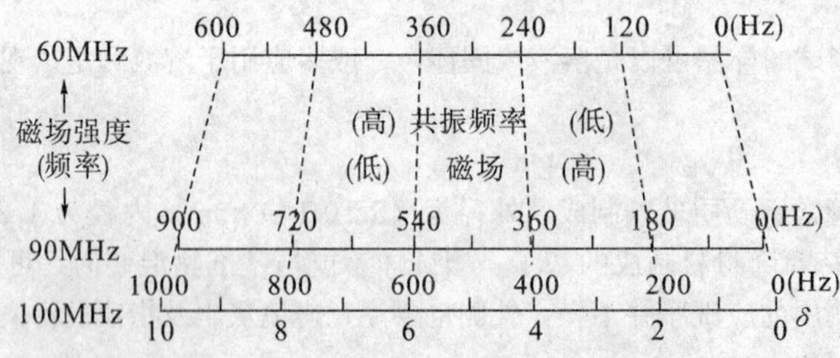

图 3-8 ^{1}H-NMR 谱图的坐标示意图

屏蔽效应与去屏蔽效应：电子云密度大，屏蔽效应大，δ 位于高场，称为屏蔽效应；反之，则称为去屏蔽效应。

顺磁性位移与抗磁性位移：分子中 π 电子产生的磁场与外加磁场方向相同，产生顺磁性屏蔽，则 NMR 信号向低场移动，称为顺磁性位移；反之，称为抗磁性位移。

除化学位移和强度外，NMR 谱还会出现相应的积分曲线，高度反映下方谱线的峰面积，各组峰面积之比反映各官能团中氢原子数目之比，即积分曲线高度之比等于官能团中氢

原子数目之比。例如，图 3−9 中 COOH，由于氧原子的电负性大，与氧相连的氢核的电子云密度减少，屏蔽效应减弱，去屏蔽效应增强，化学位移应向低场移动，$\delta=11.99$。谱图中两个裂分峰之间的距离，即为耦合常数的数值。

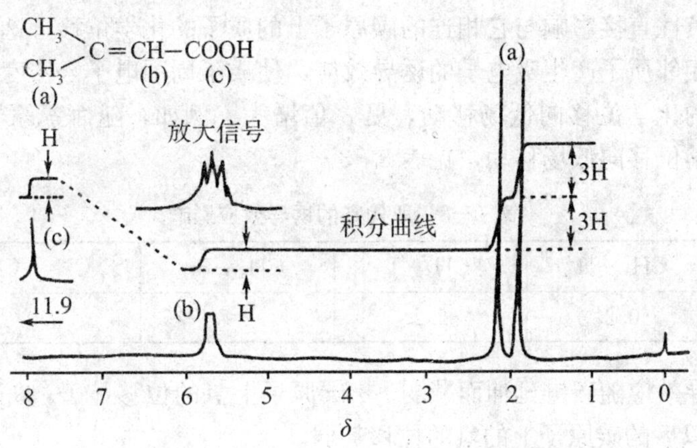

图 3−9　3-甲基-2-丁烯酸的[1] H-NMR 谱图

3.3.2　一级谱图与二级谱图

核磁共振氢谱可分为一级谱图和二级谱图。一级谱图可用（$n+1$）规律近似处理，而二级谱图不符合（$n+1$）规律。

（1）**一级谱图**

自旋耦合体系的两个核的化学位移之差和耦合常数之比 $\Delta\delta/J$ 大于或等于 6 时，属于弱耦合体系，由这种弱耦合体系得到的^{1}HNMR 谱图则称为一级谱图，一级谱图有以下特征：

①相互耦合的两组质子的化学位移值远远大于其耦合常数。

②耦合峰的裂分数目符合（$n+1$）规律，裂分峰强度比符合 $(a+b)^n$ 展开项系数之比。

③由谱图可直接读出化学位移值和耦合常数。

（2）**二级谱图**

随耦合强度增大，当 $\Delta\delta/J<6$ 时，属于强耦合体系。由这种强耦合体系得到的^{1}HNMR 谱图，称为二级谱图。此时，一级谱图的特征均不存在，其特征如下：

①耦合峰数目超出（$n+1$）规律计算的数目。

②裂分峰的相对强度关系复杂。

③δ 值不能直接读出，需进行计算。

量子力学对二级谱图有一套完整的解析方法，能计算出各系统理论谱线的数目、强度，并根据这些理论总结出一些规则，依据这些规则可计算出化学位移和耦合常数。

实际上，由于 $\Delta\delta/J$ 随仪器工作频率增加而加大，随着核磁共振仪中超导磁铁的应用，高磁场强度的仪器得以普遍使用。目前，600 MHz 的质子核磁共振波谱仪使复杂的二级谱图转化为一级谱图，给分析工作带来极大的方便，因此，应使高级谱图转化为一级谱图，这里我们仅仅讨论一级谱图。

3.3.3 ^{1}H-NMR 的化学位移及影响化学位移的因素

(1) 影响质子化学位移的因素

①诱导效应与共轭效应。

取代基的电负性直接影响与它相连的碳原子上的质子的化学位移，这是因为电负性较高的基团或原子对相邻质子产生吸电子的诱导效应，使质子周围电子云密度降低，去屏蔽效应增强，而使质子的化学位移向低场移动，见 δ 值增大。例如，随卤素原子取代基电负性增加，氢原子的化学位移向低场移动，见表 3－3。

表 3－3 取代基的诱导效应影响

	CH_3—H	CH_3—I	CH_3—Br	CH_3—Cl	CH_3—F
δ	0.2	2.2	2.7	3.0	4.3

取代基的诱导效应随碳链延伸而减弱。α 碳原子上氢的位移显著，β 碳原子上的氢有一定位移，而 γ 位以后的碳原子上的氢的位移甚弱。

共轭效应中，推电子基使质子周围电子云密度降低，去屏蔽效应增强，化学位移向低场移动。例如，下列三个化合物中，(1) 中—OCH_3 与烯烃双键形成 $n-\pi$ 共轭体系，使非键上的 n 电子流向 π 键，所以使 H_2C═上的质子的电子云密度增加，δ 值向高场移动（$\delta=-1.43$ 和 $\delta=-1.29$）。而化合物 (3) 中 C═O 与烯键的电负性很高，在形成的 $\pi-\pi$ 共轭体系中，电子云向氧端移动，而使末端 H_2C═上的质子电子云密度降低，δ 值向低场移动（$\delta=0.59$ 和 $\delta=0.21$）。因此，可以得出各末端 H_2C═上质子的 δ 值的顺序为 (3) ＞ (2) ＞ (1)。

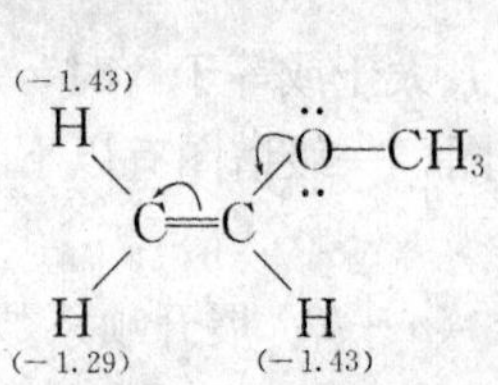

(1) H_2C═CH—$\ddot{O}$—CH_3：H (−1.43)，H (−1.29)，H (−1.43)

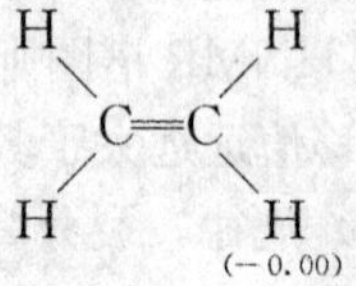

(2) H_2C═CH_2：H (−0.00)

(3) H_2C═CH—C(═O)—CH_3：H (+0.59)，H (+0.21)，H (+0.59)

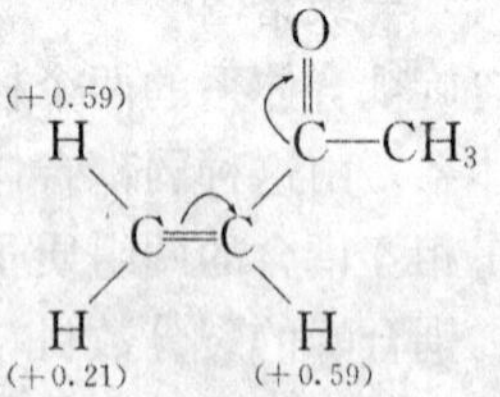

②碳原子的杂化状态。

在 C—C 键的成键轨道中，如果 s 电子云成分越高，则电子云越靠近碳原子核，氢周围电子云密度降低，化学位移值向低场移动。例如：

H_3C—CH_3 $\delta=0.96$　　H_2C═CH_2 $\delta=5.84$　　HC≡CH $\delta=2.86$　　C_6H_6（苯）$\delta=7.2$

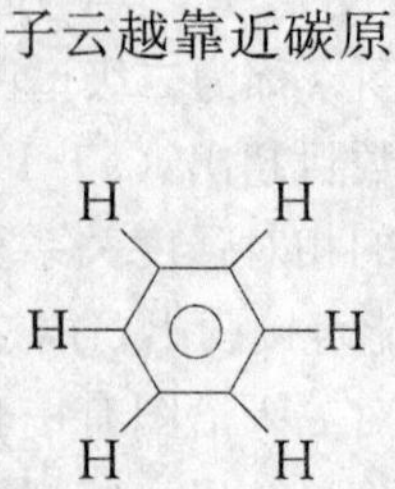

以上四种化合物中，烯烃原子（sp^2 杂化）的化学位移大于烷烃（sp^3 杂化）质子的化学位移，但炔烃（sp 杂化）和苯则分别位于烯烃的高场和低场，这是由各向异性效应引起的。

③各向异性效应（电子环流效应）。

分子中氢核与邻近基团的空间关系会影响其化学位移，这种影响称为各向异性效应（又称为电子环流效应）。各向异性效应通过空间位置对化学位移产生影响，其特征是有方向的。下面介绍几种常用的各向异性效应。

芳环的各向异性效应：如图 3－10 所示的芳环中的电子云在外加磁场 H_0 的作用下，产生垂直于 H_0 的诱导环形电子流，并产生一个感应次级磁场，使苯环平行方向周围出现顺磁性磁场区，称为去屏蔽区；而与苯环垂直方向出现的抗磁性磁场区，称为屏蔽区。如质子处在顺磁性区，电子屏蔽效应减弱，去屏蔽效应增强，化学位移向低场移动，δ 值增大；如质子处在抗磁性磁场区，电子屏蔽效应增强，去屏蔽效应减弱，化学位移向高场移动，δ 值减小。苯分子中，质子处于去屏蔽区，因此出现在低场，值为 7.2。

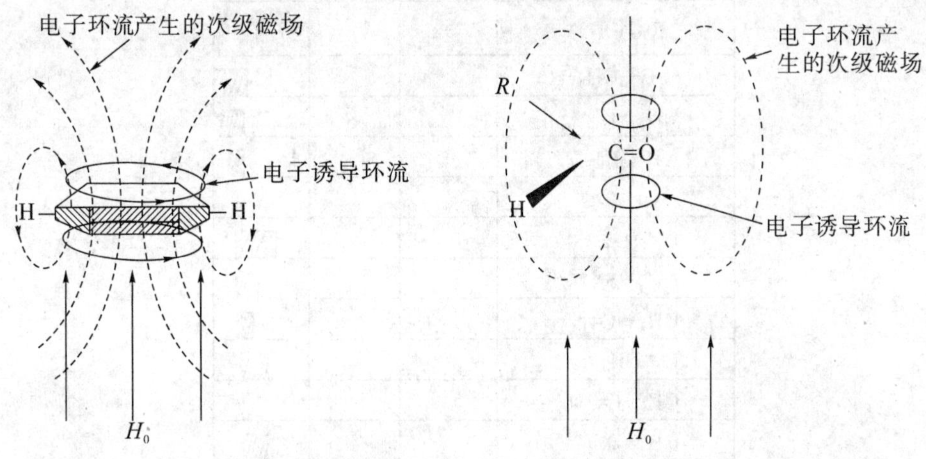

图 3－10　苯环中质子数环流效应　　**图 3－11　C═O 电子环流效应**

双键的各向异性效应：C═C 或 C═O 双键的 π 电子形成也产生感应磁场。图 3－11 为 C═O 双键的电子环流效应。双键切面方向处于去屏蔽区。与 sp^2 杂化碳相连的氢位于双键切面内，位于去屏蔽区，因此，具有较高的 δ 值。例如乙烯 δ=5.84，而醛氢 δ 约为 9～10。

三键：—C≡C— 键中的 π 电子以圆柱形绕 C≡C 键生成环流，如图 3－12 所示。产生的感应磁场为键轴方向的屏蔽区，而乙炔中 H 原子位—C≡C— 键轴方向处于屏蔽区内，因此使炔烃具有较小的 δ 值，如乙炔 δ=2.86。

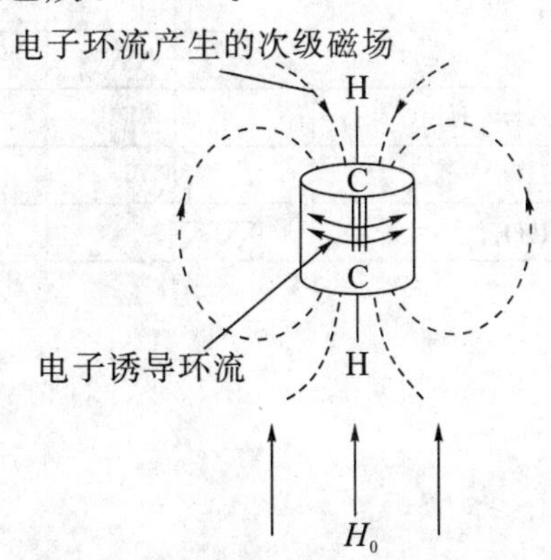

图 3－12　乙炔的电子环流效应

④氢键效应。

氢键有去屏蔽效应，使质子的核磁共振出现在低场处，化学位移 δ 值显著升高。例如，下列化合物随着其形成氢键能力增强，化学位移向低场移动。由于分子间氢键的多寡与试样的浓度、溶剂的性质有关，所以羟基质子的化学位移可以在一个较大的范围内变动。如饱和醇：δ_{OH}0.5～5.5；酚：δ_{OH}4.0～10；羧酸：δ_{OH}10.5以上。

除上述因素外，范德华力、温度、浓度等都会对质子的化学位移值产生影响，升高温度或使溶剂稀释时，会削弱氢键间的作用力，使质子的化学位移移向高场。

(2)^{1}H的化学位移

按与质子相连原子的不同，聚合物中各基团质子的化学位移值归纳于表3-4。

表3-4 聚合物中常见基团质子的化学位移

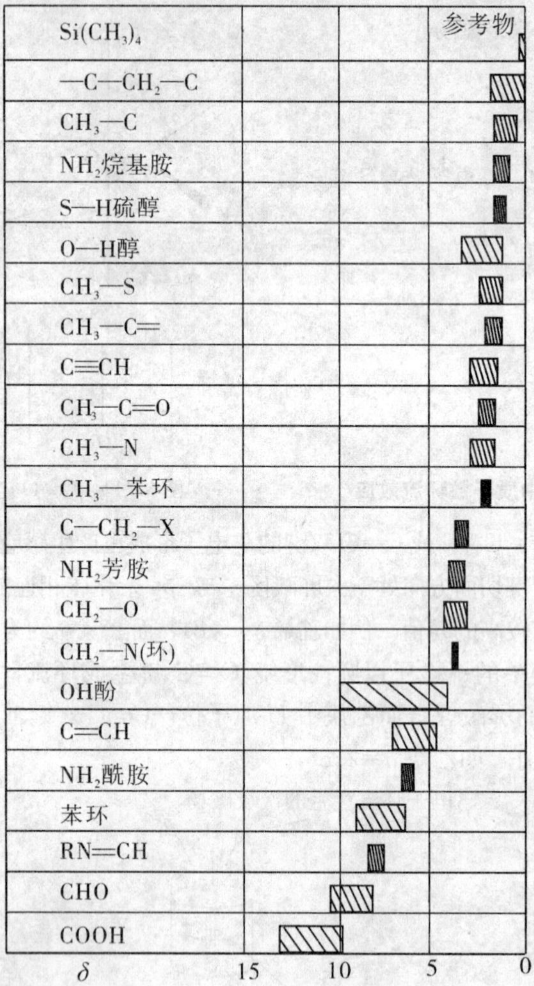

基团	
$Si(CH_3)_4$	参考物
—C—CH_2—C	
CH_3—C	
NH_2烷基胺	
S—H硫醇	
O—H醇	
CH_3—S	
CH_3—C═	
C≡CH	
CH_3—C═O	
CH_3—N	
CH_3—苯环	
C—CH_2—X	
NH_2芳胺	
CH_2—O	
CH_2—N(环)	
OH酚	
C═CH	
NH_2酰胺	
苯环	
RN═CH	
CHO	
COOH	
δ	15 10 5 0

3.4 碳核磁共振波谱

3.4.1 概述

碳原子是有机化合物及高分子化合物的基本骨架，它可为有机分子的结构提供重要的信息，特别是高分子结构研究中，研究碳的归属具有重要意义。

^{12}C的自旋量子数I=0无核磁共振，^{13}C的自然丰度仅为^{12}C的1.1%，使^{13}C的核磁信号

很弱。虽然科学家在 1957 年首次观察到^{13}C的 NMR 信号，已认识到它的重要性，但直到 20 世纪 70 年代傅里叶变换核磁共振波谱仪 PFT－NMR 出现以后，才使^{13}C-NMR 的应用日益普及。目前，PFT－^{13}C-NMR 已成为阐明有机分子及高聚物结构的常规方法，在结构测定、构象分析、动态过程研究，活性中间体及反应机理的研究，聚合物立体规整性和序列分布的研究，以及定量分析等各方面都已取得了广泛的应用。

下面对^{13}C-NMR 与^{1}H-NMR 进行比较：

①灵敏度。^{13}C的天然同位素丰度仅为 1.1%左右，因此，^{13}C谱的灵敏度比^{1}H谱低得多，仅为^{1}H谱的 1/5700。

②分辨率。^{13}C的化学位移为 0～300，比^{1}H大 20 倍，具有较高的分辨率，因此微小的化学环境变化也能区别。

③耦合情况。^{13}C中$^{13}C－^{13}C$之间耦合率较低，可以忽略不计。但可以与直接相连的 H 和邻碳的 H 都发生自旋耦合而使谱图复杂化，因此常采用去偶技术使谱图简单化。

④测定对象。^{13}C-NMR 可直接测定分子的骨架，给出不与氢相连的碳的共振吸收峰，可获得季碳、C═O、 C≡N 等基团在^{1}H谱中测不到的信息。

⑤弛豫。^{13}C的自旋－晶格弛豫和自旋－自旋弛豫比^{1}H慢得多（可达几分钟）。因此，T_1和T_2的测定比较方便，可通过测定弛豫时间了解更多的结构信息和运动情况。

⑥谱图。^{13}C与^{1}H虽然耦合，但由于共振频率相差很大（例如，^{13}C为 25 MHz，^{1}H为 100 MHz，$^{1}J_{CH}$约为 100 MHz～300 MHz），所以，CH、CH_2、CH_3都可构成简单的 AX、AX_2、AX_3自旋系统，可用一级谱图解析。

碳谱和氢谱核磁一样，可通过吸收峰在谱图中的强弱、位置（化学位移）、峰的裂分数目及耦合常数来确定化合物结构，但由于采用了去偶技术，使峰面积受到一定的影响(NOE 效应)，因此峰面积不能准确地确定碳的数目。这点与氢谱不同，由于碳谱分辨率高，化学位移值能扩展到 300，使化学环境稍有不同的碳原子就有不同的化学位移值。因此，碳谱中最重要的判断因素就是化学位移。

3.4.2　^{13}C-NMR 的去偶技术

^{13}C-NMR 谱的测定灵敏度低，仅为^{1}H-NMR 谱的 1/5700，用一般的连续扫描法得不到所需的信号，因此，现在多采用 PFT－NMR 技术，其实验方法与^{1}H-NMR 基本相同。

但在^{13}C-NMR 中，^{1}H对^{13}C的耦合是普遍存在的，并且耦合常数比较大，使得谱图上每个碳信号都发生裂分，这不仅降低了灵敏度，而且使谱峰相互交错重叠，难以归属，给谱图解析、结构分析带来困难。我们通常采用质子去偶技术来克服^{13}C和^{1}H之间的耦合。图 3－13给出了一些^{13}C-NMR 中常用的去偶技术，下面进行一些简单介绍。

(1) 质子宽带去偶

质子宽带去偶即完全去偶，是一种双共振技术。其方法是在测定^{13}C-NMR 的同时，附加一个射频场，使其覆盖全部质子的共振频率范围，且用强功率照射使所有的质子达到饱和，从而使质子对^{13}C的耦合全部去掉，这样得到的^{13}C-NMR 谱线均以单峰出现，全去偶谱为^{13}C-NMR 的常规谱图，如图 3－13（a）所示。

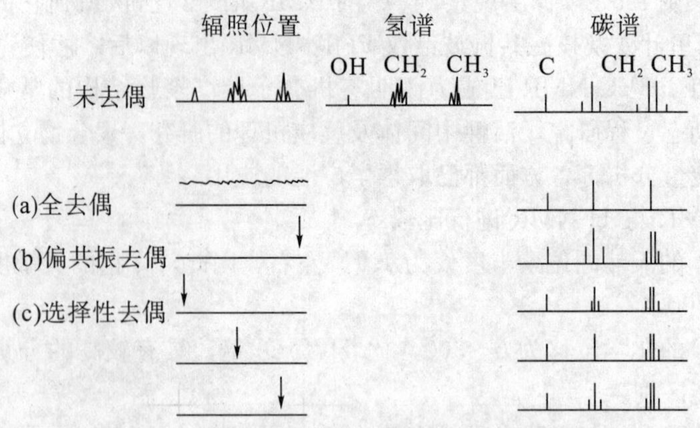

图 3-13 HO-C（CH_2-CH_2）$_3$ 的几种去偶结构

（2）**偏共振去耦**

全去耦虽大大简化了谱图，但同时也失去了有关碳原子类型的信息，无法识别伯、仲、叔、季等不同类型的碳。偏共振去耦采用一个频率范围很小、比质子宽带去耦功率弱的射频场，其频率略高于待测样品所有氢核的共振吸收位置，^{13}C 与邻近碳原子上的耦合可用（$n+1$）规律来解释，如伯碳 CH_3 为四重峰，仲碳 CH_2 为三重峰，叔碳 CH 为双峰。

除以上去耦技术以外，还有选择性去耦、门控去耦、反转门控等技术，可根据测量分析要求选择性地采用。

（3）**核的 Overhause 效应**

质子宽带去偶不仅使^{13}C-NMR 谱图大大简化，而且由于耦合多重峰的合并，使峰强度大大提高，然而峰强度的增大幅度远远大于多峰的合并（约大 200%）。这种现象称为核的 Overhause 效应（Nuclear Overhause Effect，NOE），NOE 与两核间的距离有关。因此，NOE 可提供分子内碳核间的几何关系，在高分子构型及构象分析中非常有用。

3.4.3 ^{13}C-NMR 的化学位移

（1）^{13}C-NMR **的化学位移值**

^{13}C-NMR 中^{13}C 的化学位移范围扩展到 300，由高场到低场各基团化学位移的顺序与^{1}H 谱的顺序基本平行，按饱和烃、含杂原子饱和烃、双键不饱和烃、芳香烃、醛、羧酸、酮的顺序排列。表 3-5 给出了聚合物中常见基团的^{13}C 原子的化学位移。

（2）**影响**^{13}C-NMR **化学位移的因素**

一般来说，影响^{1}H 化学位移的各种因素，也基本上影响^{13}C 的化学位移，但^{13}C 核外有 p 电子云，使化学位移主要受顺磁屏蔽作用的影响。归纳起来，影响^{13}C 化学位移的主要因素有以下几点：

①碳的杂化。

碳原子的轨道杂化（如 sp^3、sp^2、sp 等）在很大程度上决定着^{13}C 化学位移的范围。一般情况下，屏蔽常数 $\sigma_{sp^3}>\sigma_{sp}>\sigma_{sp^2}$，这使 sp^3 杂化的^{13}C 的共振吸收出现在最高场，sp 杂化的^{13}C 次之，sp^2 杂化的^{13}C 信号出现在低场。

表 3－5　聚合物中常见基团的^{13}C原子的化学位移

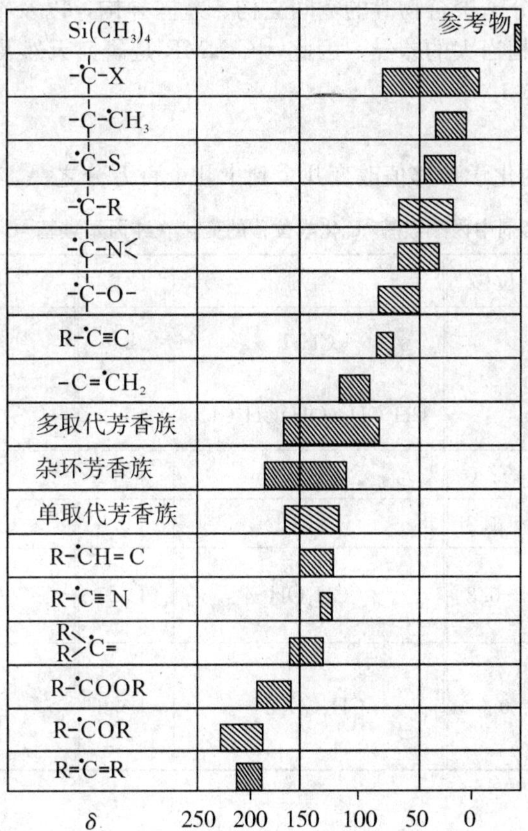

②取代基的电负性。

与电负性取代基相连，使碳核外围电子云密度降低，化学位移向低场方向移动，且取代基电负性越大，δ 值向低场位移越大，如表 3－6 所示。

表 3－6　电负性取代基数对^{13}C化学位移的影响

化合物	CH_4	CH_3Cl	CH_2Cl_2	$CHCl_3$	CCl_4
化学位移	－2.30	24.9	50.0	77.0	96.0

③立体构型。

^{13}C 的化学位移对分子的构型十分敏感，当碳核与碳核间或与其他核相距很近时，紧密排列的原子或原子团会相互排斥，将核外电子云彼此推向对方核附近，使其受到屏蔽，δ 向高场位移。例如，烯烃的顺反异构体，烯碳的化学位移相差 1～2，顺式在较高场。

$\delta=196.9$　　　$\delta=199.0$

分子空间位阻的存在，也会导致 δ 值改变。例如，邻一取代和邻二取代苯甲酮，随 π－

π共轭程度的降低，使羰基C的δ值向低场移动。

多环的大分子、高分子聚合物等的空间立构、差向异构，以及不同的归整度、序列分布等，可使碳谱的δ值有相当大的差异，因此，^{13}C-NMR是研究天然及合成高分子结构的重要工具。

④溶剂效应。

不同溶剂可使^{13}C的化学位移值改变几个到十几个百万分之一，如表3−7所示。

表3−7　在各种溶剂中丙酮羰基^{13}C化学位移的变化（纯丙酮羰基^{13}C化学位移：205.2）

溶剂	位移	溶剂	位移	溶剂	位移
	−2.4	CH_3I	0.0	OH	+8.7
		$CH_3CH_2(OH)CH_2CH_3$	+1.9		
$CH_3CH_2OCH_2CH_3$	−2.0	CH_3CN	+2.1	HCOOH	+9.1
CCl_4	−1.3	CH_3Cl	+2.3	$Cl_2CHCOOH$	+11.9
	−0.8	CH_3OH	+3.7	CF_3COOH	+14.1
O O	0.0	CH_3COOH	+6.2	H_2SO_4	+39.2

⑤溶剂酸度。

若C核附近有随pH变化而影响其电离度的基团，如OH、COOH、SH、NH_2时，基团上负电荷密度增加，使^{13}C的化学位移向高场移动。

3.5　核磁共振波谱在高分子研究中的应用

核磁共振波谱（NMR）是聚合物研究中很有用的一种方法，它可用于鉴别高分子材料、测定聚合物组成、研究动力学过程等。但在一般的NMR测试中，试样多为溶剂，这使高分子材料的研究受到限制，而固体高分辨率核磁共振波谱采用魔角旋转及其他技术，可直接测定高分子固体试样。同时，高分子溶液黏度大，给测定带来一定困难，因此要选择合适的溶剂并提高测试温度。下面具体介绍一些NMR在聚合物研究中的应用。

3.5.1　鉴别聚合物

（1）结构相似的聚合物

许多聚合物，甚至一些结构类似、红外光谱图也基本相似的高分子，都可以用^{1}H-NMR或^{13}C-NMR来鉴别。

例如，聚丙烯酸乙酯和聚丙烯酸乙烯酯的红外光谱图很相似，几乎无法区别，但用^{1}H-NMR很容易鉴别。两者的—CH_2由于所连接的基团不同，而受到不同的屏蔽作用：聚丙烯酸乙酯中—CH_2与氧相连，屏蔽作用减弱，其化学位移向低场方向移动，$\delta=1.21$；而聚丙烯酸乙烯酯中—CH_2与羰基相连，受到的屏蔽作用较大，其化学位移向高场移动，$\delta=$

1.11，易于鉴别。

$$\text{-(}CH_2\text{—}CH\text{)}_n\text{—}C(=O)\text{—}O\text{—}CH_2CH_3 \qquad \text{-(}CH_2\text{—}CH\text{)}_n\text{—}O\text{—}C(=O)\text{—}CH_2CH_3$$

(2) **数均分子量的测定**

^1H-NMR 对高聚物数均分子量的测定，不需要标准物质校正，具有快速、简便的优点。唯一要求是各基团的峰彼此要能分辨开。

例如，图 3-14 中 ^1H-NMR 聚乙二醇的 ^1H-NMR 中 OH 峰与—CH_2CH_2—O—单元峰相距甚远，设它们的面积（或积分强度）分别为 x 和 y，因为

$$\frac{x}{y}=\frac{2}{4n},\ n=\frac{1}{2}\frac{y}{x}$$

则聚乙二醇 HO-(CH_2CH_2—O)$_n$H 的数均分子量为

$$M_n=n\times 44+18=\frac{22y}{x}+18$$

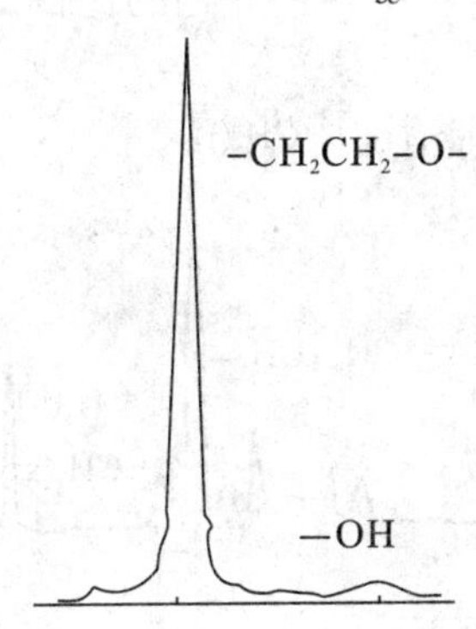

图 3-14　聚乙二醇的 60MHz ^1H-NMR 谱图

这种方法的准确性取决于 OH 峰的准确积分，如样品中有水将会影响实验结果，其准确性难以保证。

(3) **键接方式研究**

聚 1，2-二氟乙烯的主要键接方式是头-尾结构，偶尔也会有头-头结构。图 3-15 是其 ^{19}F-NMR 谱图。谱图中除了头-尾结构的 A 峰外，还有头-头结构引起的 B、C、D 三种氟原子峰。从 ^{19}F-NMR 数据还可以算出，该聚合物中含有 3%～6%的头-头结构。

$$\text{—}CH_2\text{—}\overset{A}{CF_2}\text{—}CH_2\text{—}\overset{C}{CF_2}\text{—}\overset{D}{CF_2}\text{—}CH_2\text{—}CH_2\text{—}\overset{B}{CF_2}\text{—}CH_2\text{—}$$

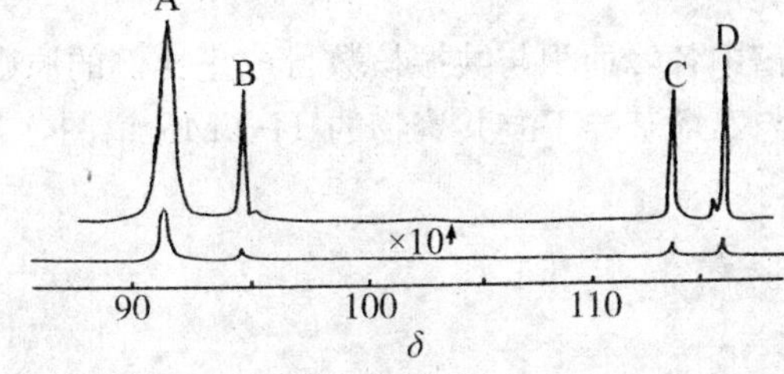

图 3-15　聚 1，2-二氟乙烯的 ^{19}F-NMR 谱图

3.5.2 聚合物立构规整度

NMR可用于研究聚合物立构规整度。例如，聚甲基丙烯酸甲酯（PMMA）有三种不同的立构结构，两个链接排列次序如下：

```
H3COOC  HA  COOCH3                    CH3 HA   COOCH3
  |     |     |                        |    |     |
—C  —  C  —  C—                      —C  —  C  —  C—
  |     |     |                        |    |     |
 CH3   HB   CH3                    H3COOC  HB   CH3
     等规结构                              间规结构
```

在等规结构中，亚甲基的两个质子 H_A 和 H_B 由于所处的化学环境不同，在^1H-NMR谱图上裂分为四重峰（H_A、H_B 各两个峰）。在间规结构中，H_A 与 H_B 所处的化学环境完全一样，在NMR谱图中呈现单一峰。而其他许多小峰则归属于无规聚合物。从谱图3-16中还可以看出各种结构的 CH_3 的化学位移明显不同，等规为1.33，无规为1.21，间规为1.10。根据 CH_3 峰的强度比，可确定聚合物中两种立构的比例。应用聚合物的碳谱也可以进行上述结构研究。

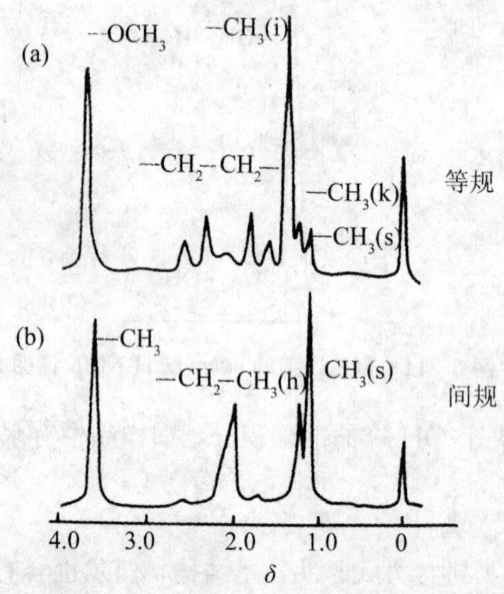

图3-16 PMMA的^1H-NMR谱图

溶剂：氯苯（a）100℃，（b）145℃

3.5.3 共聚物的研究

（1）共聚物组成的测定

利用共聚物的NMR谱中各峰面积与共振核数目成正比例的原则，可定量计算共聚物的组成。图3-17是氯乙烯与乙烯基异丁醚共聚物的^1H-NMR谱图，各峰的归属如图所示。

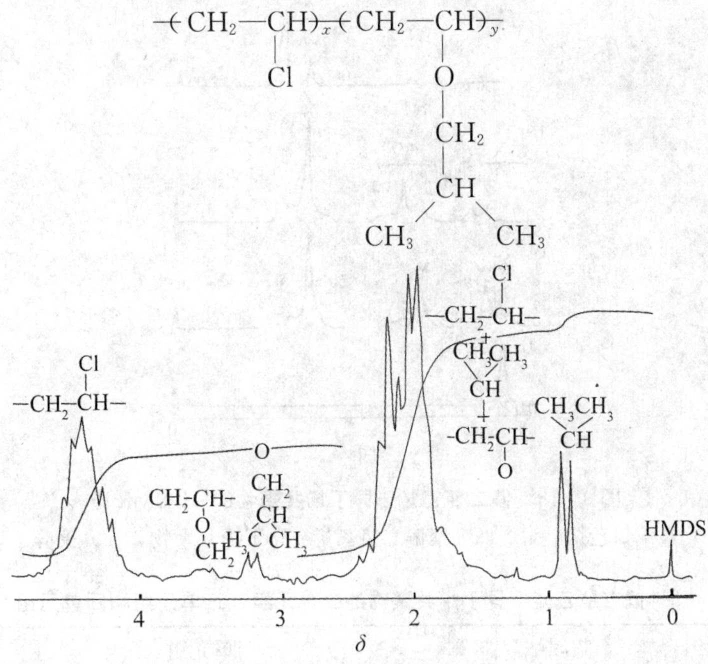

图 3−17　氯乙烯与乙烯基异丁醚共聚物的[1] H-NMR 谱图

两种组分物质的量比可通过测定各个质子吸收峰面积及总面积来计算。因乙烯基异丁醚单元含 12 个质子，其中 6 个是甲基的，氯乙烯单元含 3 个质子，所以共聚物中两种单体的物质的量比为

$$\frac{x}{y}=\frac{\dfrac{2\times A_{\delta=0.9}}{12}}{\dfrac{A_{总}-2A}{3}} \tag{3-15}$$

式中，$A_{\delta=0.9}$ 为甲基的吸收峰面积；$A_{总}$ 为所有吸收峰的总面积。

（2）**序列结构分析**

核磁共振可用于研究共聚物中单体序列和构型序列。例如，偏二氯乙烯（结构单元 A）−异丁烯（结构单元 B）共聚物的序列结构分析，如图 3−18 所示。

均聚的聚偏二氯乙烯在 $\delta=3.82$ 处有一吸收峰，聚异丁烯中亚甲基（CH_2）在 $\delta=1.46$ 处、甲基（CH_3）在 $\delta=1.08$ 处各有一吸收峰。从共聚物的 NMR 谱图可见，在 $\delta=3.6$ 处（X 区）和 $\delta=1.4$ 处（Z 区）分别有一些吸收峰，它们分别归属于 AA 和 BB 二单元组，而在 $\delta=2.8$ 和 $\delta=2.6$（Y 区）的吸收峰对应于 AB 或 BA 二单元组，从图中不同组成的偏二氯乙烯−异丁烯共聚谱图（如图 3−18（b）、（c）所示）可以看出，X、Y、Z 三区共振峰的相对强度随共聚物组成改变而改变，根据相对吸收强度值可计算其共聚物组成。

分析 X、Y、Z 区域中各峰的归属，根据单元结合对称性原则，还可分出三单元、四单元，甚至五单元结合，其结果列于表 3−8。

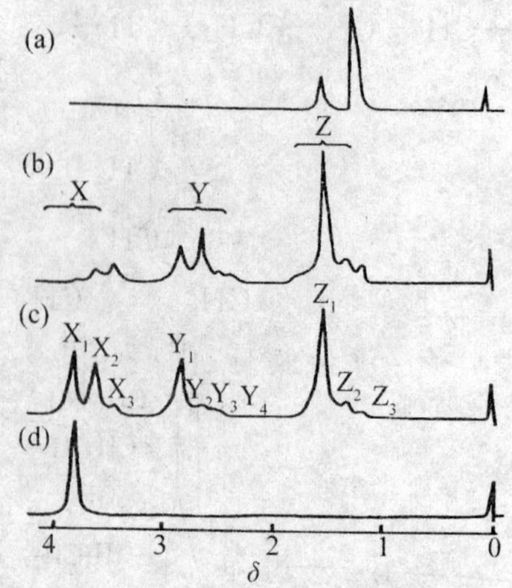

图 3-18 偏二氯乙烯-异丁烯共聚物的[1]**H-NMR 谱**

(a) 聚偏氯乙烯，(b)(c) 聚偏二氯乙烯-异丁烯共聚物，(d) 聚异丁烯

表 3-8 偏二氯乙烯-异丁烯共聚物的二单元组、三单元组和四单元组归属

	二单元组合	归属	四单元组合	δ
CH_2	AA	X_1	A AAA	3.82
		X_2	A AAB B AAA	3.60
		X_3	B AAB	3.41
	AB	Y_1	A ABA A BAA	2.84
		Y_2	A BAB B ABA	2.64
		Y_3	A ABB B BAA	2.46
		Y_4	B ABB B BAB	2.38
	三单元组合	归属	δ	
CH_3	A BA	Z_1	1.56（还包括 BB 组合的 CH_2）	
	B BA A BB	Z_2	1.33	
	B BB	Z_3	1.1	

3.6 核磁共振波谱的其他技术

3.6.1 NMR 应用于固体聚合物

上面所述的 NMR 谱都是用溶液试样测试的，它提供了有关高分子结构、构象、组成和序列结构的丰富信息。但聚合物材料多数情况下以固体状态使用，因此，了解固体状态下材料的结构发展，固体 NMR 对聚合物结构研究具有重要意义。固体状态下，因^{1}H 谱图中同核质子间存在强烈偶极-偶极相互作用，很难获得高分辨率 NMR 谱，这使得^{13}C 谱在固体研究中占有重要的地位。但是由于固体 NMR 谱中，化学位移的各向异性、偶极-偶极相互作用及较长的弛豫时间（常常为几分钟），使固体^{13}C-NMR 谱的谱线变宽，强度降低。目

前，通过魔角旋转（Magic Angle Spinning，MAS）、交叉极化（Cross Polarization，CP）和偶极去偶（Dipolar Decoupling，DD）三种技术，可成功地获得固体高分辨率谱图，为研究固体高分子材料结构提供了有效的实验手段。

3.6.2 二维 NMR 谱

由于多维技术的发展，核磁共振（NMR）已广泛地用于高分子化合物结构测定、药物分析和生物大分子的溶液构象研究。联合应用一维和二维 NMR 实验进行结构指定已成为常规程序。通常是应用各类同核 H—H 相关谱获得 J-连结和 NOE-连结的信息，对^{1}H 谱进行归属。然后，根据^{1}H 谱利用异核 C—H 相关谱对^{13}C 谱进行指定。但是，对于季碳比较多的化合物，很难获得碳谱的全归属。这时，可以用同核 C—C 多量子谱（INADEQATE）来给出碳链的绝对指定。然后，联合异核 C—H 相关谱和各类同核 H—H 相关谱，来完成谱峰归属与结构指定。但是，INADEQATE 实验在样品量少时付出的代价太大。另一种方案是联合应用异核 C—H 相关谱和远程 C—H 相关谱（coloc）来进行谱峰归属。由于其灵敏度比 INADEQATE 实验高很多而获得了广泛的应用，特别是反式探测实验，如 HMQC 和 HMBC 的发展。而且，根据定量的 J-耦合常数值还可以进行空间构象的分析。因此，它特别适合于含季碳比较多的化合物。例如，一个含季碳较多的某药物化合物结构如图 3-19 所示，联合应用 1D DEPT、2D C—H 相关谱（hxdept）和远程 C—H 相关谱（coloc）进行谱峰归属与结构指定。

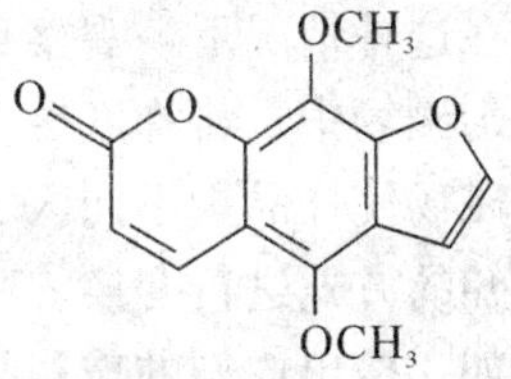

图 3-19 某药物化合物结构示意图

从这个化合物的 2D hxdept 谱和 2D coloc 谱可以获得全部的一键 C—H 相关与大部分的多键 C—H 相关的信息。所有这些相关信息列入表 3-9 中。根据这些相关信息，再加上 1D^{1}H，^{13}C和 DEPT 谱，就可以完成该药物化合物的谱峰归属与结构指定，其结果如图3-20所示。

表 3-9 2D hxdept 和 2D coloc 谱的一键 C—H 相关与多键 C—H 相关信息

^{1}H	一键相关	多键相关
4.146	61.7	144.3
4.150	60.8	128.2
6.268	112.8	107.6，160.4
6.978	105.1	114.8，145.1
7.607	145.1	114.8，150.0
8.102	139.4	143.7，160.4

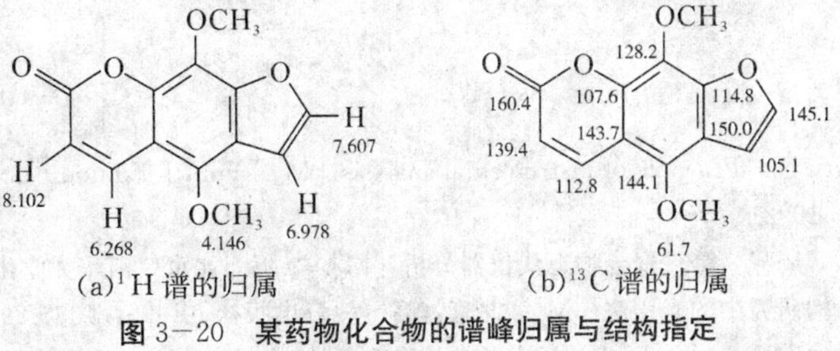

(a)^{1}H 谱的归属

(b)^{13}C 谱的归属

图 3-20 某药物化合物的谱峰归属与结构指定

又如，聚苯乙烯（PS）和聚乙烯甲基醚（PVME）共混物由氯仿溶液和甲苯溶液浇注而成，在一维 NMR 谱中，因其峰形基本没差别，因此不能得出两种共混物是否均匀的结论。通过 2D-^{1}H 自旋扩散谱，可以看出二者有明显的差别。由氯仿溶液浇注出来的共混物中，不存在属于不同化合物的交叉峰，因而不存在 PS 和 PVME 两种高分子在分子水平上的相互作用，共混物是不均匀的。而由甲苯溶液浇注出来的共混物中，存在强的交叉峰，这说明两种高分子在分子水平上混合，产生了相互作用的均匀区域，共混物存在均匀区。由此可研究高分子共混体系的相容性。

3.6.3 NMR 成像技术

通常的 NMR 谱图用来测量样品的化学结构。但它不能确定被激发原子核在样品中的位置。NMR 成像是一种能记录被激发核在样品中位置，并能使之成像的技术，从而可观察核在空间的分布。

在普通的 NMR 中，样品放在均匀的磁场中，所有化学环境相同的核都受到同样磁场的作用，在这种情况下，观察到的质子呈现一条尖锐的共振峰。而 NMR 成像技术则将样品放在非均匀磁场中，将梯度磁场线圈对均匀磁场进行改性，可以产生线性变化的梯度磁场。这一梯度磁场使样品中不同区域线性地标记上不同的 NMR 频率，因为磁场在样品的特定区域中按已知的方式进行变换，NMR 信号的频率即可指出共振磁核的空间位置。

例如，挤出成型的玻璃纤维增强尼龙棒，从图 3-21 相隔的两张 NMR 成像图分析，尼龙棒在水中浸过，图中明亮部分即为水；图中存在一些孔穴，且这些孔穴出现在同样的位置，这说明这些孔是相连的。孔洞的形成，可能是由于挤塑过程中混入空气，或物料未充分塑化等原因引起的。因此，NMR 成像技术可用来检测加工产品，提高产品质量，改进加工工艺条件。

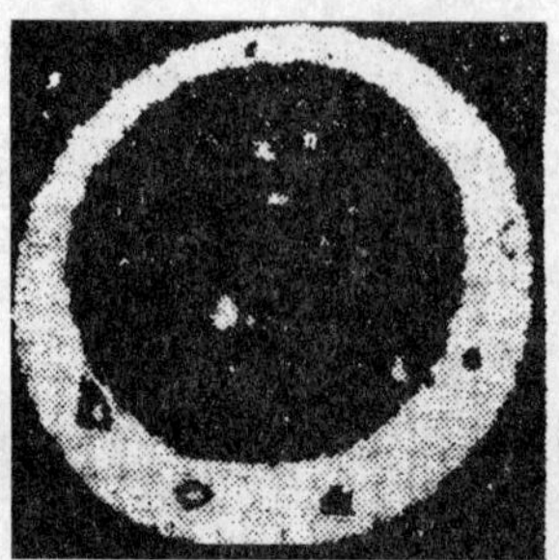
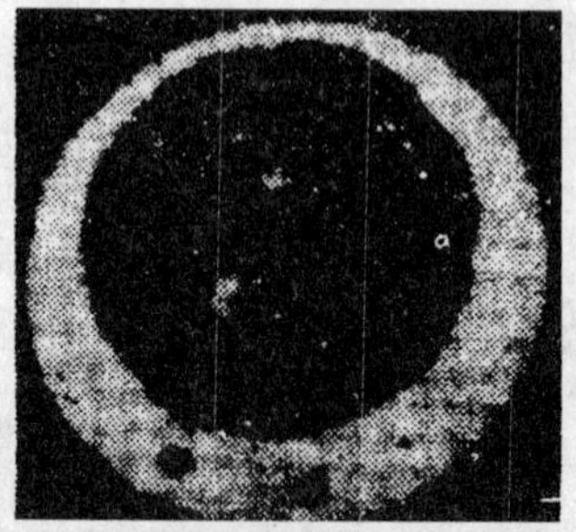

图 3-21 增强尼龙棒相隔 0.5 cm 的 NMR 成像

高分子的 NMR 成像对照取决于磁核所处的物理与化学环境，如能建立成像与这些环境的联系，则将大大促进高分子材料的研究。

参考文献

[1] Skoog D A, Leary J J. Principle of instrumental analysis [M]. Fourth Edition. London: Saunders College Publishing, 1992.

[2] 汪昆华，罗传秋，周啸，等. 聚合物近代仪器分析 [M]. 2 版. 北京：清华大学出版社，2001.

[3] 薛奇. 高分子结构研究中的光谱法 [M]. 北京：高等教育出版社，1995：198-295.

[4] 赵天增. 核磁共振碳谱 [M]. 郑州：河南科学技术出版社，1993.

[5] 恩斯特 R R，博登豪斯 G，沃考恩 A. 一维和二维核磁共振原理 [M]. 北京：科学出版社，1997.
[6] Bovey F A. Nuclear magnetic spectroscopy [M]. San Diego：Academic，1988.
[7] Ensy R R，Bodenhausen G，Wokaun A. Principles of nuclear magnetic resonance in one and two dimensions [M]. London：Clarendon Press，1987.
[8] Wuthrich K. NMR of proteins and nucleic acids [M]. New York：Wiley Interscience，1986.
[9] 丁克洋. 二维 NMR 技术在有机结构分析中的应用 [J]. 广州化学，1999 (3)：37－41.

思考题

1. 产生核磁共振的必要条件是什么？如何检测共振？
2. 比较 ^{1}H-NMR 和 ^{13}C-NMR 核磁共振波谱图的特点及其提供的信息。
3. 决定核的屏蔽的因素有哪些？它们是如何影响化学位移的？
4. 了解自旋耦合和邻核的相互作用。^{13}C-NMR 中的质子去偶技术有哪些？
5. 用 60 MHz 的 ^{1}H-NMR 核磁共振仪测定样品时，某共振峰的位置距 TMS 峰为 315 Hz，计算其化学位移值。
6. 用高分辨的 ^{1}H-NMR 核磁共振仪测定聚异丁烯样品，只有两个峰，化学位移分别为 1.46 和 1.08，请判别该聚合物中是否有头－头结构，为什么？

第 4 章 质谱分析法

质谱分析法（Mass Spectrometry，MS）是在高真空系统中测定样品的分子离子及碎片离子质量，以确定样品相对分子质量及分子结构的方法。化合物分子受到电子流冲击后，形成的带正电荷分子离子及碎片离子，按照其质量 m 和电荷 z 的比值 m/z（质荷比）大小依次排列而被记录下来的图谱，称为质谱。

1912 年，世界第一台质谱装置诞生。从 20 世纪 60 年代开始，质谱就广泛应用于有机化合物分子结构的测定。随着科学技术的发展，质谱仪已实现了与不同分离仪器的联用。例如，裂解气相色谱与质谱联用、液相色谱与质谱联用已成为用途很广的有机化合物分离、结构测定及定性定量分析的方法。另外，质谱仪和电子计算机的结合使用，不仅简化了质谱仪的操作，而且提高了质谱仪的效能。特别是近年来从各种类型有机分子结构的研究中，找出了一些分子结构与质谱的规律，使质谱成为剖析有机物结构强有力的工具之一。在鉴定有机物的四大重要手段（NMR、MS、IR、UV）中，也是唯一可以确定分子式的方法。

目前质谱技术已发展成为三个分支，即同位素质谱、无机质谱和有机质谱。在聚合物研究中，主要是用有机质谱。质谱除了可用来确定元素组成和分子式外，还可以依照谱图中所提供的碎片离子的信息，进一步判断分子的结构式。质谱分析的特点是应用范围广、灵敏度高、分析速度快。虽然质谱对于无论何种形式的样品都能分析，但进入质谱仪后，必须使样品成为蒸汽。因此聚合物样品直接进行质谱分析，不可能得到分子量的信息，只能获得其结构单元特征的信息。此外，质谱还可以提供高分子材料中含有的少量的低聚体及助剂的信息，这对聚合物的研究也是很有意义的。本章主要介绍与聚合物的热解分析相关的有机质谱和裂解气相色谱-质谱的联用技术。

4.1 高分子的热解分析

4.1.1 聚合物热解分析的特点

聚合物热解分析的基本原理是在隔氧情况下，使聚合物发生热解，生成低分子产物，然后再用一定方法对低分子产物（气体或冷凝液）进行测定。由于在一定的热解条件下，高分子链的断裂是遵循一定规律的，只要热解条件选择合适，得到的低分子产物就具有一定的特征性。例如，有机玻璃裂解可得到大量的甲基丙烯酸甲酯；而聚氯乙烯热解得到的却是大量的苯。通过分析低分子产物可鉴别和确定聚合物的组成与结构。

由于高分子材料的组成与结构都比较复杂，又是多分散性的，特别是有些高分子材料不熔融，又不溶解，应用近代仪器方法对高分子材料进行研究时，制样有困难，而采用热解方法就可以使一些只能用于低分子有机化合物的方法，也可用来研究高分子材料。

聚合物的热解分析是在比较缓和的条件下进行，聚合物逐渐分解，此过程一般称为降解；若是瞬时达到高温，聚合物主链断裂成小分子，则称为热裂解。

4.1.2 聚合物的热解反应

聚合物的热裂解过程大致如图 4-1 所示。这些反应中，有的为分子内反应，有的为分子之间的反应。在热解分析中要抑制分子之间的反应，使聚合物分子一次断裂生成具有特征结构的分子。

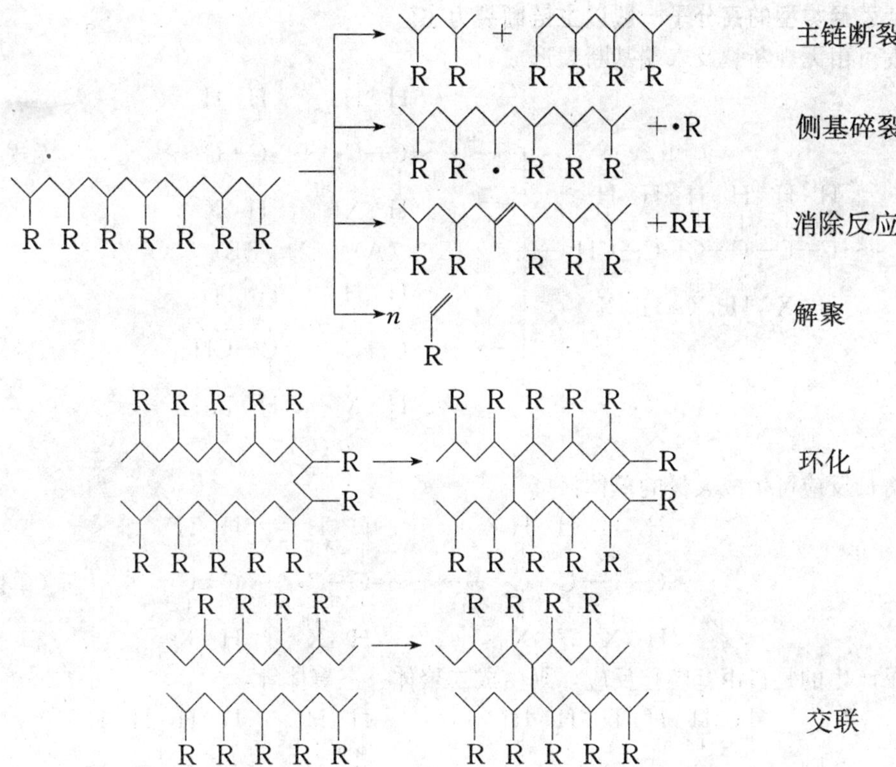

图 4-1　聚合物的热裂解形式

一般裂解分析采用 400℃～900℃瞬间裂解，裂解反应大致分以下三步进行。

(1) **引发反应**

引发反应形成高分子自由基。

$$M_n \begin{cases} \longrightarrow M_i\cdot + \cdot M_{n-i} & \text{无规引发} \\ \longrightarrow M_n\cdot & \text{末端引发} \end{cases} \tag{4-1}$$

(2) **降解逆增长或自由基转移**

前者可形成链式反应，产生大量的单体；后者会产生一定数量的二聚体和多聚体。

$$M_i\cdot \begin{cases} \longrightarrow M_i\cdot + \cdot M_{n-i} & \text{（单体）} \\ \longrightarrow M_{i-2}\cdot + M_2 & \text{（二聚体）} \\ \longrightarrow M_n\cdot & \text{（多聚体）} \end{cases} \tag{4-2}$$

(3) **链终止反应停止**

上述反应可很快发生再聚合反应或歧化反应使反应终止。

$$M_i\cdot + M_k\cdot \longrightarrow M_{i+k} \tag{4-3}$$

$$M_i\cdot + M_i\cdot \longrightarrow M_{2i-1} + M \tag{4-4}$$

也可由于体系存在微量的不纯物使反应终止，如 O_2、H_2O、CH_4、H_2 等都可终止反应。

4.1.3 典型高聚物的裂解方式

聚合物的裂解大致可分成以主链断裂为主、由侧链断裂引起的主链断裂和主链含有杂原子的其他类型的高分子链断裂等类型。几种典型的聚合物链的热解方式如下：

(1) **乙烯类型的高分子一般以主链断裂为主**

引发可由无规断裂及末端基断裂形成：

$$\begin{array}{ccccccccccccc} & H & & H & & H & & H & & H & & H & \\ \sim\sim & C & - & C & - & C & - & C & - & C & - & CH & \\ & H & & X & & H & & X & & H & & X & \end{array} \longrightarrow \begin{cases} \begin{array}{cccccccccc} & H & & H & & & H & & H & \\ \sim\sim & C & - & C\cdot & + & \cdot C & - & C & \sim\sim & \text{无规} \\ & H & & X & & & H & & X & \\ & & (A) & & & & (B) & & & \end{array} \\ \begin{array}{ccccccccc} & H & & H & & H & & H & \\ \sim\sim & C & - & C\cdot & + & C & - & CH & \quad\text{端基} \\ & H & & X & & H & & X & \\ & & & & (C) & & & & \end{array} \end{cases}$$

逆增长反应可生成大量的单体：

$$\begin{array}{cccccccc} & H & & H & & H & & H \\ \sim\sim & C & - & C & - & C & - & C\cdot \\ & H & & X & & H & & X \end{array} \longrightarrow \begin{array}{cccccccc} & H & & H & & H & & H \\ \sim\sim & C & - & C\cdot & + & C & = & C \\ & H & & X & & H & & X \end{array} \quad (\text{单体})$$

如果产生的是自由基转移反应，则生成二聚体、三聚体等：

$$\begin{array}{cccccccccccc} & H & & H & & H & & H & & H & & H \\ \sim\sim & C & - & C & - & C & - & C & - & C & - & C\cdot \\ & H & & X & & H & & X & & H & & X \end{array} \longrightarrow \begin{array}{cccccccccccc} & H & & H & & H & & H & & H & & H \\ \sim\sim & C & - & C\cdot & + & C & = & C & - & C & - & C \\ & H & & X & & H & & X & & H & & X \end{array}$$

反应终止可通过再聚合：

$$\begin{array}{cccccccccc} & H & & H & & & H & & H & \\ \sim\sim & C & - & C\cdot & + & \cdot C & - & C & \sim\sim \\ & H & & X & & & H & & X & \end{array} \longrightarrow \begin{array}{ccccccccc} & H & & H & & H & & H & \\ \sim\sim & C & - & C & - & C & - & C & \sim\sim \\ & H & & X & & H & & X & \end{array}$$

或歧化反应：

$$\begin{array}{cccccccccc} & H & & H & & H & & H & \\ \sim\sim & C & - & C\cdot & + & C & - & C & \sim\sim \\ & H & & X & & H & & X & \end{array} \longrightarrow \begin{array}{cccccccccc} & H & & H & & H & & & \\ \sim\sim & C & - & CH & + & C & = & C & \sim\sim \\ & H & & X & & H & & X & \end{array}$$

以及与其他不纯物 Y（如 O_2、H_2O、CH_4、H_2 等）结合而完成：

$$\begin{array}{cccc} & H & & H \\ \sim\sim & C & - & C\cdot \\ & H & & X \end{array} + Y \longrightarrow \begin{array}{cccccc} & H & & H & & \\ \sim\sim & C & - & C & - & Y \\ & H & & X & & \end{array}$$

在这种裂解形式的聚合物中，若反应是由末端基断裂形成自由基，按链锁反应机理形成“链式”开裂，则逆增长反应迅速，最后得到的主要是单体。

如果反应是在主链任意处断裂，形成高分子自由基，这样得到的裂解产物中，单体的产率很低，主要是大量的低聚体。

链的断裂也可能是介于上述两者之间的，一些大分子量的高聚物多半为这种情况。由于它们的末端基数量相对较少，在引发时，可能在主链任意处断裂，一部分自由基发生逆增长，形成单体；另一部分自由基可能从聚合物分子中夺取一个氢原子而终止反应。这种断裂使聚合度下降，得到的裂解产物中单体和二聚体、多聚体都比较多。

(2) 由侧链引起主链高分子的断裂

典型的例子是聚氯乙烯。首先经下述反应脱 HCl：

$$\sim\sim CH(Cl)-CH_2-CH(Cl)-CH_2\sim\sim \longrightarrow \sim\sim CH(Cl)-CH_2-CH_2-CH_2 + \cdot Cl \longrightarrow$$

$$\sim\sim CH(Cl)-CH=CH-CH_2\sim\sim + HCl$$

在主链上具有双键结构，能进一步脱 HCl 形成聚烯烃：

$$\sim\sim CH_2-CH(Cl)-CH=CH-CH= \longrightarrow \sim\sim CH=CH-CH=CH-CH_2\sim\sim + HCl$$

如果反应是在 250℃～350℃进行，几乎能定量地生成聚烯烃。但在裂解色谱中，聚氯乙烯突然升温到 500℃左右，因此形成的聚烯烃结构很快引起主链切断，并发生自由基转移：

$$\sim\sim CH_2-CH=CH-CH=CH-CH=CH-CH=CH-CH_2\sim\sim$$

$$\longrightarrow \sim\sim CH_2-CH=CH-CH=CH-CH=CH\cdot + \cdot CH=CH-CH_2\sim\sim$$

$$\longrightarrow \sim\sim CH_2-CH=CH-CH=CH-CH=CH\cdot + \cdot CH=CH-CH_2\sim\sim$$

$$\longrightarrow \sim\sim CH_2\cdot + C_6H_6\,(\text{苯环}) + \cdot CH=CH-CH_2\sim\sim$$

当然自由基转移方式不同，有可能形成 $\sim\sim CH=CH\sim\sim$ 、$H_2C=CH-C\equiv CH$ 等碎片，但在 500℃下可以生成苯。

(3) 丙烯腈类高分子的断裂

在 200℃左右，这类高聚物会发生分子内环化反应，随加热时间延长，颜色逐渐变黄。但如果在 500℃～600℃高温，则瞬间裂解，主链被切断，除单体外还能生成相当多的二聚体和三聚体：

$$\sim CH_2-CH(C\equiv N)-CH_2-CH(C\equiv N)-CH_2-CH(C\equiv N)\sim \longrightarrow \text{环化结构（}-C=N-\text{ 相连的稠环）}$$

如果丙烯腈叔碳上的氢被甲基所取代，成为聚甲基丙烯腈，就很难发生分子内的环化反应，而容易解聚生成大量单体。

(4) **主链具有不饱和键的高分子断裂**

例如聚丁二烯，由于主链存在不饱和键，在双键旁边的β位和α位易被切断：

$$\sim\sim CH_2-CH=CH \overset{\alpha}{\vdots} CH_2 \overset{\beta}{\vdots} CH_2-CH=CH-CH_2\sim\sim$$

$$\xrightarrow{\alpha\text{断裂}} \sim\sim CH_2-CH=C\cdot + \cdot CH-CH_2-CH=CH-CH_2\sim\sim$$

$$\xrightarrow{\beta\text{断裂}} \sim\sim CH_2-CH=CH-CH_2\cdot + \cdot CH_2-CH=CH-CH_2\sim\sim$$

β断裂主要是逆增长反应，形成1，3-丁二烯单体，α断裂后容易形成自由基的转移，生成二聚体乙烯基环己烯。因此，聚丁二烯在500℃时裂解，得到的主要是单体和二聚体。

(5) **主链上具有杂原子的高分子断裂**

由于在一般情况下，杂原子和C的结合要比C-C键弱，因此这些弱的键很容易断裂，下面所列举的聚合物均易在α位和β位处断裂：

聚酰胺 $\sim\sim C(=O) \underset{\alpha}{\vdots} N(H) \underset{\beta}{\vdots} CH_2\sim\sim$

聚酯 $\sim\sim CH_2-C(=O) \underset{\alpha}{\vdots} O \underset{\beta}{\vdots} CH_2\sim\sim$

聚醚 $\sim\sim CH_2 \underset{\beta}{\vdots} O \underset{\alpha}{\vdots} C(=O) \underset{\alpha}{\vdots} O \underset{\beta}{\vdots} CH_2\sim\sim$

$$\sim\sim C(=O) \text{—}(\underset{\beta}{\vdots} O \vdots -C_6H_4-C(CH_3)_2-C_6H_4- \underset{\beta}{\vdots} O \underset{\alpha}{\vdots} C(=O))_n$$

双酚A型聚碳酸酯在550℃裂解生成的低分子碎片主要是苯酚、对甲苯酚、对乙苯酚、对正丙酚、对异丙酚。

4.2 有机质谱的基本原理和仪器

4.2.1 有机质谱仪的组成

有机质谱仪各部分的组成如图4-2所示。有机质谱仪包括进样系统、离子源、质量分析器、检测器和真空系统。由于计算机的发展，近代质谱仪一般还带有一个数据处理系统，用作有机质谱数据的收集、谱图的简化和处理。

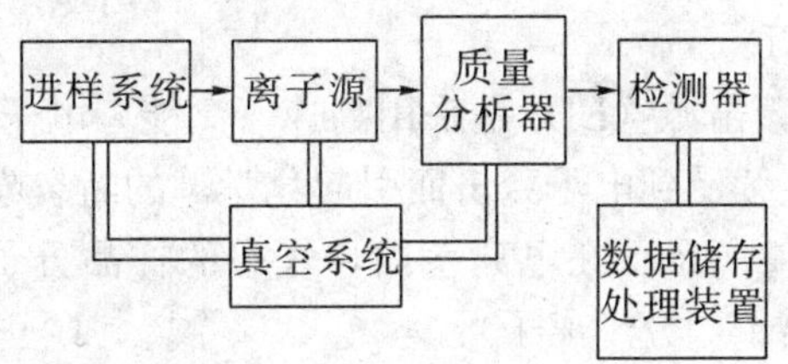

图 4-2　有机质谱仪示意图

现以扇形磁场单聚焦质谱仪为例，将质谱仪器各主要部分的作用原理讨论如下。图 4-3为单聚焦质谱仪的示意图。

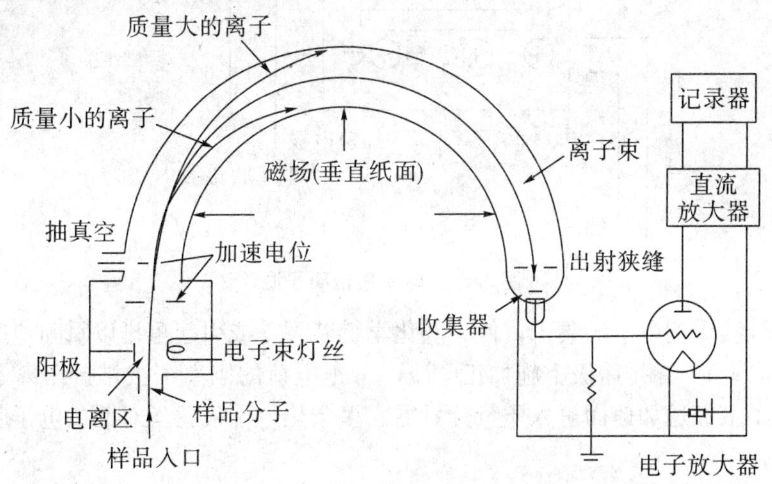

图 4-3　单聚焦质谱仪的示意图

(1) **进样系统**

主要作用是把处于大气环境中的样品送入高真空状态的质谱仪中，并加热使样品成为蒸汽分子。对进样系统的要求是重复性好、不引起真空度降低，间接进样适于气体、沸点低且易挥发的液体、中等蒸汽压固体。直接探针进样是对高沸点液体及固体样品。探针杆通常是一根末端有一个装样品的黄金杯（坩埚），将探针杆通过真空闭锁系统引入样品。其优点是引入样品量小，样品蒸汽压可以很低，可以分析复杂的有机物。另外，联用分析技术中采用色谱流出端进样，利用气相和液相色谱的分离能力，进行多组分复杂混合物分析，已得到广泛应用。

(2) **离子源**

将引入的样品转化成为碎片离子的装置。根据样品离子化方式和电离源能量高低，通常可将电离源分为气相源和解吸源。气相源是先蒸发再激发，适于沸点低于 500℃、对热稳定的样品的离子化，包括电子轰击源、化学电离源、场电离源、火花源。解吸源是固态或液态样品不需要挥发而直接被转化为气相，适用于分子量高达 10^5 的非挥发性或热不稳定性样品的离子化，包括场解吸源、快速离子轰击源、激光解吸源、离子喷雾源和热喷雾离子源等。

离子化能量高，伴有化学键的断裂，谱图复杂，可得到分子官能团的信息又称为硬源；离子化能量低，产生的碎片少，谱图简单，可得到分子量信息称为软源。因此，可根据分子电离所需能量不同选择不同电离源。

常用的离子源有两种：一种是电子轰击源（Electron Impact，EI）；另一种是化学电离源（Chemical Ionization，CI）。

$M+e^-=M^{+\cdot}+2e$ 电子轰击源（EI）是采用高速（高能）电子束冲击样品，从而产生电子和分子离子，分子离子继续受到电子轰击而引起化学键的断裂或分子重排，瞬间产生多种离子，其构造原理如图 4－4 所示。在电离室内，气态的样品分子受到高速电子的轰击后，该分子就失去电子成为正离子（分子离子）：

$$M+e^-=M^{+\cdot}+2e \tag{4-5}$$

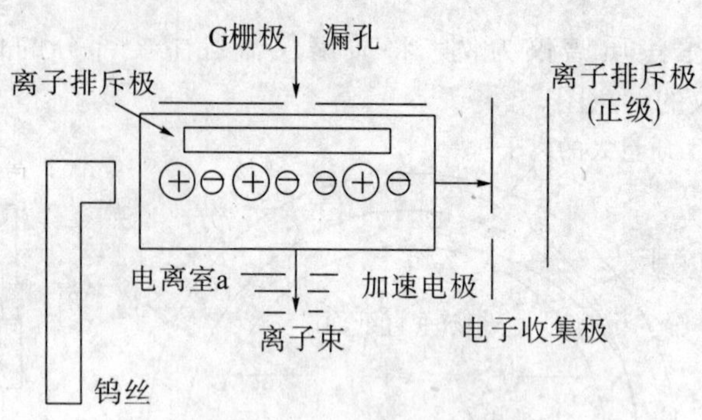

图 4－4　电子轰击离子源

分子离子继续受到电子的轰击，使一些化学键断裂，或引起重排以瞬间速度裂解成多种碎片离子（正离子）。在排斥极上施加正电压，带正电荷的阳离子被排挤出离子化室，而形成离子束，离子束经过加速而进入质量分析器。多余热电子被钨丝对面的电子收集极（电子接收屏）捕集。

电子轰击源（EI）使用最广泛、谱库最完整、电离效率高、结构简单和操作方便，但分子离子峰强度较弱或不出现（因电离能量最高）。对于一些稳定性较差的分子，为了获得分子离子，通常可采用另一种离子源，即化学电离源（CI）。

化学电离源（CI）是通入 60 Pa～280 Pa 的反应气，如以甲烷作为反应气为例，说明化学电离的过程。

在电子轰击下，甲烷首先被电离，所生成的离子和样品分子碰撞产生分子离子：

$$CH_4 \longrightarrow CH_4^+ + CH_3^+ + CH_2^+ + CH^+ + C^+ + H^+$$

甲烷离子与分子进行反应，生成加合离子：

$$CH_4^+ + CH_4 \longrightarrow CH_5^+ + CH_3$$

$$CH_3^+ + CH_4 \longrightarrow C_2H_5^+ + H_2$$

加合离子与样品分子反应：

$$CH_5^+ + XH \longrightarrow XH_2^+ + CH_4$$

$$C_2H_5^+ + XH \longrightarrow X^+ + C_2H_6$$

生成的 XH_2^+ 和 X^+ 比样品分子多一个 H 或少一个 H，可表示为 $(M\pm1)^+$，称为准分子离子。事实上，以甲烷作为反应气，除 $(M\pm1)^+$ 之外，还可能出现 $(M+17)^+$，$(M+29)^+$ 等离子，同时还会出现大量的碎片离子。化学电离源是一种软电离方式，有些用 EI 方式得不到分子离子的样品，改用 CI 后可以得到准分子离子，因而可以推断相对分子质量。但是由于 CI 得到的质谱不是标准质谱，所以不能进行库检索。

除上述两种常用的离子源外，为了获得分子离子，还可采用场致电离源（FI），其特点是阳极为尖锐的刀片或细丝，阳极和阴极之间的距离通常小于 1 mm。当在两极上加稳定的直流高电压时，在阳极尖端附近可产生 10^7 V/cm 的场强，直接把附近样品分子中的电子拉出形成正离子。在这种离子源中所形成的主要也是分子离子，碎片离子很少。另有一种与 FI 源相似的场解吸电离源（FD）。在使用 FD 源时，样品配成溶液，然后滴在 FD 发射极的发射丝上（一般是经过活化的钨丝），待溶剂挥发后，样品吸附在发射丝上，通电后样品解吸，并扩散到高场强的场发射区被离子化。它的谱图更加简单，分子离子峰比 FI 还强。

在比较先进的有机质谱中，通常是把 EI 源和 CI 源联用，或者是 EI-FD、EI-FI 联用，这样既可获取分子离子的信息，又可通过碎片离子进一步了解分子结构。

（3）**质量分析器**

质量分析器的主要功能是把不同 m/z 的离子分开，因此是质谱分析仪的心脏部分。质量分析器的种类很多，有磁分析器、飞行时间、四极杆、离子捕获、离子回旋等。质量分析器是由非磁性材料制成的，下面介绍两种最简单的质量分析器的工作原理。

①单聚焦质量分析器。

单聚焦质量分析器所使用的磁场是扇形磁场，扇形开度角可以是 180°，也可以是 90°，当被加速的离子流进入质量分析器入口 S_1 后，在磁场作用下，各种阳离子被偏转。质量小的偏转大，质量大的偏转小，因此互相分开。当连续改变磁场强度或加速电压 U，各种阳离子将按 m/z 大小顺序依次到达离子检测器 S_2（收集极），产生的电流经放大，由记录装置记录成质谱图，其工作原理如图 4-5 所示。在实际使用中，为了消除离子能量分散对分辨率的影响，一般使用双聚焦质量分析器。

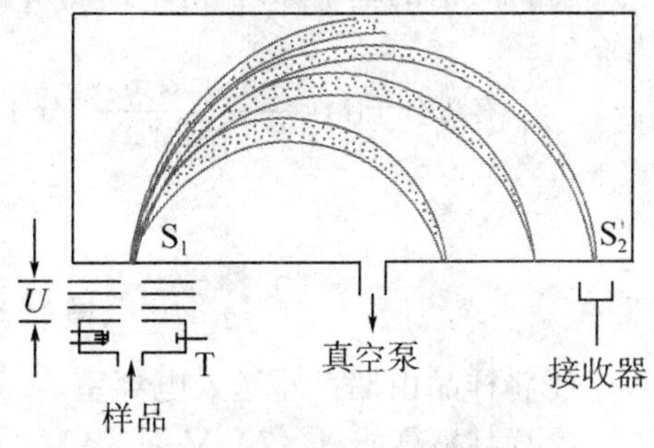

图 4-5 单聚集质量分析器原理图

②四极滤质器。

这种分析器由四根截面呈双曲面的平行电极组成的，如图 4-6 所示，对角线的两根电极为一组，共有两组电极。在这两组电极上分别加大小相等、方向相反的射频电压 $U_0\cos\omega$ 和直流电压 U，在四极杆之间就形成一个电场，当从离子源出来的具有一定速度的离子进入四极电场后，受到电场力的作用发生振荡。当四极电场一定时，只有一种 m/z 的离子能获得稳定的振荡，通过四极电场达到检测器，而其他 m/z 由于不稳定振荡而不能通过四极滤质器。如果固定 U_0/U，改变 U_0 值（这时 U 也随之变化）就可实现对不同 m/z 的离子进行扫描。这种分析器的优点是扫描速度快、体积小、操作容易、分辨率比磁分析器略低；m/z 范围与磁分析器相当，适合于色-质联用。

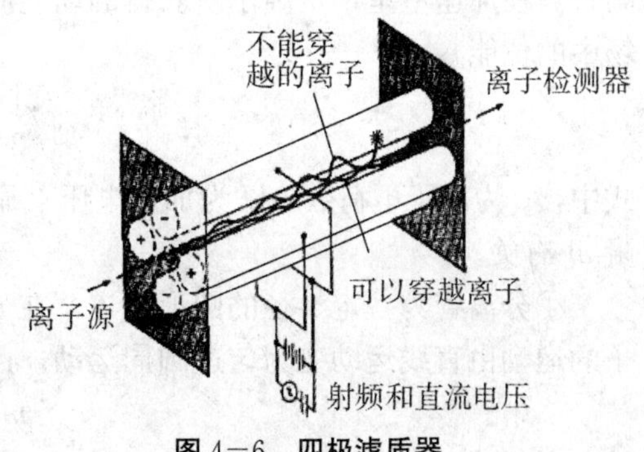

图 4-6 四极滤质器

（4）**检测器**

检测器是把接收的阳离子转化成电信号，经过放大后输入数据处理装置。常以电子倍增器检测离子流。电子倍增器种类很多，其工作原理如图 4-7 所示。一定能量的离子轰击阴极导致电子发射，电子在电场的作用下，依次轰击下一级电极而被放大，电子倍增器的放大倍数一般在 $10^5 \sim 10^8$。电子倍增器中电子通过的时间很短，利用电子倍增器可以实现高灵敏、快速测定。但电子倍增器存在质量歧视效应，且随使用时间增加，增益会逐步减小。

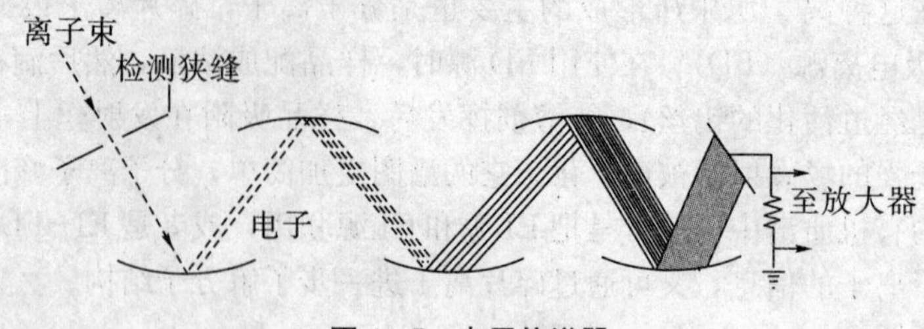

图 4-7 电子倍增器

4.2.2 有机质谱的基本原理

有机质谱的基本原理如图 4-8 所示。

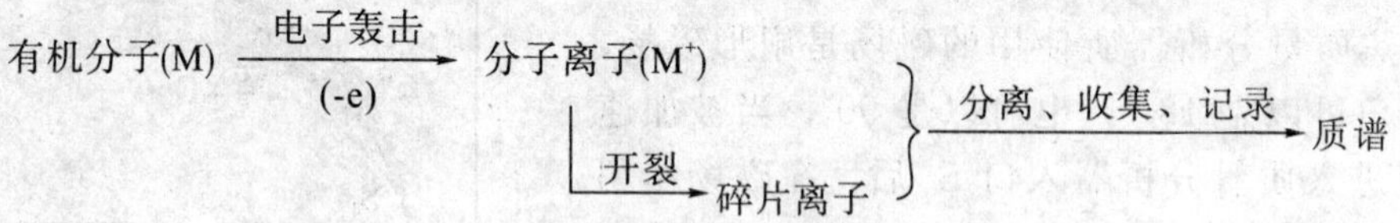

有机分子(M) —电子轰击 (-e)→ 分子离子(M^+)

分子离子(M^+) —开裂→ 碎片离子

分子离子、碎片离子 —分离、收集、记录→ 质谱

图 4-8 有机质谱的基本原理

①将样品由储存器送入电离室。

②样品被高能量（70 eV～100 eV）的电子流冲击。通常，先被打掉一个电子形成分子离子(母离子)，若干分子离子在电子流的冲击下，可进一步裂解成较小的子离子及中性碎片，其中正离子被安装在电离室的正电压装置排斥进入加速室（只要正离子的寿命在 10^{-5} s～10^{-6} s)。

③加速室中有 2000 V 的高压电场，正离子在高压电场的作用下得到加速，然后进入分离管。在加速室里，正离子所获得的动能应该等于加速电压和离子电荷的乘积（即电荷在电场中的位能)。

$$\frac{1}{2}mv^2 = zU \tag{4-6}$$

式中，z 为离子电荷数，U 为加速电压。显然，在一定的加速电压下，离子的运动速度与质量 m 有关。

④分离管为一定半径的圆形管道，在分离管的四周存在均匀磁场。在磁场的作用下，离子的运动由直线运动变为匀速圆周运动。此时，圆周上任何一点的向心力和离心力相等。故

$$\frac{mv^2}{R} = Hzv \tag{4-7}$$

式中，R 为圆周半径，H 为磁场强度。合并式（4-6）及式（4-7)，消去 v，可得

$$\frac{m}{z} = \frac{H^2R^2}{2U} \tag{4-8}$$

式（4-8）称为磁分析器质谱方程，是设计质谱仪的主要依据。式中 R 为一定值（因仪器条件限制)，如再固定加速电压 U，则 m/z 仅与外加磁场强度 H 有关。实际工作中通过调节磁场强度 H，使其由小到大逐渐变化，则 m/z 不同的正离子也依次由小到大通过分离管进入离子检测器，产生的信号经放大后，被记录下来得到质谱图。

4.2.3 双聚焦质谱仪

实际上，由离子源产生的离子，其初始能量并不为零，而且其能量各不相同，经加速后的离子其能量也就不同。因此，即使是质量相同的离子，由于能量（或速度）的不同，在磁场中的运动半径也不同，因而不能完全汇聚在一起，这就大大降低了仪器的分辨率，使相邻两种质量的离子 m_1 和 m_2 很难分离，如图 4-9 所示。为了消除离子能量分散对分辨率的影响，通常在扇形磁场前附加一个扇形电场，扇形电场是同心圆筒的一部分，进入电场的离子受到一个静电力的作用，改为圆周运动，离子所受电场力与离子运动的离心力平衡，即

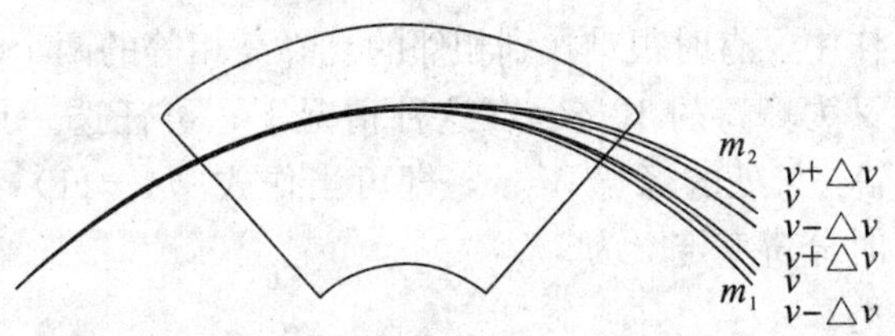

图 4-9　离子能量分散对分辨率的影响

$$Ez=\frac{mv^2}{R_e} \tag{4-9}$$

式中，E 为扇形电场强度，m 为离子质量，z 为离子电荷，v 为离子速度，R_e 为离子在电场中的轨道半径。

将式（4-6）与（4-9）合并得

$$R_e=\frac{2U}{E}=\frac{mv^2}{Ez} \tag{4-10}$$

如果电场强度 E 一定，对质量相同的离子，离子轨道半径仅取决于离子的速度或能量，而与离子质量无关，所以扇形电场是一个能量分析器，不起质量分离的作用；对于质量相同的离子，它是一个速度分离器。这样，质量相同而能量不同的离子，经过静电场后将被分开，即静电场具有能量色散作用。如果设法使静电场和磁场对能量产生色散作用相补偿，则可实现方向和能量的同时聚焦，如图 4-10 所示。

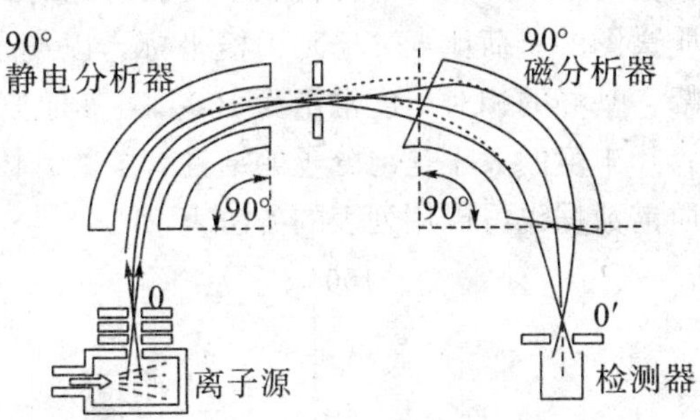

图 4-10　双聚焦质谱原理图

磁场对离子的作用也具有可逆性。由某一方向进入磁场的质量相同而能量不同的离子，经磁场后会按一定的能量顺序分开；反之，从相反方向进入磁场的以一定能量顺序排列的质量相同的离子，经磁场后可以汇聚在一起。因此，把电场和磁场配合使用，使电场产生的能量色散与磁场产生的能量色散数值相等而方向相反，就可实现能量聚焦，再加上磁场本身具有的方向聚焦作用，这样就实现了能量和方向的双聚焦。这种静电分析器和磁分析器配合使用，同时实现方向和能量聚焦的分析器，称为双聚焦分析器。

4.2.4 质谱仪主要性能指标

（1）分辨率

分辨率是指仪器对质量非常接近的两种离子的分辨能力。一般定义是对两个相等强度的相邻峰，当两峰间的峰谷不大于其峰高 10%时，则认为两峰已经分开，其分辨率为

$$R=\frac{m_1}{m_2-m_1}=\frac{m_1}{\Delta m} \tag{4-11}$$

式中，m_1、m_2 为质量数，且 $m_1 < m_2$，故在两峰质量数越小时，要求仪器分辨率越大，如图 4－11 所示。而在实际工作中，有时很难找到相邻的且峰高相等的两个峰，同时峰谷又为峰高的 10%。在这种情况下，可任选一单峰，测其峰高 5%处的峰宽 $W_{0.05}$，即可当作式（4－11）中的 Δm，此时分辨率定义为

$$R=\frac{m}{W_{0.05}} \tag{4-12}$$

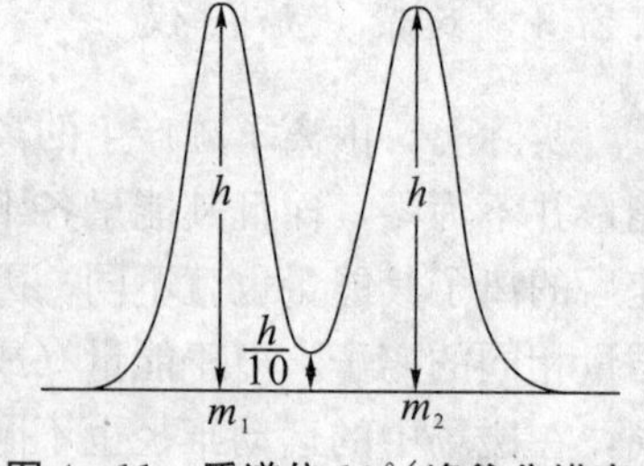

图 4－11 质谱仪 10%峰谷分辨率

（2）**质量范围**

质量范围是指质谱仪能测量的最大 m/z 值，它决定仪器所能测量的最大相对分子量。自质谱进入大分子研究的分析领域以来，质量范围已成为被关注和感兴趣的焦点。各种质谱仪具有的质量范围各不相同。目前质量范围最大的质谱仪是基质辅助激光解吸电离飞行时间质谱仪，该种仪器测定的分子质量可高达 1000000 D 以上。

测定气体用的质谱仪，一般质量测定范围在 2 D～100 D，而有机质谱仪一般可达几千 D。

4.2.5 有机质谱图的表示

在一般的有机质谱中，为了能更清楚地表示不同 m/z 离子的强度，不用质谱峰而用线谱来表示，这称为质谱棒峰（通常称为质谱图）。图 4－12 是丙酮的质谱，图中的竖线称为质谱峰，不同的质谱峰代表不同质荷比的离子，峰的高低表示产生该峰的离子数量的多少。质谱图的质荷比（m/z）为横坐标，以离子峰的相对丰度为纵坐标。图中最高的峰称为基峰。基峰的相对丰度常定为 100%，其他离子峰的强度按基峰的百分比表示。谱图中各离子碎片丰度的大小是与分子的结构有关的，因此可提供有关分子结构类型的信息。在文献中，质谱数据也可以用列表的方法表示。

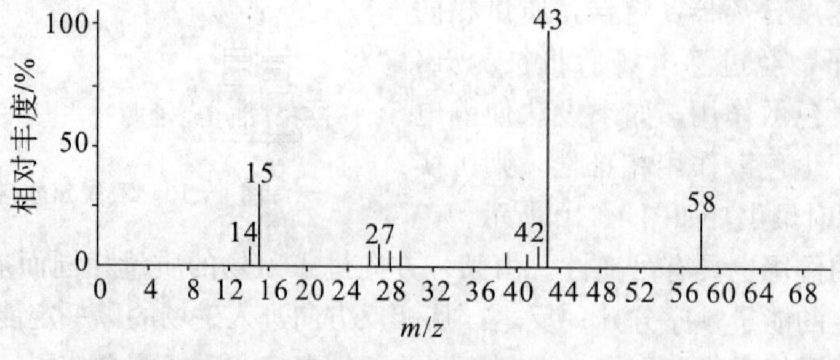

图 4－12 丙酮的质谱图

4.3 有机质谱中的离子及碎裂

4.3.1 质谱中的离子

在有机质谱中出现的离子有分子离子、碎片离子、同位素离子、亚稳离子、重排离子和多电荷离子等。

（1）**分子离子**

样品分子在高能电子轰击下，丢失一个电子形成的离子叫分子离子，所产生的峰称为分

子离子峰或母峰，一般用符号 $M^{+\cdot}$ 表示，其中“+”代表正离子，“·”代表不成对电子。如

$$M+e^{-}=M^{+\cdot}+2e \tag{4-13}$$

分子离子峰的 m/z 就是该分子的分子量。

形成分子离子时，电子失去的难易程度是不同的，有机化合物中原子的价电子一般可以形成 σ 键、π 键，还可以是未成键电子 n（即孤对电子），这些类型的电子在电子流的撞击下失去的难易程度是不同的。一般来说，含有杂原子的有机分子，其杂原子的未成键电子最易失去；其次是 π 键；再次是碳－碳相连的 σ 键；最后是碳－氢相连的 σ 键。即失去电子的难易顺序为

杂原子 ＞ C=C ＞ C—C ＞ C—H

易 ⟶ 难

分子离子峰的强度随化合物结构不同而变化，因此可以用于推测被测化合物的类型。凡是能使分子离子具有稳定结构的化合物，其分子离子峰就强，例如芳烃或具有共轭体系的化合物、环状化合物的分子离子峰就强；反之，若分子的化学稳定性差，则分子离子峰就弱，如化合物分子中含有－OH、$-NH_2$ 等杂原子基团或带有侧链，都能使分子离子峰减弱，甚至有些化合物的分子离子峰在谱图上不能被显示。碳链越长，分子离子峰越弱；存在支链有利于分子离子裂解，故分子离子峰很弱；饱和醇类及胺类化合物的分子离子峰弱；有共振系统的分子离子稳定，分子离子峰强；环状分子一般有较强的分子离子峰。

综合上述规律，有机化合物在质谱中的分子离子的稳定性（即分子离子峰的强度）顺序如下：

芳香环＞共轭烯烃＞烯烃＞环状化合物＞羰基化合物＞醚＞酯＞胺＞酸＞醇＞高度分支的烃类。

在分子离子峰的识别中，要注意 m/z 值的奇偶规律，只有 C、H、O 组成的有机化合物，其分子离子峰的 m/z 才一定是偶数。在含氮的有机化合物（N 的化合价为奇数）中，N 原子个数为奇数时，其分子离子峰 m/z 一定是奇数；N 原子个数为偶数时，其分子离子峰 m/z 一定是偶数。同位素峰对确定分子离子峰的贡献，利用某些元素的同位素峰的特点，来确定含有这些原子的分子离子峰。注意该峰与其他碎片离子峰之间的质量差是否有意义。通常在分子离子峰的左侧 3～14 个质量单位处，不应有其他碎片离子峰出现。如有其他峰（出现），则该峰不是分子离子峰。因为不可能从分子离子上失去相当于 3～14 个质量单位的结构碎片。

（2）**碎片离子**

碎片离子是由于分子离子进一步裂解产生的。生成的碎片离子可能再次裂解，生成质量更小的碎片离子，另外在裂解的同时也可能发生重排，所以在化合物的质谱中，常看到许多碎片离子峰。由于分子离子碎裂过程是遵循一般的化学反应原理，所以碎片离子的形成与分子结构有着密切的关系，一般可根据反应中形成的几种主要碎片离子，推测原来化合物的结构。

（3）**亚稳离子**

质谱中的离子峰不论强弱，绝大多数都是尖锐的，但也存在少量较宽（一般要跨 2～5 个质量单位）、强度较低，且 m/z 不是整数值的离子峰，这类峰称为亚稳离子峰。

正常的裂解都是在电离室中进行的，在电离过程中，一个碎片离子 m_1^+ 能碎裂成一个新的离子 m_2^+ 和一个中性碎片。一般称 m_1^+ 为母离子，m_2^+ 为子离子。当质量为 m_1 的离子的寿命远小于 5×10^{-6} s 时，上述碎裂过程是在离子源中完成的，因此我们测到的是质量为 m_2 的离子，测不到质量为 m_1 的离子。如果质量为 m_1 的离子的寿命远大于 5×10^{-6} s 时，上述反应还未进行，离子已经到达检测器，测到的只是质量为 m_1 的离子。但如果质量 m_1 离子的寿命介于上述两种情况之间，在离子源出口处，被加速的是 m_1 质量的离子，而到达分析器时 m_1^+ 碎裂成 m_2^+。所以，在分析器中，离子是以 m_2 的质量被偏转，故它将不在 m_2 处被检出，而是出现在质荷比小于 m_2 的地方，这就是产生亚稳离子的原因。一般亚稳离子用 m^* 来表示。

m_1、m_2 和 m^* 之间存在下列关系：

$$m^* = \frac{m_2^2}{m_1} \tag{4-14}$$

亚稳离子只有在磁质谱中才能测定，亚稳离子峰对寻找母离子和子离子以及推测碎裂过程都是很有用的。

亚稳离子峰的出现，可以确定存在 $m_1^+ \longrightarrow m_2^+$ 的开裂过程。但应注意，并不是所有的开裂都会产生亚稳离子。所以，没有亚稳离子峰的出现并不能否定某种开裂过程的存在。

(4) **同位素离子**

组成有机化合物的大多数元素在自然界是以稳定的同位素混合物的形式存在的。通常，轻同位素的丰度最大，如果质量数用 M 表示，则其重同位素的质量大多数为 $M+1$、$M+2$ 等。常见元素相对其轻同位素的丰度见表 4−1，该表是以元素轻同位素的丰度为 100 作为基准的。

表 4−1 常见元素相对于轻同位素的丰度

元素	轻同位素	$M+1$	丰度	$M+2$	丰度
氢	^{1}H	^{2}H	0.016		
碳	^{12}C	^{13}C	1.08		
氮	^{14}N	^{15}N	0.38		
氧	^{16}O	^{17}O	0.04	^{18}O	0.20
氟	^{19}F				
硅	^{28}Si	^{29}Si	5.10	^{30}Si	3.35
磷	^{31}P				
氯	^{35}Cl			^{37}Cl	32.5
溴	^{79}Br			^{81}Br	98.0
碘	^{127}I				

这些同位素在质谱中所形成的离子，称为同位素离子，在质谱图中往往以同位素峰组的形式出现，分子离子峰由丰度最大的轻同位素组成。在质谱图中同位素峰组强度比与其同位素的相对丰度有关，可用下列二项式的展开项来表示：

$$(a+b)^n \tag{4-15}$$

式中，a 代表轻同位素的丰度；b 代表同一元素重同位素的丰度；n 指分子中该元素的原子个数。例如，$^{35}Cl:{}^{37}Cl\approx3:1$。若分子中含有一个氯，同位素峰组强度比 M：$(M+2)\approx$

3∶1；若含两个氯，则（4−15）式的展开项为 $a^2+2ab+b^2$，同位素峰组强度比 M∶（M+2）∶(M+4)≈9∶6∶1。

因此，在一般有机化合物分子鉴定时，可以通过同位素的统计分布来确定其元素组成，分子离子的同位素离子峰相对强度比总是符合统计规律的。如在 CH_3Cl、C_2H_5Cl 等分子中 $Cl_{M+2}/Cl_M=32.5\%$，而在含有一个溴原子的化合物中，$(M+2)^+$ 峰的相对强度几乎与 $M^{+\cdot}$ 峰的相等。同位素离子峰可用来确定分子离子峰。

（5）**重排离子**

重排离子是由原子迁移产生重排反应而形成的离子。重排反应中，发生变化的化学键至少有两个或更多。重排反应可导致原化合物碳链的改变，并产生原化合物中并不存在的结构单元离子。

例如，典型的"麦氏重排"对醛、酮、酸、酯这些化合物，因羰基的 γ-C 原子上含有的氢原子，经过六元环迁移，生成烯烃的碎片离子。

$$H-\gamma CH-\beta CH_2-\alpha CH_2-C(=\overset{+}{O})-R \xrightarrow{-CH_2=CHR} CH_2=C(\overset{+}{O}H)-R \qquad (4-16)$$

（6）**多电荷离子**

若分子非常稳定，可以被打掉两个或更多的电子形成 $m/2z$ 或 $m/3z$ 等质荷比的离子。当有这些出现时，说明化合物异常稳定。一般来说，芳香族和含有共轭体系的分子能形成稳定的多电荷离子。

4.3.2　裂解过程与偶电子规律

研究有机化合物的质谱时，可以观察到大多数离子的形成具有一定的规律性。这些规律与有机化学中某些化学反应的规律是相符合的。各种不同的开裂类型与分子的官能团及结构有密切的关系，因此，掌握各种化合物在质谱中裂解的经验规律，对谱图解析是很有价值的。

（1）**有机质谱的裂解反应机理**

①简单开裂。

裂解过程均伴有化学键的开裂，这种开裂主要有下述三种形式：

a. 均裂。σ 键先被电离，然后断裂，两个电子均裂开，每个碎片上保留一个电子：

$$R'-\underset{R''}{\overset{R}{C}}-\overset{+\cdot}{O}-H \longrightarrow R\cdot + \underset{R''}{\overset{R'}{C}}=\overset{+}{O}H \qquad (4-17)$$

式中，单箭头表示一个电子的转移。

b. 异裂。当一个 σ 键开裂时，两个电子转移到同一个碎片上：

$$R-\overset{+\cdot}{O}-R' \longrightarrow R^+ + \cdot OR' \qquad (4-18)$$

式中，双箭头表示两个电子的转移。

c. 半异裂。已经离子化的σ键再开裂，只有一个电子转移：

$$\mathrm{A-B^{+\cdot}} \longrightarrow \mathrm{A\cdot + B^{+}}$$
$$\mathrm{A-B^{+}} \longrightarrow \mathrm{A^{+} + B} \qquad (4-19)$$

简单开裂的裂解机理可分为三种，α开裂、β开裂、γ开裂是指开裂键的位置分别处于官能团的α碳、α碳和β碳以及β碳和γ碳之间。

例如，α开裂中R—X（X为F、Cl、Br、I、NR_2'、SR′、OR′等），发生

$$\mathrm{R{-}X^{+\cdot} \longrightarrow R^{+} + X^{\cdot}} \qquad (4-20)$$
$$\mathrm{R{-}X^{+\cdot} \longrightarrow R\cdot + X^{+}} \qquad (4-21)$$

式（4−20）和式（4−21）是两种反应，究竟主要发生哪一种反应，取决于生成的离子的相对稳定性。如醚，R^+稳定性好，在谱图上反映出R^+的峰比OR^+峰强。而在硫醇中则相反，$R'S^+$的峰比R^+峰强。

胺、醇、醚、硫醇、硫醚类化合物，主要是引发在$\alpha-\beta$碳间的σ键开裂，正电荷定域在杂原子上；正电荷诱导的碳−杂原子之间σ键的异裂，正电荷发生位移。

又如，酮类的开裂也属于这一类，在羰基两侧开裂：

$$\mathrm{-R'{\vdots}\overset{\overset{+\cdot}{O}\,\|}{C}{\vdots}R-} \longrightarrow \mathrm{{}^{+}O\equiv C-R + \cdot R'} \qquad (4-22)$$
$$\longrightarrow \mathrm{{}^{+}O\equiv C-R' + \cdot R} \qquad (4-23)$$

当然这种开裂也可能形成R^+和R'^+，但强度较弱。简单开裂是断掉一个键，脱离一个自由基。

例如，β开裂中当分子含有双键时，很少发生不饱和键和α碳之间的乙烯型键开裂，绝大多数是烯丙基型的键开裂：

$$\mathrm{R'-C=C-C-R \xrightarrow{-e} R'-\overset{+\cdot}{C}-C-C{\vdots}R \longrightarrow R'-\overset{+}{C}-C=C + \cdot R'} \qquad (4-24)$$

在键中含有杂原子时，也形成这种类型的开裂：

$$\mathrm{R-\overset{+}{X}-\underset{\alpha}{C}{\vdots}\underset{\beta}{C}-C \longrightarrow R-\overset{+}{X}=C\langle \;+\; \cdot C-C\cdots}$$
$$\downarrow$$
$$\mathrm{R-\ddot{X}-\overset{+}{C}\langle} \qquad (4-25)$$

式中，X为O、N、S等原子。

②重排反应。

同时涉及至少两个键的变化，在重排中既有键的断裂，也有键的生成。生成的某些离子的原子排列并不保持原来分子结构的关系，发生了原子或基团的重排。质量奇偶不变，失去中性分子。

常见的有麦克拉夫悌（Mclafferty）重排开裂（简称麦氏重排）和逆Diels-Alder开裂。

麦氏重排：

$$\text{(McLafferty rearrangement scheme)} \tag{4-26}$$

具有 γ 氢原子的侧链苯、烯烃、环氧化合物、醛、酮、酸、酯等化合物经过六元环状过渡态使 γH 转移到带有正电荷的原子上，同时在 α、β 碳原子间发生裂解，生成烯烃的碎片离子和乙烯中性分子，这种重排称为麦克拉夫悌重排裂解。

逆 Diels-Alder 开裂：

$$\text{(retro Diels-Alder scheme)} \tag{4-27}$$

$m/z=54$

具有环己烯结构类型的化合物可发生此类裂解，一般形成一个共轭二烯正离子和一个烯烃中性碎片。应用碎片和裂解机制，可以对一个具体的有机化合物的质谱进行解释或鉴定化合物。

(2) **偶电子规律与分子离子的稳定性**

分子离子是奇电子离子，也称为离子基 $M^{+\cdot}$

$$M^{+\cdot} \longrightarrow C^{+\cdot} + D \tag{4-28}$$

当分子离子 $M^{+\cdot}$ 失去一个中性分子时，就会形成一个奇电子碎片离子，常用 $OE^{+\cdot}$ 表示奇电子离子。

$$M^{+\cdot} \longrightarrow A^{+} + D\cdot \tag{4-29}$$

当其失去一个游离基时，会形成一个偶电子离子（常用 EE^{+} 表示）（氮律规则）。

$$A^{+} \longrightarrow E^{+} + F \tag{4-30}$$

较稳定的偶电子离子，丢失一个中性分子并形成另一个偶电子离子，极少有丢失自由基的情况。

质谱中碎片离子都是由分子离子碎裂产生的，分子离子在能量上处于激发态，一般是不稳定的，容易继续碎裂成较小的离子碎片，分子离子峰强弱和稳定性当然与分子的化学结构有关。

分子离子稳定性的大体顺序：芳烃及芳杂环化合物＞共轭烯烃＞环状化合物＞硫化物（醚、醇）＞短直链烃＞直链羰基化合物（酮、酯、酸、醛、酰胺）＞醚＞卤化物＞醇、胺＞硝酸及亚硝酸酯、硝基化合物、腈、高度分支化合物（这些化合物分子离子不易鉴定）。一般来说，化合物碳链越长，支链越多，分子离子峰越弱。当有共轭 π 电子体系存在时，分子离子峰较强，环状分子离子峰也较强。

4.3.3　常见有机化合物的谱图

依照上述键开裂的规律，各类有机化合物由于结构上的差异，在谱图上显示出各自的开裂特征。掌握这些典型有机化合物谱图开裂的规律，对未知物谱图解析是很有用的。

(1) **饱和烃的谱图**

饱和烃一般产生 σ 键碎裂，谱图如图 4－13 所示。谱图特征是偶电子系列质量数相差 14，即相差－CH_2 基团。最高点出现在 C_3～C_6 处，对于直链烷烃，其碎片的最高质量出现

在 $M-29$ 处。若有分支，则在分支处易断裂，从图中可看出直链烃和支链烃很容易区别开来。

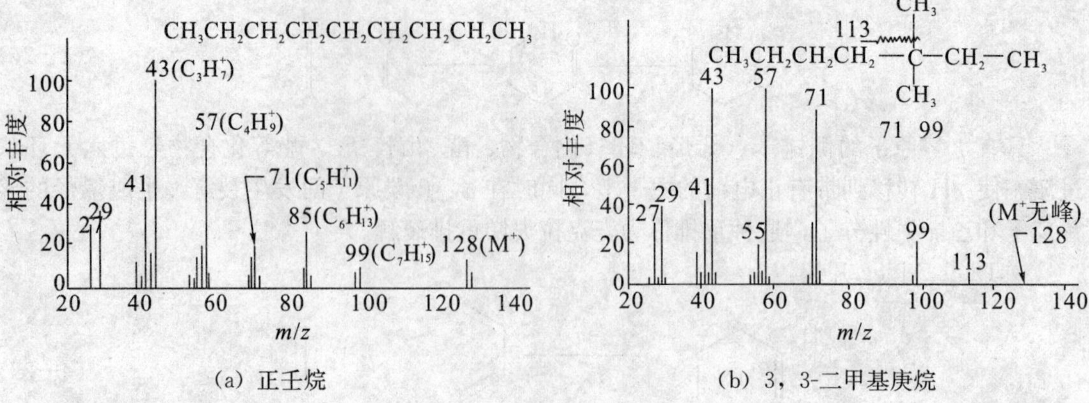

(a) 正壬烷　　(b) 3，3-二甲基庚烷

图 4-13　烷烃质谱图

(2) **醚类化合物**

醚类主要产生 β 断裂，得到偶电子系列的质量数分别为 45，59，73，87，…

$$
① \quad R \vdots CH_2-O^+ \vdots R' \xrightarrow{-R'} R-CH_2-O^+=CH_2 \quad \beta\text{开裂}
$$

$$
\xrightarrow{-R} CH_2=O^+-CH_2-R' \tag{4-31}
$$

$$
② \quad R-O-R' \longrightarrow R^+ + \ddot{O}R' \quad \alpha\text{开裂}
$$

$$
R-O-R' \longrightarrow R\cdot -OR'^+
$$

同时在醚类化合物中，也会产生 α 开裂，R−OR′可产生 R^+ 比 OR'^+ 的稳定性高，因此在醚类化合物中，也会产生在图 4-14 中 m/z43 丰度大于 m/z59 丰度。图 4-14 为异丙醚的质谱图及其主要峰的开裂方式，谱图中 m/z45 的基峰是由 m/z87 的碎片峰碎裂形成的。

$$
(CH_3)_2CH-O-CH(CH_3)_2 \xrightarrow[-CH_3]{-e} \underset{m/z\,87}{CH_3-CH=\overset{+}{O}-CH(CH_3)} \xrightarrow{-CH_2=CH-CH_3} \underset{m/z\,45}{CH_3-CH=\overset{+}{O}H} \tag{4-32}
$$

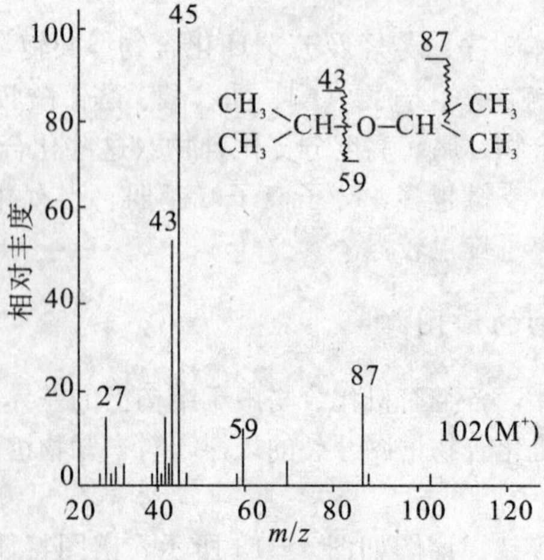

图 4-14　异丙醚的质谱图

(3) **醇类**

醇类易脱水，伯醇和仲醇分子离子峰很小，因而测不出叔醇分子离子峰。醇易产生β开裂，形成氧鎓离子：

$$\mathrm{R-\overset{\overset{+\bullet}{OH}}{\underset{H}{C}}-R'} \longrightarrow \mathrm{R-CH{=}\overset{+}{O}H} + \bullet\mathrm{R'} \qquad (4-33)$$

对于长碳链的醇，可形成 m/z 为 31，45，59，73，…的偶电子系列峰。高级醇也很容易同时失去水和乙烯基，产生 $M-46$ 的碎片峰：

$$\mathrm{\overset{+\bullet}{O}H{-}CH_2{-}CH_2{-}CH_2{-}CH(H){-}R} \xrightarrow[-C_2H_4]{-H_2O} \mathrm{CH{-}CH{-}R^{+\bullet}} \qquad (4-34)$$

(4) **羰基类化合物**

酮类很容易按式（4－22）和（4－23）的方式发生α开裂，如图 4－15 中 m/z57 和 m/z85的碎片离子。

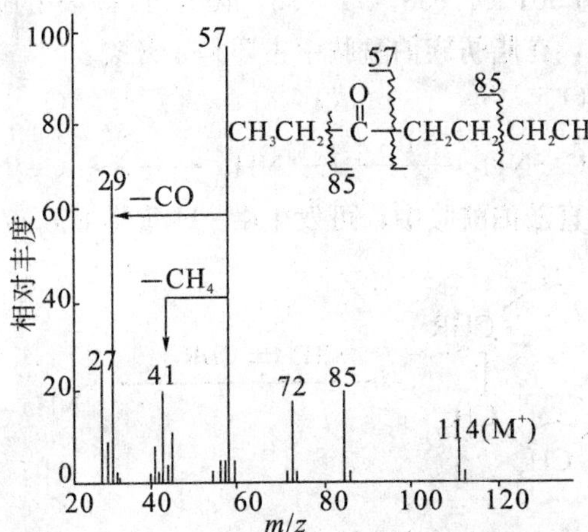

图 4－15　酮类化合物的质谱图

当有γH 存在时，可按式（4－35）的形式发生重排反应：

$$\mathrm{R{-}CH(H){-}CH(R'){-}CH_2{-}C({=}\overset{+\bullet}{O}){-}X} \xrightarrow{-RCH=CHR'} \mathrm{CH_2{=}C(\overset{+\bullet}{O}H){-}X} \qquad (4-35)$$

随着取代基 X 不同，得到烯醇离子的 m/z 也不同，如表 4－2 所示：

表 4-2 烯醇离子的 m/z

X	H	CH_3	NH_2	OH	C_2H_5	OCH_3
m/z	44	58	59	60	72	74

因此，依照重排峰（EE^+）的 m/z 可确定取代基，如图 4-15 重排峰 m/z 为 72，可知羰基与乙基相连。一般羰酸酯类分子离子峰很明显，在开裂时也易发生羰基的 α 开裂，形成 $R-C\equiv O^+$ 和 $O^+\equiv C-OR'$ 离子。例如，甲酯类可产生以下 4 种离子：

$$\underset{m/z\,31}{R-\overset{O^+}{\overset{\|}{C}}}\qquad \underset{m/z\,59}{\overset{^+O}{\overset{\|}{C}}-OCH_3}\qquad \underset{m/z\,31}{\overset{+}{O}-CH_3}\qquad \underset{M-59}{R^+}$$

在长链甲酯中，易形成 $(CH_2)_nCOOCH^{3+}$ 碎片，其中 $n=2$，6，10，…也即形成 m/z 为 87，143，199，255，311，367，…偶电子系列碎片。

(5) **胺类及酰胺类化合物**

一级胺 RCH_2NH_2 易发生 β 开裂，产生 m/z30 的基峰：

$$R-CH_2-\overset{+\cdot}{N}H_2 \xrightarrow{-R\cdot} \underset{m/z\ 30}{CH_2=\overset{+}{N}H_2} \qquad (4-36)$$

烷基胺可形成 m/z 为 30，44，58，72，86，100，114，…的偶电子系列峰。

酰胺的谱图比较复杂，在脂肪族伯酰胺中主要是 α 开裂：

$$R-\overset{O}{\overset{\|}{C}}-NH_2 \xrightarrow{-R\cdot} \overset{O}{\overset{\|}{C}}-NH_2 \longleftrightarrow \overset{O}{\overset{\|}{C}}-\overset{+}{N}H_2 \qquad (4-37)$$

在所有大于丙酰胺的直链伯酰胺中，可发生由 γH 重排形成 m/z59 的基峰。

$$NH_2-\overset{\overset{+\cdot}{O}\cdots H-CHR}{\overset{\|}{C}}-CH_2-CH_2 \xrightarrow{CH_2=CHR} NH_2-\overset{\overset{+}{O}-H}{|}{C}=CH_2 \qquad (4-38)$$

(6) **芳烃化合物**

芳烃化合物的分子离子峰一般比较强。图 4-16 是甲苯的质谱图，图中基峰 $m/z=91$，是稳定的䓬鎓离子所形成的。䓬鎓离子 $C_7H_7^+$ 还可进一步分裂形成 $C_5H_5^+$（m/z65），$C_3H_3^+$（m/z39）碎片。在有苯环存在时往往会形成 m/z 为 39，51，65，77，…的特征系列碎片。

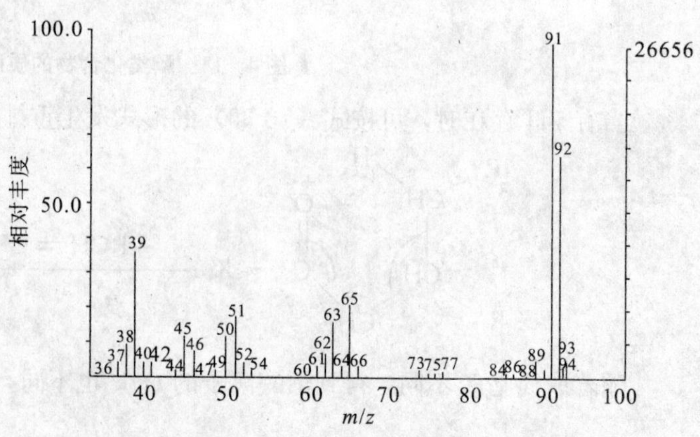

图 4-16 甲苯质谱图

当苯环有其他官能团取代

时，其主要分裂途径与烷烃相似，从易到难按以下次序排列：

$$C_6H_5-\overset{\overset{O}{\|}}{C}-CH_3^{+\cdot} \longrightarrow C_6H_5-\overset{\overset{O^+}{\|}}{C} + CH_3^{\cdot}$$

$$C_6H_5-\underset{\underset{CH_3}{|}}{\overset{\overset{CH_3}{|}}{C}}-CH_3^{+\cdot} \longrightarrow C_6H_5-\underset{\underset{CH_3}{|}}{\overset{\overset{CH_3}{|}}{C^+}} + CH_3^{\cdot}$$

$$C_6H_5-\overset{\overset{O}{\|}}{C}-OCH_3^{+\cdot} \longrightarrow C_6H_5-\overset{\overset{O^+}{\|}}{C} + O^{\cdot}CH_3$$

$$C_6H_5-\underset{\underset{O}{\|}}{C}\overset{H^{+\cdot}}{\diagup} \longrightarrow C_6H_5C{\equiv}O^+ + H^{\cdot}$$

$$C_6H_5OCH_3^{+\cdot} \begin{cases} \nearrow C_6H_5O^+ + CH_3^{\cdot} \\ \searrow C_6H_6^{+\cdot} + CH_2O \end{cases}$$

$$C_6H_5I^{+\cdot} \longrightarrow C_6H_5^{+} + I^{\cdot}$$

$$C_6H_5COH^{+\cdot} \longrightarrow C_5H_6^{+\cdot} + CO$$

$$C_6H_5CH_3^{+\cdot} \longrightarrow C_6H_5CH_2^{+} + H^{\cdot}$$

$$C_6H_5Br^{+\cdot} \longrightarrow C_6H_5^{+} + Br^{\cdot}$$

$$C_6H_5NO_2^{+\cdot} \begin{cases} \nearrow C_6H_5^{+}\ NO_2^{\cdot} \\ \searrow C_6H_5O^+ + NO^{\cdot} \end{cases}$$

$$C_6H_5NH_2^{+\cdot} \longrightarrow C_5H_6^{+\cdot} + HCN$$

$$C_6H_5Cl^{+\cdot} \longrightarrow C_6H_5^{+} + Cl^{\cdot}$$

$$C_6H_5CN^{+\cdot} \longrightarrow C_6H_5^{+} + CN^{\cdot}$$

$$C_6H_5CN^{+\cdot} \longrightarrow C_6H_4^{+\cdot} + HCN$$

$$C_6H_5F^{+\cdot} \longrightarrow C_6H_5^{+} + F^{\cdot}$$

依照此规律，可推测双取代或多取代的苯环化合物的质谱。

4.4　有机质谱图的解析

有机质谱谱图解析可依据质谱中离子的类型和开裂的一般规律进行，上述典型有机化合物的谱图也可帮助确定化合物的大致类型。解析程序可以是多种形式，但归纳起来有下列步骤：

（1）**确定分子离子峰和决定分子式**

首先，按照分子离子峰的条件确定分子离子峰，根据分子离子峰的质荷比确定分子式。一般高分辨仪器中，峰匹配精度可达到百万分之一数量级，因此，由分子离子峰 m/z 小数点后的尾数就可确定大概的分子式。在低分辨仪器中，可借助同位素峰组来判断，在Beynon表中可查到分子式。在确定分子式后进一步计算不饱和度，确定分子中的环加双键数。

(2) **确定碎片离子的特征**

把质谱图上重要的碎片离子峰用奇电子离子（$OE^{+\cdot}$）和偶电子离子（EE^{+}）标记出来。运用“氮规则”可协助判别 $OE^{+\cdot}$ 和 EE^{+}。在一般化合物谱图中 EE^{+} 系列比较多，当在谱图中，高质量端发现 $OE^{+\cdot}$ 时，就要注意分子具有重排的特征。

(3) **提出可能的结构式**

为了确定结构式，需要对碎片离子进行分析，首先要注意高质量端中性碎片丢失的特征。因为丢失的碎片可反映出取代基的特征。例如 $M-15$ 可能是丢失了 $-CH_3$，因此分子中应含有 $-CH_3$ 基团。$M-18$ 可能丢失 H_2O，则可能是醇类分子，见表 4-3。

表 4-3 常见丢失的中性碎片

离子	中性碎片	一般来源
$M-1$	H	烷基腈化物、醛、胺、低分子量氟化物
$M-15$，29，43，57，…	C_nH_{2n+1}	通过 α 碎裂丢失烷基
$M-16$	O	砜、氮氧化物，对于环氧化合物、醌类等丰度较小
NH_2	芳胺（丰度较小）	
$M-17$	OH	酸、肟
NH_3	胺类一般不常见，除非有别的基团使消去后的电荷更稳定	
$M-18$，32，46，60，…	$H_2O+C_nH_{2n}$	醇（尤其是一级醇），较高分子量的醛、酮、酯、醚，邻甲基芳香酸
$M-19$，33，47，…	$C_nH_{2n}F$	氟化物
$M-20$	HF	主要来自一级氟代烷
$M-26$，40，54，68，…	$C_2H_2(CH_2)_n$	芳香碳氢化合物
$M-27$，41，55，69	C_nH_{2n-1}	某种重排，失去 2H(R-2H)
$M-27$	HCN	含氮杂环、芳胺、氰化物
$M-26$，40	$C_nH_{2n}CN$	R-CN，当 R^+ 很稳定时
$M-28$	N_2	ArN=NAr
CO	芳香含氧化合物（芳酮、酚类），环状酮、醌	
$M-28$，42，56，70，…	C_nH_{2n}	Mclafferty 及类似的重排
$M-29$，43，57，71，…	$C_nH_{2n+1}CO$	$C_nH_{2n+1}COR$ 及类似的碎裂（R^+）
$M-46$	CH_2O_2	脂肪族二元酸亚甲二氧化合物
$M-48$	SO	芳香亚砜
$M-59$，73，…	$C_nH_{2n+1}COO$	ROCOR′或 RCOOR′（当 R^+ 很稳定，R′较小时）
$M-60$，74	$C_nH_{2n+1}COOH$	RCOOR′（当 R^+ 很稳定，R′较小时）
$M-60$	COS	硫代碳酸酯
$M-64$	SO_2	RSO_2R'（砜）$ArSO_2OR$（芳香磺酸酯）
$M-79$	Br	RBr
$M-127$	I	RI

同时，也要注意在谱图低质量端形成的一些特征性的偶电子系列。例如，有 m/z 为 15，29，43，57，71，85，99，…碎片，肯定为烷烃系列 C_nH_{2n+1}，质量数延长多少表示有几个碳，而烷基胺 $C_nH_{2n+2}N$ 则有 m/z 为 30，44，58，72，…偶电子系列，见表4-4。

表 4-4　常见偶电子离子系列碎片

m/z	碎片离子	一般来源
15，29，43，57，71，85，…	C_nH_{2n+1} $C_nH_{2n+1}CO$	烷基饱和羰基、环烷醇、环醚
19，33，47，61，75，89，…	$C_nH_{2n+1}O_2$	酯、缩醛和半缩醛
26，40，54，68，82，92，110，…	$C_nH_{2n}CN$	烷基氰化物、双环胺类
30，44，58，72，86，…	$C_nH_{2n+2}N$ $C_nH_{2n+2}NCO$	脂肪胺类、酰胺、脲类、氨基甲酸酯类
31，45，59，73，…	$C_nH_{2n+1}O$ $C_nH_{2n-1}O_2$ $C_nH_{2n+3}Si$ $C_nH_{2n-1}S$	脂肪族醇、醚 酸、酯类、环状缩醛和缩酮 烷基硅烷 硫杂环烷烃，不饱和、取代的含硫化合物
31，50，69，100，119， 131，169，181，193，…	C_nF_m	全氟烷、全氟煤油（PFK）
33，47，61，75，89，… 38（39，50，51，63，64，75，76） 39（40，51，52，65，66，77，78）	$C_nH_{2n+1}S$	硫醇、硫醚 带负电性取代基的芳香族化合物 带给电子基团的芳香族或杂环芳香族化合物
39，53，67，81，95，109，…	C_nH_{2n-3}	二烯、炔烃、环烯烃
41，55，69，83，97，…	C_nH_{2n-1}	烯烃、环烷基、环烷失去 H_2
55，69，83，97，111，…	$C_nH_{2n-1}CO$ $C_nH_{2n}N$	环烷基、羰基、环状醇、醚烯胺和环烷胺、环状胺类
56，70，84，98，…	$C_nH_{2n}NCO$ $C_nH_{2n+2}NO$	异腈酸烷基酯 酰胺
60，74，88，102，…	$C_nH_{2n}NO_2$	亚硝酸酯
46	$C_nH_{2n+1}O_3$	碳酸酯类
63，77，91，…（45，57，58，59，69，70，71，85）		噻吩类
69，81~84，95~97，107~110		硫连在一个芳环的化合物
72，86，100，…	$C_nH_{2n}NCSO$	异硫氰酸烷基酯
77，91，105，119，…	$C_6H_5C_nH_{2n}$	烷基苯化合物
78，92，106，120，…	$C_5H_4NC_nH_{2n}$	吡啶衍生物、氨基芳香化合物
79，93，107，121，…	C_nH_{2n-5}	萜类及其衍生物
81，95，109，…	$C_nH_{2n-1}O$	烷基呋喃化合物、环状醇、醚
83，97，111，125，…	$C_4H_3SC_nH_{2n}$	烷基噻吩类
105，119，133，…	C_nH_{2n+1} C_6H_4CO	烷基苯甲酰化合物

下面举例说明未知物谱图解析的一般程序。

例 1　利用同位素峰组确定结构，图 4-17 为某常用有机溶剂的谱图。

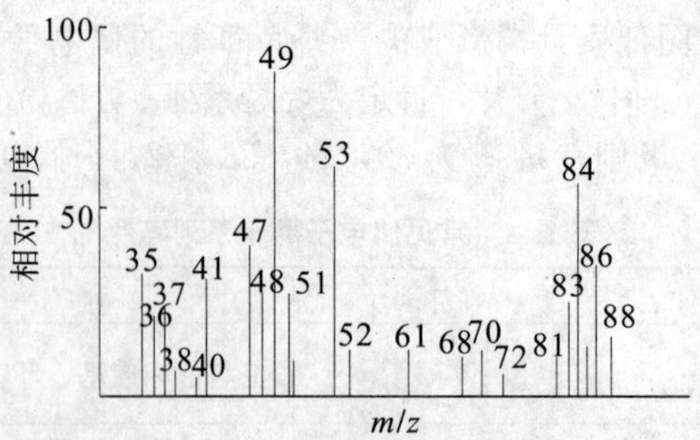

图 4-17 某有机溶剂的质谱图

解：首先确认分子离子峰，在谱图中质量数最高的离子 m/z88。如果此离子为分子离子，则有 $M-2$ 和 $M-4$ 的峰。但由于图上 $M-4$ 峰 $m/z=84$ 的丰度比较大，按分子离子峰的条件判别可能性不大，因此应考虑 m/z84、86、88 为一同位素峰组，分子离子峰 84 组。再观察谱图中同位素峰组的丰度比约为 M ∶ $(M+2)$ ∶ $(M+4)=9∶6∶1$，该化合物可能含有两个氯离子。依照分子量初步推测该溶剂的分子式是 CH_2Cl_2，即二氯甲烷。然后，再根据谱图进一步验证：

$$CH_2Cl_2^{+\cdot} \xrightarrow{-Cl\cdot} CH_2Cl^+$$

m/z84 m/z49，51

因为基峰是分子离子峰丢掉一个氯自由基而形成的，m/z49 与 51 峰丰度之比约为 3∶1，与该碎片离子结构符合。

例 2 未知化合物分子式为 $C_4H_{10}O$，其谱图如图 4-18 所示。

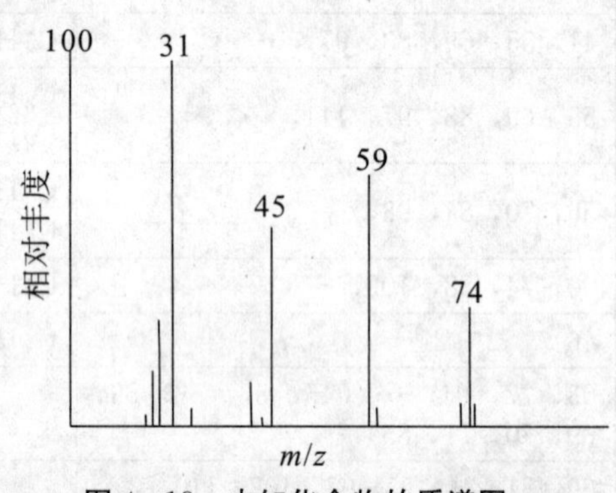

图 4-18 未知化合物的质谱图

解：由分子式可知 m/z74 的峰为分子离子峰。计算不饱和度为 0，不含有双键，可能为脂肪族醇或醚类化合物。从碎片离子分析，m/z59 的峰为 $M-15$，分子中应含有—CH_3。查表 4-4 可知由 m/z31，45，59 组成的偶电子系列峰可能为 $C_nH_{2n+1}O$ 或 $C_nH_{2n-1}O_2$ 的碎片峰，但后者不可能产生 m/z31 的基峰，而且此碎片峰含有双键，与所计算的不饱和度也不符，因此只可能为前者。考虑到应含有—CH_3，可以列出可能的结构式为

(a) $C_2H_5-O-C_2H_5$；

(b) $CH_3-O-CH_2-CH_2-CH_3$；

(c) $HO-CH_2-CH_2-CH_2-CH_3$。

如果是化合物 (c)，应有 $M-18$ 的峰，图中未出现，因此可排除。化合物 (b) $M-15$ 峰不可能很强，因此可能性最大的为化合物 (a)，进一步验证如下：

$$C_2H_5-\overset{+\cdot}{O}-C_2H_5 \xrightarrow{-CH_3} C_2H_5-\overset{+}{O}=CH_2 \xrightarrow{-C_2H_4} H\overset{+}{O}=CH_2$$

$(m/z59)$ $(m/z31)$

$$C_2H_5-\overset{+\cdot}{O}-C_2H_5 \xrightarrow{-H} C_2H_5-O=CHCH_3 \xrightarrow{-C_2H_4} HO=CHCH_3$$

$(m/z45)$

例 3　由质谱图 4－19 推断未知化合物的结构。

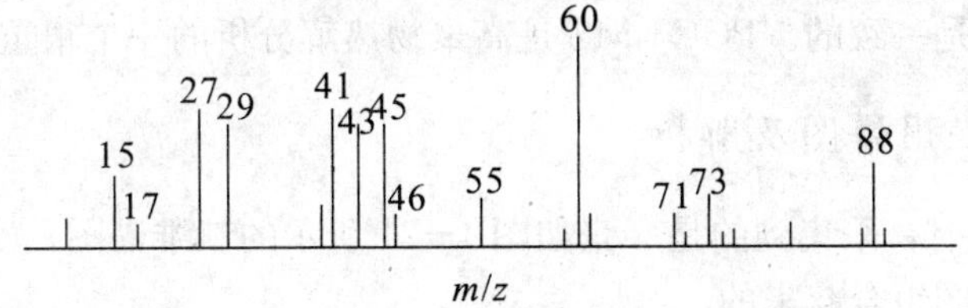

图 4－19　未知化合物的质谱图

解：分子量为偶数，故不含 N（分子量限制，不可能含两个 N）；由 $m/z=60$、$m/z=46$、$m/z=71$、$(M-17)$、43、$(M-45)$ 可知分子式应为 $C_4H_8O_2$，均为脂肪酸特征峰，基峰 $60m/z$ 为麦氏重排产生。由不饱和度：$\Omega=\frac{2n-2+N-(H+X)}{2}=(2\times4+2-8)/2=1$，所以，化合物含一个双键或一个环。综合考虑，未知化合物为烷基直链，故化合物为正丁酸。

4.5　裂解气相色谱与质谱的联用

若在一般气相色谱的进样器处安装一个裂解器，迅速加热使样品裂解成碎片，并随载气进入气相色谱仪，这种分析方法就叫裂解气相色谱法（PGC）。裂解色谱发展的历史虽然较短，但由于色谱技术和裂解装置的不断进步，尤其裂解气相色谱与质谱（PGC－MS）的联用技术应用，使它已成为高分子材料研究的重要手段。

一般有机质谱仪都能与气相色谱仪相连，组成 GC－MS 联用系统可以发挥色谱能很好地分离混合物的优点，又能发挥质谱对样品鉴定比较方便的特点，同时避免了这两种仪器各自的弱点，成为有机混合物分析鉴定不可缺少的一种方法。

4.5.1　PGC－MS 联用接口

由于气相色谱和有机质谱都是对蒸汽样品进行分析，有机质谱的分析灵敏度和扫描速度均能与气相色谱相匹配，因此联用比较方便。但 PGC 需用载气，在高于大气压的条件下工作，而 MS 工作在高真空状态，因此二者相连时必须采用一个接口装置，把气相色谱流出物中的载气除去，只让样品蒸汽进入质谱仪。

PGC－MS 接口装置种类很多，最常用的是喷射式分子分离器，如图4－20所示。当不同分子量的气体通过喷嘴时，具有不同的扩散速度。PGC 载气（在 PGC－MS 联用时一般采用氦气）分子量小、扩散快，很容易被真空泵抽走，而样品分子的分子量大，不易扩散，依靠惯性继续向前进入质谱仪。

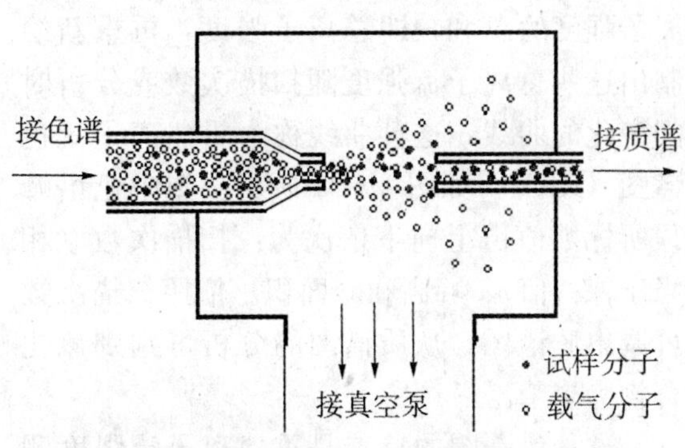

图 4－20　喷射式分子分离器

在用毛细管色谱和质谱相连时，由于毛细管柱所用载气流量较小，当质谱仪真空泵抽速足够大时，也可直接相连。

PGC－MS 联用技术是在 GC－MS 联用的基础上，在色谱仪中安装一个裂解器进行分析的，其谱图表示方法是一致的。PGC－MS 是高聚物热解分析的一个很重要的手段。

4.5.2 GC－MS 联用谱图及解析

在 GC－MS 联用时，采集到的是一张如图 4－21 所示的三维谱图，实际上这是由每次扫描获得的一张张质谱图组合起来的。

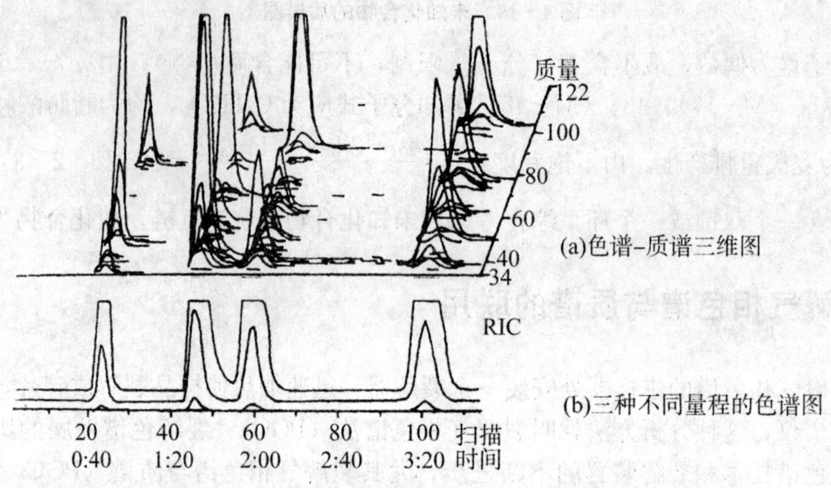

图 4－21 色谱－质谱三维图

为了便于和色谱分析对照，在 GC－MS 中除了质谱图外，还希望得到色谱图，由于 GC－MS仪器不同，色谱图的表示方式也不同，有下述几种：

（1）**总离子流色谱图**

在离子源出口处，测定离子流强度随时间的变化。由于是在质量分析器之前测定的，因此测到的是总离子流强度随时间的变化，也即色谱流出物样品量随时间的变化，相当于一张色谱图。

（2）**重建离子流色谱图**

不是在离子源出口处测定总离子流，而是依靠计算机计算每次扫描得到的质谱图上离子强度的总和，即总离子强度，再重新绘制出这些总离子流强度随扫描次数或分析时间变化的曲线，这种曲线称为重建离子流色谱图（RIC），如图 4－22 所示。图中色谱峰顶所标数值由上向下依次为：扫描次数（相当于保留值）、峰高和峰面积。依照扫描次数可调出质谱图，从质谱图的分析可判别该化合物为聚苯乙烯。

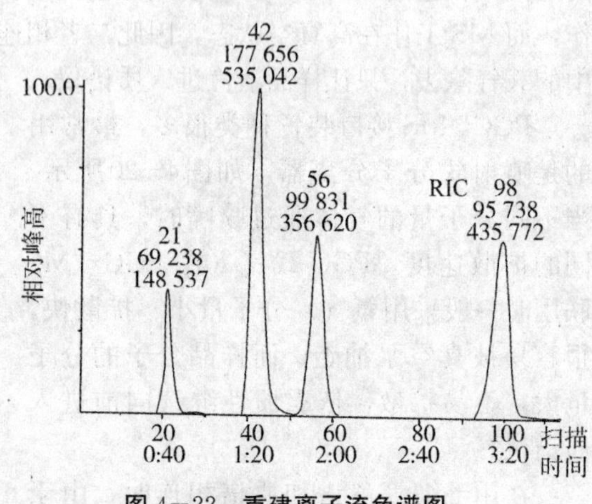

图 4－22 重建离子流色谱图

这种色谱图的特点是重建离子流强度测定是在质量分析器之后，随质量扫描范围的变更而改变，因此可扣除掉柱流失等因素。但也有缺点，若计算机采样时间选择不合适，重建离子流色谱图的分离会受到影响。

(3) **质量色谱图**

只选择一种或几种 m/z 离子，测定这些离子强度随分析时间变化所得的曲线即为质量色谱图。此法的优点是可提高分析灵敏度。例如，为了确定在聚氯乙烯裂解时，哪些裂解碎片（即色谱峰）中含有氯，可作 m/z35 或 m/z37 的质量色谱图，就可以检测含氯的碎片。同时用质量色谱图也可进一步区分色谱图中未完全分离的组分。

例如，分析某未知共聚物，其PGC－MS谱图如图 4－23 所示。由 MS 谱图可确定图中第 93 次扫描的峰为苯乙烯，而第 26 次扫描的峰可能为丙烯腈。但 MS 谱图中 m/z39 和 m/z54的碎片峰强度较大，与丙烯腈的质谱图不相符合，说明可能混有未能完全分离的其他组分，因此作质量色谱图以进一步分析鉴定，如图 4－24 所示。图中从上到下分别是质量数为 39、44、53、54、56 离子的质量色谱图，最下面是重建离子流色谱图。

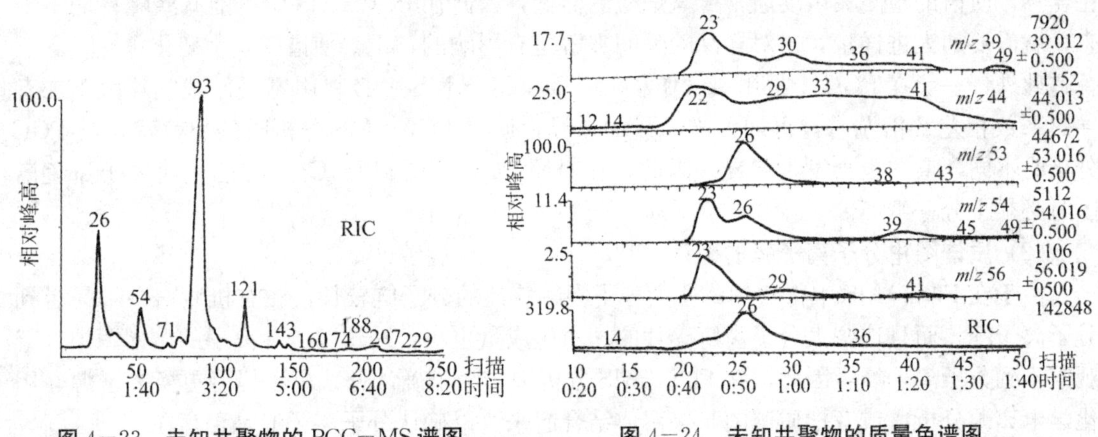

图 4－23 **未知共聚物的 PGC－MS 谱图**

图 4－24 **未知共聚物的质量色谱图**

从图 4－24 观察到第 26 次扫描峰（简称♯26 峰）与♯23 峰有重叠，分离效果不好。依照该图所示，采用差减技术，可分别得到♯23 峰与♯26 峰的质谱图，如图 4－25 和 4－26 所示。由上述两张质谱图可确定在未知共聚物中，除苯乙烯外，还存在丁二烯和丙烯腈。为了进一步证实聚丁二烯的存在，作 m/z108 的质量色谱图，找到♯71 的色谱峰含有该碎片离子，通过♯71 峰的 MS 谱图，可确证为乙烯基环已烯，是聚丁二烯的二聚体。因此，尽管在共聚物的图 4－23 所示的 PGC－MS 谱图中，表征丁二烯单元的峰很小且不明显，但是通过质量色谱图仍可确定为 ABS 三元共聚物。

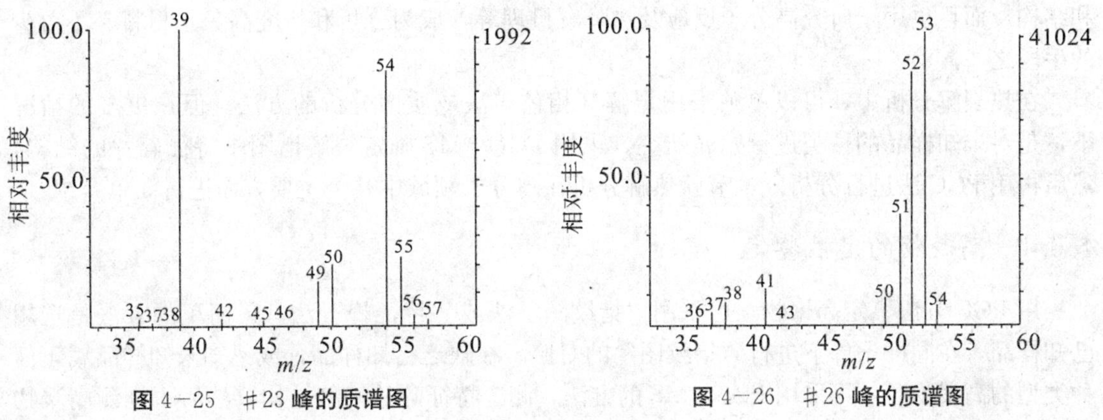

图 4－25 **♯23 峰的质谱图**

图 4－26 **♯26 峰的质谱图**

4.5.3 PGC－MS 谱图解析中的问题

在用 PGC－MS 确定热裂解指纹谱图中的特征碎片峰时，应注意以下几个方面的问题：

（1）**PGC 谱图与 PGC－MS 重建离子流色谱图的区别**

尽管在进行 PGC－MS 分析时，可以照搬 PGC 的全部色谱条件，但这两种方法所得到的色谱图还是有差别的。在 PGC－MS 中是用有机质谱仪作为色谱柱后流出物的检测器，而在裂解色谱中通常是用氢焰离子化检测器检测。由于检测方式的差异，得到的谱图相对峰高（或丰度）比是不同的。特别是在某些样品裂解时，会产生一些小分子无机气体，如 CO_2、HCl、SO_2 等，使用氢焰检测器时，检测不出这些无机气体，而在 MS 中则可检测出来，故导致用两种方法测得的谱图中低沸点部分峰的强度、形状和数目各不相同。对于大多数有机化合物，质谱的检测灵敏度通常比氢焰检测器低，因此在 PGC－MS 中可能有些峰检测不出来，就需要加大进样量，这对样品的瞬间裂解是有影响的，也会使谱图发生变化。

此外，一般在 PGC 中是用氮气作载气，而 PGC－MS 中必须用氦气作载气。由于二者导热系数相差 6 倍左右，再加上样品量的差异，使得 PGC－MS 分析时的裂解状态与 PGC 分析时不同，谱图也会发生差异。因此，在对照 PGC 谱图和 PGC－MS 的重建离子流色谱图时必须十分仔细谨慎。

（2）**质谱图中分子离子峰的确认**

由于在 PGC－MS 中得到的一些大分子裂解碎片的分子链较长，在有机质谱中不易得到分子离子峰，而且这些大分子裂解碎片的相对生成量也小，在这些碎片离子的质谱图中，就观察不到分子离子峰。因此，在 PGC－MS 分析中，为了确认分子离子峰可更换离子源，用化学电离源分析，或者把质谱图与保留值结合起来，以确认分子离子峰是否存在。

（3）**质量色谱图的应用**

对于在 PGC 谱图中一些未完全分离的峰（甚至重叠峰），可在 PGC－MS 中采用质量色谱图来加以区分。

4.6 PGC－MS 在高分子材料中的应用

裂解气相色谱－质谱（PGC－MS）的联用技术，在高分子材料研究中已获得广泛的应用，应用范围涉及各主要聚合物品种和各种高分子材料。其不仅用于剖析高分子材料的组成和结构，而且也用于研究高分子反应及热降解机理等，成为分析和研究高分子材料必不可少的手段之一。

在热裂解分析中，可以单独采用裂解气相色谱法或质谱分析的方法。但在更多的情况下，是对未知样品的种类进行归属研究，采用 PGC－MS 确定裂解谱图中特征碎片的结构，然后再用 PGC 法进行分析。本节就热解分析在高分子领域中几个主要方面进行简单介绍。

4.6.1 高聚物的定性鉴定

用 PGC 方法鉴定高聚物，可采用“指纹图”法或“特征峰”法。最简单的方法是选用已知样品，在同样条件下进行“指纹图”的对照。在缺乏已知样品，或不知未知样品属于何种类型的高聚物时，可采用 PGC－MS 的方法，测定特征碎片峰的结构，然后再推测高聚物的种类。

例如，图 4－27 为某未知共聚物的 PGC－MS 谱图。从重建离子流色谱图中可观察到 16、51、155 组分峰为主要峰，从这三个峰的质谱图可知分别为丁二烯、甲基丙烯酸甲酯和苯乙烯，由此可推测未知共聚物为甲基丙烯酸甲酯－丁二烯－苯乙烯三元共聚物，即 MBS。

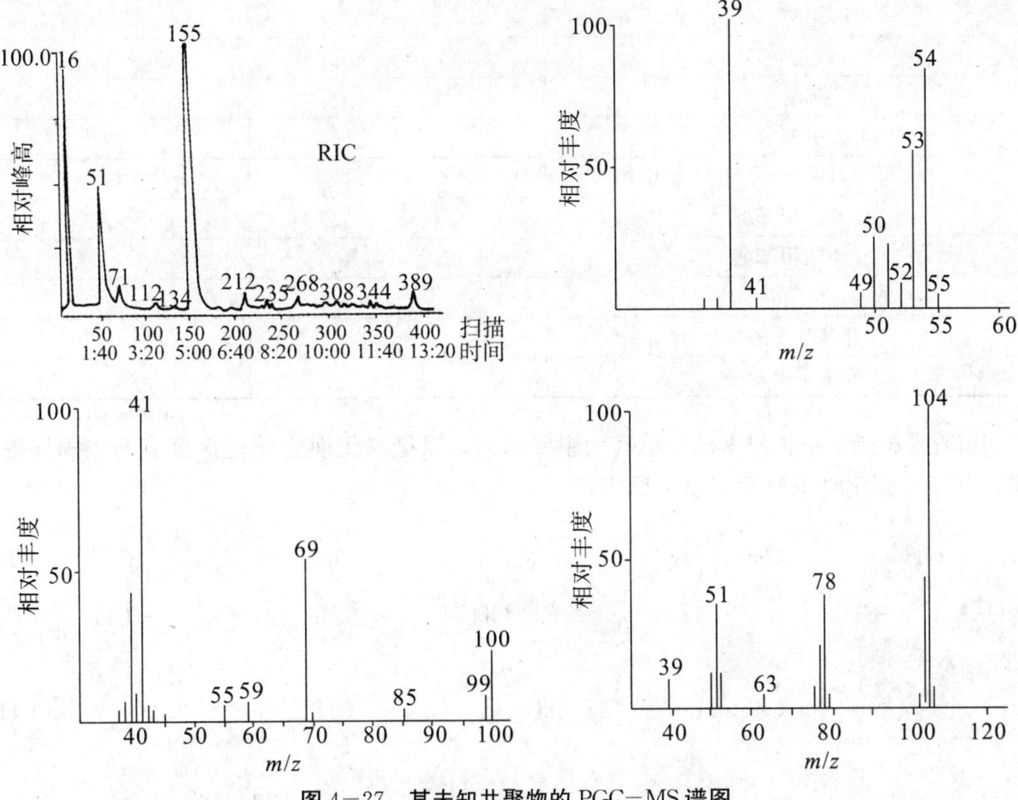

图 4－27 某未知共聚物的 PGC－MS 谱图

裂解气相色谱－质谱对鉴别同系列的聚合物也很有优越性。例如，对两种酚醛树脂样品，其裂解产物通过 DB－35 石英毛细管柱分离和质谱鉴定，获得了有关这两种酚醛树脂各自结构的特征信息，酚醛树脂的热裂解产物的总离子流图如图 4－28 所示。

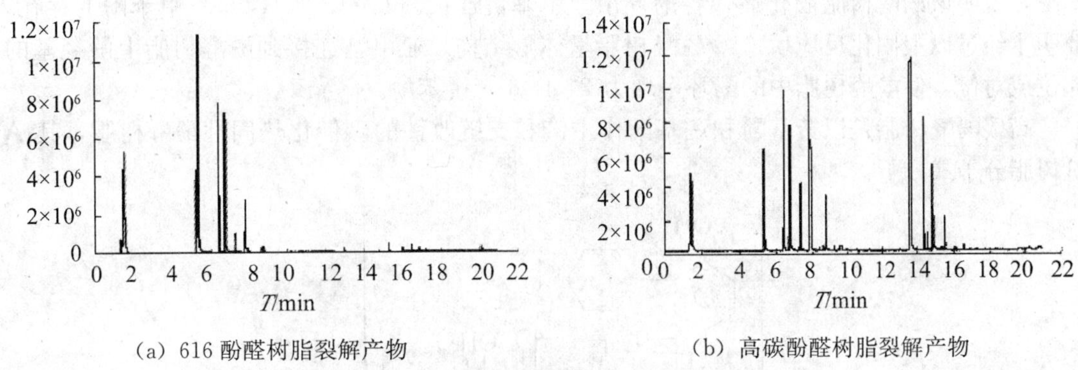

(a) 616 酚醛树脂裂解产物 (b) 高碳酚醛树脂裂解产物

图 4－28 两种酚醛树脂的热裂解产物的总离子流图

从图 4－28 (a)、(b) 可以看出，616 酚醛树脂和高碳酚醛树脂的裂解产物有明显不同，通过对其主要裂解产物质谱图的解析，得到裂解产物的结构信息，见表 4－5。

表 4-5　酚醛树脂的主要裂解产物（575℃）

裂解产物	616 酚醛	高碳酚醛
二氧化碳	√	—
甲醇	—	√
乙醇	√	—
苯酚	√	√
邻甲苯酚	√	√
对甲苯酚	√	√
2，6-二甲苯酚	√	√
2，4-二甲苯酚	√	√
2，4，6-三甲苯酚	—	√
邻苯基苯酚	—	√
2-苯基-4-甲苯酚	—	√

616 酚醛树脂是一种以苯酚、甲醛为主要原料，以氢氧化钡为催化剂合成的热固性酚醛树脂，其加热固化时主要发生以下反应：

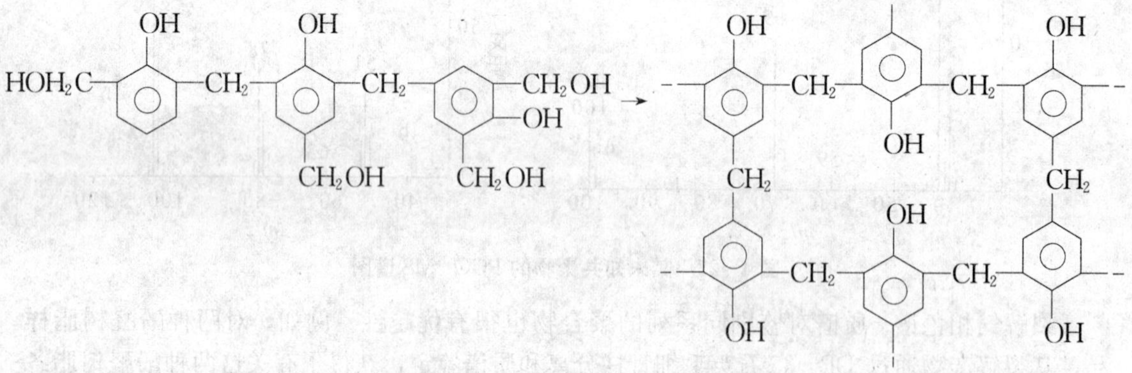

由表 4-5 可以看出，616 酚醛树脂的裂解产物主要有苯酚及 2，6-二甲苯酚等多种甲基苯酚，说明该酚醛树脂固化后，各酚环由亚甲基键连接。其中，2，4，6-三甲苯酚的存在，证明了经过以上固化反应后 616 酚醛树脂呈体形结构。亚甲基连接到酚醛树脂上酚羟基的邻位或对位，使酚醛树脂中的酚环呈现为 2，4，6-三甲苯酚。

高碳酚醛树脂是以芳基酚和烷基酚作主链和支链改性的碱催化热固性酚醛树脂，其 A 阶树脂分子式如下：

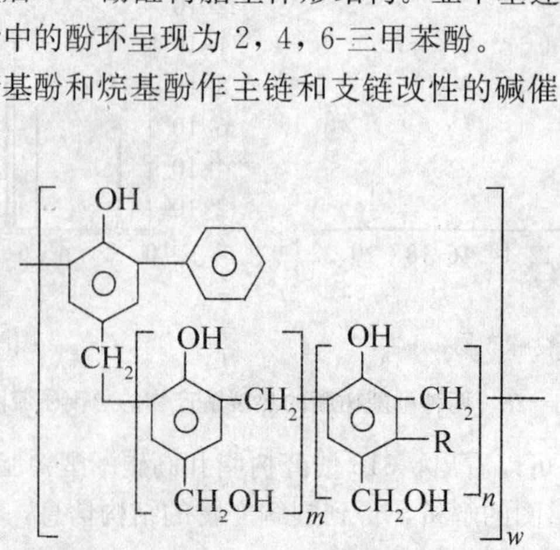

由表 4-5 可以看出，高碳酚醛树脂其裂解产物主要是苯酚及 2-苯基-4，6-二甲基-苯酚

等多种甲基苯酚，说明该酚醛树脂固化后，各酚环由亚甲基键进行连接。其中，热解物中含有间位取代苯酚，证明固化树脂中部分酚环的间位上存在烷基取代。热解物中含有的 2，4，6-三甲基苯酚和邻苯基苯酚，证明固化树脂中部分酚环的邻位上存在苯基取代。由此说明，这两种不同酚的酚醛树脂可以通过热裂解得到的产物进行鉴别。

4.6.2　高聚物的定量分析

裂解气相色谱-质谱定量分析一般用于共混物或共聚物中不同结构单元的组成比，也可用于测定高分子材料中添加剂或无机填料的质量。

裂解气相色谱定量分析的原理和方法与气相色谱的定量分析方法是一样的。用 PGC 进行定量分析的关键是选择合适的特征峰和制备标样（即已知组成的样品）。例如，测定聚甲基丙烯酸甲酯和聚苯乙烯共混物组成，可选择 MMA 和 St 为特征峰，然后配制一系列不同组成的已知共混物样品作标样，测定 MMA/St 的峰面积比与组成的工作曲线，有了工作曲线，即可测定未知共混材料的组成。

必须注意的是，高分子材料的不均匀性和 PGC 的取样量很小，这一对矛盾会使定量分析数据分散性变大。当共聚物序列分布不同时，由于受到相邻单元的影响，单体生成率是不同的。也就是说，共聚物的定量工作曲线可能与共混物的曲线不重合，因此不能相互通用。在对共聚物进行定量分析时，可以用其他方法，例如用核磁共振的方法测定标样的组成。

4.6.3　共聚物和均聚物的区分

只要选择合适的裂解条件，就可区分共聚物和均聚物。例如，采用裂解气相色谱-质谱研究乙烯-辛烯共聚物与聚乙烯两种聚合物的热裂解产物的组成，发现两者裂解产物的成分相同，均为不同碳数的烷烃、烯烃化合物；但含量有区别，主要区别在辛烯。图 4-29（a）中乙烯-辛烯共聚物裂解产物中辛烯的相对含量明显高于图 4-29（b）中的聚乙烯，辛烯峰可作为鉴别乙烯-辛烯共聚物的特征峰 。

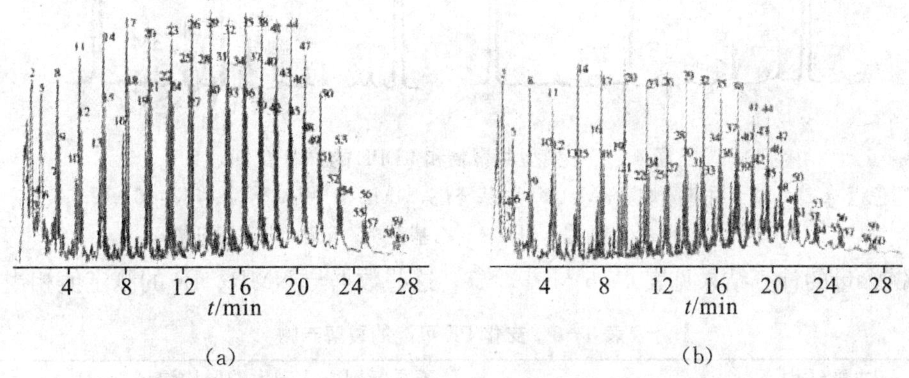

图 4-29　聚乙烯及乙烯-辛烯共聚物 PGC-MS 总离子流色谱图

4.6.4　高聚物的结构表征

高聚物的结构表征主要是指其链的结构，包括单元化学结构、键接方式、几何异构、立体规整性、支化结构、共聚物结构和序列分布、交联结构、分子量及其分布、端基结构等。20 世纪 60 年代后期，PGC 就用于表征聚合物链的结构，大量的研究信息表明 PGC 表征聚合物的结构是成功的。

（1）**支化结构**

研究支化结构的有效方法是采用具有高分辨能力的裂解氢化－色谱法（PHGC）。例如，高密度聚乙烯（HDPE）和低密度聚乙烯（LDPE）的烯烃聚合物的主链上带有支链，它影响高分子的断裂方式，支链的含量会影响聚合物的特性。由于不同的键断裂将会得到不同的裂解产物，根据产物的组成和产率可以推断高分子链的支化情况。有人将一定比例的乙烯－丙烯共聚物（EP）、乙烯-1-丁烯共聚物（EB）、乙烯-1-己烯共聚物（EHX）、乙烯-1 庚烯共聚物（EHP）、乙烯-1-辛烯共聚物（EO）与线性聚乙烯和 LDEP、HDEP 在相同的条件下进行 PHGC 分析，并用 MS 鉴定了 C1～C16 各种产物的结构，比较了它们的定性组成。结果表明，除了甲烷、乙烷等简单的烃可以表征短支化结构外，许多异构烷烃也与支化有对应关系。如图4－29所示，模型共聚物和 LDPE 的 PHGC 谱图上 n-C_{10}～n-C_{11} 部分的放大图中，2M、3M、4M、5M 等特征峰的强度确定了 LDPE 的支链主要是丁基，其次是乙基和甲基。HDPE 的支链远低于 LDPE，主要是甲基及很少量的乙基和丁基。如图 4－30 所示。

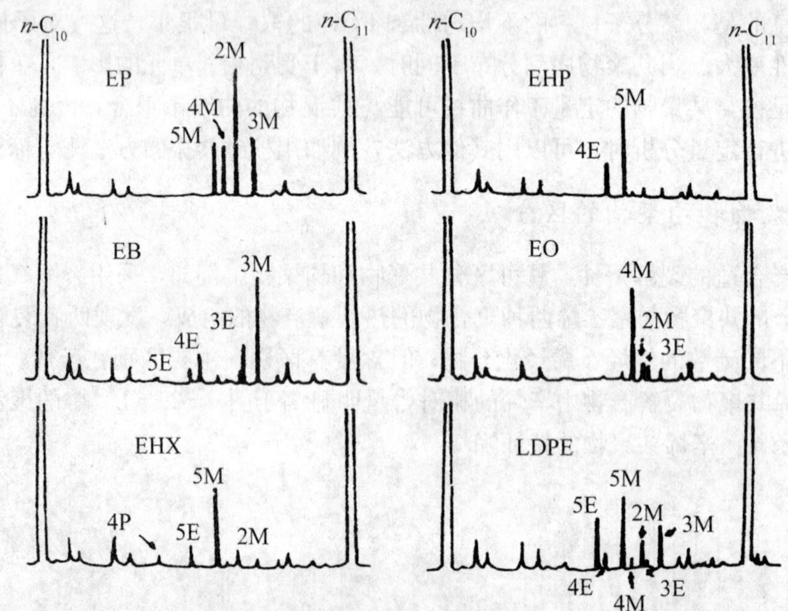

图 4－30　模型共聚物和 LDPE 的 PHGC 图

色谱峰 2M：2－甲基癸烷；3M：3－甲基癸烷；4M：4－甲基癸烷；5M：5－甲基癸烷；
3E：3－乙基壬烷；4E：4－乙基壬烷；5E：5－乙基壬烷

支链含量的计算结果见表 4－6 与表 4－7，这些数据与 NMR、IR 的测定值相当接近。

表 4－6　支化 PE 可能的裂解产物

支链结构（R）	不同断裂方式产生的异构烷烃		
	α－断裂	β－断裂	γ－断裂
甲基（M）	n	2－M	3－M
乙基（E）	n	3－M	3－E
丙基（P）	n	4－M	4－E
丁基（B）	n	5－M	5－E

表 4-7　几种 LDPE 短支链的 PHGC 测定结果

样品	密度	PHCC 测定值：支链含量/1000CH_2				IR 测定值
		甲基	乙基	丁基	总甲基量	总甲基量/1000CH_2
1	0.931	0.3	3.8	5.8	9.9	10.4
2	0.928	0.4	3.3	12.8	16.5	18.9
3	0.920	0.6	4.4	14.6	19.6	26.8
4	0.919	3.7	4.3	15.5	23.5	29.3

（2）**共聚物序列分布**

共聚物在一定条件下裂解，产生不同的低聚体。这不仅与共聚物组成有关，而且也受共聚单元序列分布的影响。假设有 A、B 组成的二元共聚物，由于与 B 单元的连接情况不同，在以 A 单元为中心的三单元组中可能有不同的情况。因此，可由单体的产率来研究共聚物的序列分布，同理，也可通过二聚体、三聚体等来研究序列分布。最典型的例子是氯乙烯（V）-偏二氯乙烯（D）共聚物序列分布的测定。聚氯乙烯在裂解时首先脱去 HCl，形成共轭双键，然后断裂形成六元环，由三个单元得到苯的碎片。同样，聚偏二氯乙烯也可通过上述途径裂解生成三氯代苯和偏二氯乙烯。

上述不同组成的共聚物的 PGC 谱图如图 4-31 所示。由图中可看到，当 D 单元增加时，苯峰减小，一氯代苯峰增大，继而出现二氯代苯峰。这时，一氯代苯峰反而减小，三氯代苯峰出现，直到全部裂解碎片均为三氯代苯和偏二氯乙烯时，表明全部链均为 D-D-D 结构。由图中各种碎片峰的定量组成可计算共聚物中三单元组的产率分布，如图 4-32 所示。图中实线为理论计算曲线，点代表实测值，二者相符。

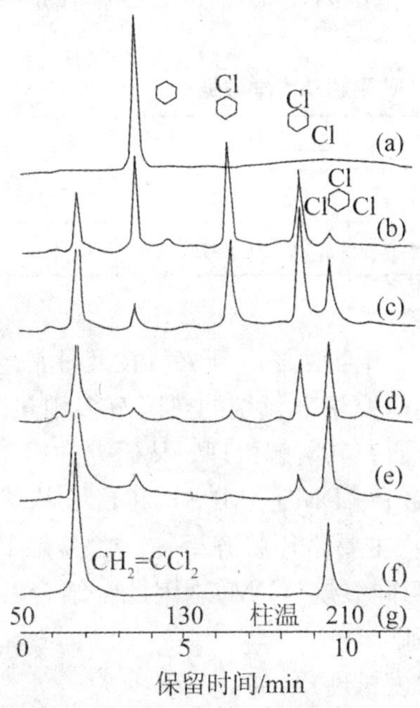

图 4-31　**氯乙烯-偏二氯乙烯共聚物离子流色谱图**
(a) PVC；(b) ～ (e) 共聚物中，偏二氯乙烯含量为 (b) 0.127，(c) 0.281，(d) 0.598，(e) 0.784；(f) PVDC

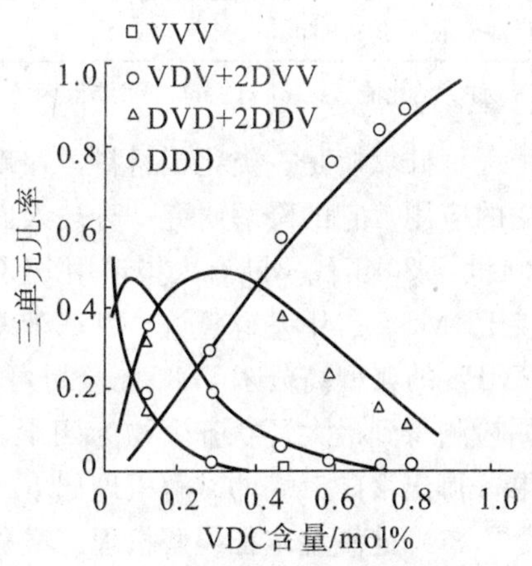

图 4-32　**PVDC 共聚物组成与分布**

另外，氯乙烯（V）-偏二氯乙烯(D）的共聚物中，如有“头-头”相接的链段，则 D-V-D三单元组生成的应为邻二氯苯和对二氯苯；而 D-D-D 则形成 1、2、5 三氯苯。这样，在 PGC 谱图上应出现上述碎片峰。从图 4-31 的谱图中，未发现上述碎片峰，说明在该共聚物中“头－头”键接的几率很小。

4.6.5 高聚物的降解研究

聚合物的降解可分为热降解、机械降解、生物降解、化学降解、光降解、辐射降解等。PGC－MS主要是研究热降解或热裂解。它不仅能够提供样品的热稳定性的信息，而且能根据裂解产物的鉴定结果，来推断聚合物降解的微观机理，还能测定降解反应动力学常数。研究裂解机理时要求更严格地控制PGC实验条件，例如样品的厚度要小，避免裂解时样品内部形成温度梯度；升温速率要快，尽可能消除样品在到达设定温度之前的分解。

最早用PGC研究聚合物裂解动力学的典型例子是Farre-Ruis等假定裂解是一级反应，对不同温度下的速率常数进行外推，从而运用Arrhenius方程计算了半衰期。后来，Lehrle和Robb等做了大量的开拓性工作。他们分别研究了PMMA、PAN和PS等聚合物的裂解反应动力学。用PGC研究裂解机理和反应动力学的聚合物还有PBD、PTFE、PVC、PIP、PE、丙烯酸甲酯类共聚物、聚酯、聚氨酯、聚硅氧烷、乙丙共聚物、聚砜、交联共聚物，等等。下面列举两例进一步说明PGC在聚合物降解中的研究。

在顺－1，4－PBD的裂解反应动力学实验中，取7.4μg样品，用热丝裂解器在固定的裂解时间和选定的裂解温度下进行实验，并重复裂解，记录每次裂解的图谱，直到没有产物流出为止。这样就可以根据主要裂解产物丁二烯和乙烯基环已烯的产率计算出该裂解温度下的裂解反应速率。然后重复进样，在不同设定温度下实验，从而获得不同温度下的反应速率常数。据此，由Arrhenius方程求得裂解反应活化能 E 和指数因子 A。实验证明，顺－1，4－PBD裂解符合一级反应动力学，在450℃～530℃范围内，Arrhenius方程式是有效的。表4－8列出了其动力学数据。

表4－8 顺－1，4－PBD的PGC裂解动力学数据

裂解温度（℃）	450	470	490	510	532	552	575
速率常数（s^{-1}）	0.73	1.26	3.01	4.62	10.35	23.11	46.21
最短裂解时间（s）	7.60	4.40	1.84	1.20	0.54	0.24	0.12

注：活化能 $E=157\ kJ \cdot mol^{-1}$；指数因子 $A=1.26\times10^{11}\ s^{-1}$。

聚硅氧烷是一类化工材料，在现代工农业生产、生物医学、新兴科技及日常生活中有广泛的应用。它的降解研究一直被人们所重视。早期研究聚硅氧烷的热降解多用热分析技术，20世纪80年代不断有人报道用PGC和PGC－MS研究其裂解机理。从研究的聚二甲基硅氧烷PDMS、二甲基硅氧烷－甲基苯基硅氧烷共聚物P（DMS－MPS）和聚甲基苯基硅氧烷PMPS的典型高分辨PGC图分析可知，其裂解产物主要是环状齐聚物。尤其是PDMS，谱图检测得到最大环状齐聚物为四十八甲基环二十四硅氧烷（DM）。因此，结合其他研究结果，得出聚硅氧烷的裂解机理如下（以PDMS为例）。

（1）**硅氧烷本征裂解机理（又称无规链断裂引发机理）**

产物为一系列环状齐聚物，其中以六甲基环三硅氧烷为最多，裂解机理如下：

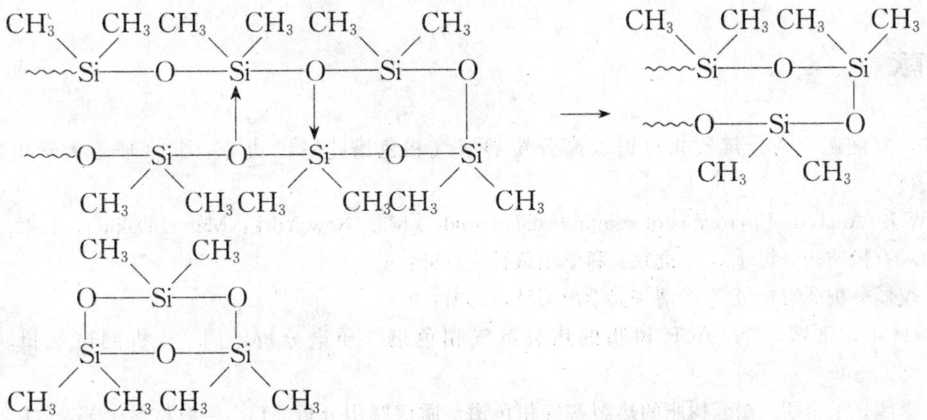

这是 PDMS 的主要裂解方式，它不受端基和分子量的影响。

(2) **"回咬（Back-biting）" 机理（又称催化裂解机理）**

有端羟基或金属离子杂质如 K^+ 存在时发生此反应，产物也是环状齐聚物，裂解机理如下：

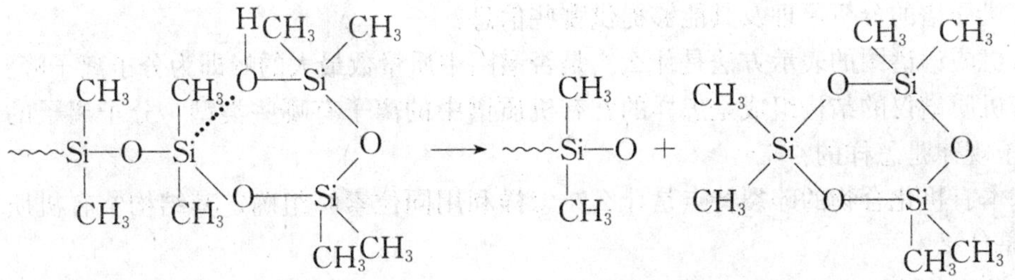

(3) **缩合反应机理**

有端羟基时，在较低温度下发生此反应，结果是分子量增加，裂解机理如下：

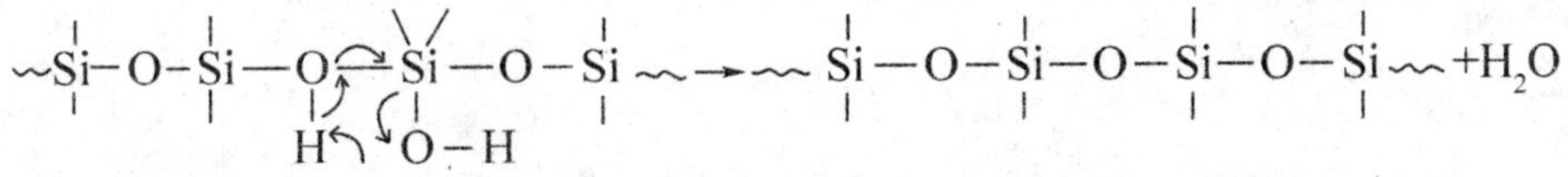

(4) **甲烷产生机理**

在碱性条件下，PDMS 可产生甲烷，裂解机理如下：

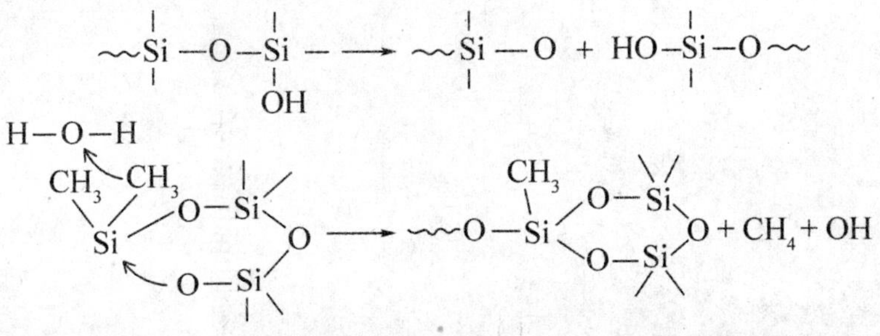

PMPS 比 PDMS 更稳定，主要是因为苯基的位阻效应使本征裂解不像 PDMS 那样容易进行。对于其他类型的聚硅氧烷及 Karn 共聚物的裂解机理不再详述，读者可参阅有关文献。值得一提的是，Blomberg 等从研究 GC 固定液流失机理的角度研究了几种聚硅氧烷的降解机理，这对色谱工作者是很有价值的。此外，还有 Blazso 等用 PGC－MS 研究了聚硅烷的热降解，Tsuge 等报道聚酯和环氧树脂的热降解研究成果均可参阅相关文献。

参考文献

[1] 傅若农，刘虎威．高分辨气相色谱及高分辨裂解气相色谱［M］．北京：北京理工大学出版社，1992：11.

[2] Irwin W J．Analytical pyrolysis of comprehensive guide［M］．New York：Marcel Dekker，1982.

[3] 陈德恒．有机结构分析［M］．北京：科学出版社，1985：4.

[4] 邓勃．仪器分析［M］．北京：清华大学出版社，1991：2.

[5] 苏旭，赵沁，张博，等．ACR 树脂的热裂解气相色谱－质谱分析［J］．分析测试学报，2008（27）：239.

[6] 刘亮，李娟，王金明．酚醛树脂的热裂解气相色谱－质谱联用分析［J］．宇航材料工艺，2007（1）：79－80.

思考题

1．有机质谱的分析原理及其能够提供哪些信息？

2．有机质谱谱图的表示方法是什么？是否谱图中质量数最大的峰即为分子离子峰？

3．有机质谱仪的结构组成是怎样的？有机质谱中的离子有哪些类型？分子离子的奇偶性与偶电子规律是怎样的？

4．基本有机化合物的碎裂特点是什么？怎样利用同位素峰组确定其结构？有机质谱的解析步骤是什么？

5．某化合物 $M=142$，$M+1$ 峰的强度为 M 峰的 1.1%，请写出可能有的分子式。

6．比较总离子流色谱图、重建离子流色谱图和质量色谱图的异同点。

7．简述 PGC－MS 联用技术的原理及在高分子中的应用。

第 5 章　热分析

随着高分子聚合物发展的突飞猛进，许多金属制品和部件已被聚合物所替代。高分子材料合成工业的发展使聚合物应用领域进一步拓展，对聚合物材料的种类、性能提出了更新、更高、更多的要求，特别是在汽车、信息、家电、建筑、国防和各种高尖端科技领域对工程塑料、塑料合金的需求量越来越大。

为了研制新型的高分子与控制聚合物的质量和性能，测定聚合物的熔融温度、玻璃化转变温度、混合物和共聚物的组成、热历史以及结晶度等是必不可少的。在这些参数的测定中，热分析是主要的分析工具。

1887 年，法国科学家 Henry Lonis 在《法国科学院周刊》上发表了《黏土的结构》和《热对黏土的作用》两篇论文。尽管当时没有差热电偶，而是采用照相记录出现的一系列均匀间隔线条和非均匀间隔线条，以此来判断有无热效应发生，但是人们还是公认他为“差热分析”技术的创始人。1899 年，英国的 Roberts-Austen W C 为差热分析仪的原理奠定了基础，他用两对热电偶反向连接，输出的信号用一个镜式检流计显示，研究圆柱形钢样品的热谱图。尽管他采用的是低灵敏度检流计记录参比物的温度，仍得到了电解铁的典型差热分析图。1915 年，日本科学家本多光太郎首次在分析天平的基础上研制出“热天平”，开创了“热重分析”技术。20 世纪 50 年代，由于电子工业的发展，自动控制和自动记录技术开始大量应用，热分析向自动化、定量化、微型化方向发展，出现了各种商品仪器，大大推动了热重法的进一步发展，1953 年 Keyser W L D 发明了微商热重法。20 世纪 60 年代初，我国第一台商品热天平仪由北京光学仪器厂研制生产。1964 年，美国的 Watson E S 等在差热分析技术基础上发明了“差示扫描量热分析”，美国 Perkin-Elmer 公司率先研制了功率补偿型 DSC—1 型差示扫描量热仪，进而发展并完善了差示扫描量热技术。近年来，随着微电子技术的迅速发展和分析软件的不断出现，热分析仪实现了功能综合化、温度程序化、记录自动化和样品微量化，分析精度愈来愈高，从而扩大了其适用的研究领域，促进了热分析技术的快速发展。

1977 年，国际热分析协会（International Confederation for Thermal Analysis，ICTA）将热分析定义为：热分析是在程序控制温度下，物质的物理性质随温度变化的函数关系的一类技术。其数学表达式为

$$P=f(T) \tag{5-1}$$

式中，P 是物质的物理性质，T 是物质的温度，而程控温度是把温度作为时间的函数，即

$$T=\varphi(t) \tag{5-2}$$

t 代表时间，即

$$P=f\left[\varphi(t)\right] \tag{5-3}$$

所以物质的物理性质 P 也是时间 t 的函数。这里需注意的是，程序控制温度一般是线性程序，包括线性升温、线性降温、恒温；阶梯升温、降温；循环或非线性升温、降温等。

按照热分析的定义，物质的物理性质包含热学、力学、电学、光学、磁学和声学等。因此，热分析技术涉及的范围广泛。可把热分析法分成以下几类，见表 5−1。

表 5−1　热分析技术的分类

测量的物理量	方法名称
质量 m	热重法（Thermogravimetry，TG），微商热重法（Derivative Thermogravimetry，DTG）
温度差 DT	差热分析（Differential Thermal Analysis，DTA）
比热容 cp、热量 Q	差示扫描量热法（Differential Scanning Calorimetry，DSC），调制式差示扫描量热法（Modulated Differential Scanning Calorimetry，MDSC）
尺寸 L、体积 V	热膨胀法（Thermodilatometry，TD）
力学模量 E、内耗	热机械分析（Thermomechanical Analysis，TMA），动态热机械法（Dynamic Thermomechanical Analysis，DMA）
声波速 v、声衰减系数 a	热发声法（Thermosonimetry），热传声法（Thermoacoustimetry）
光学量	热光学法（Thermooptometry）
电阻 R	热电学法（Thermoelectrometry）
磁化率 χ、磁导率 μ	热磁学法（Thermomagnetometry）

热分析技术，可在宽广的温度范围内对样品进行研究；可使用各种不同的升降温速率程序；对样品的物理状态无特殊要求；样品量可以少至 0.1 μg～10 mg；仪器灵敏度、精确度达 10^{-5}；可与其他技术联用并获取多种信息。基于上述特点，热分析技术可广泛用于材料、医药、能源、海洋、地质、食品、生物技术等领域，对生产工艺条件和中间产品的质量实现控制。

热分析是包括许多与温度相关的实验测试方法，差热分析、差示扫描量热分析、热重分析和热机械分析是主要的分析方法。可用于研究物质的晶型转变、融化、升华、吸附等物理现象，以及脱水、分解、氧化、还原等化学现象，并能快速提供被研究物的热稳定性、热分解产物、玻璃化温度、软化点、比热、纯度、爆破温度等信息。尤其可对高分子材料的结构和性能进行表征。本章只对差热分析、差示扫描量热分析、热重分析做主要介绍，涉及其分析原理、特点及应用，其他分析方法可阅读相关参考资料和专著。

5.1　热重与微商热重法

20 世纪 50 年代，热重法（TG）有力推动了无机分析化学的发展。20 世纪 60 年代，人们广泛采用热重法来研究高分子材料的热稳定性、反应动力学、共聚和共混体系及聚合物老化过程等。热重法（TG）已成为高分子材料生产和科学研究的重要手段。

5.1.1　热重和微商热重法的原理

热重法（Thermogravimetry，TG）是在程序控制温度下，测量物质的质量与温度或时间的函数关系的一种技术。其数学表达式为

$$m=f(T\text{ 或 }t) \tag{5-4}$$

式中，m 为物质质量，T 为温度，t 为时间。记录的曲线称为热重曲线或 TG 曲线，如图5-1。

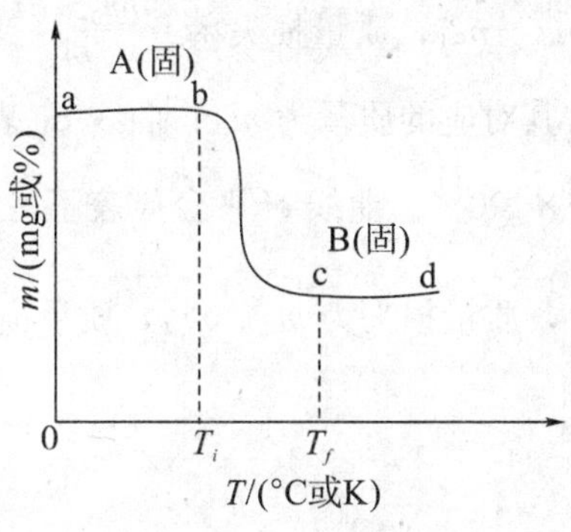

图 5-1　TG 曲线

曲线的纵坐标为质量 m，横坐标为时间 t 或温度 T。m 以 mg 或百分数%表示。温度单位是热力学（K）或摄氏温度（℃）。T_i 表示起始温度，即累计质量变化达到热天平可以检测的温度。T_f 表示终止温度，即累计质量变化达到最大值时的温度。T_f-T_i 表示反应区间，即起始温度和终止温度的温度间隔。曲线中 ab 和 cd 是质量保持基本不变的部分称为平台，bc 部分称为台阶。

微商热重法（Derivative Thermogravimetry，DTG）是将热重法得到的热重曲线对时间或温度一阶求导数的一种方法，称为微商热重曲线或 DTG 曲线，即质量变化速率作为时间或温度函数被连续记录下来。其数学表达式为

$$\frac{dm}{dT}\text{或}\frac{dm}{dt}\ (T\ \text{或}\ t) \tag{5-5}$$

如图 5-2 所示，从 DTG 曲线与 TG 曲线比较来看，横坐标都为时间 t 或温度 T，自左向右表示增加。TG 曲线纵坐标从上到下表示质量减小；DTG 曲线的峰相当于 TG 曲线的质量变化。DTG 峰面积的大小与样品的质量损失成正比，由 DTG 峰面积的大小可求出质量损失量。

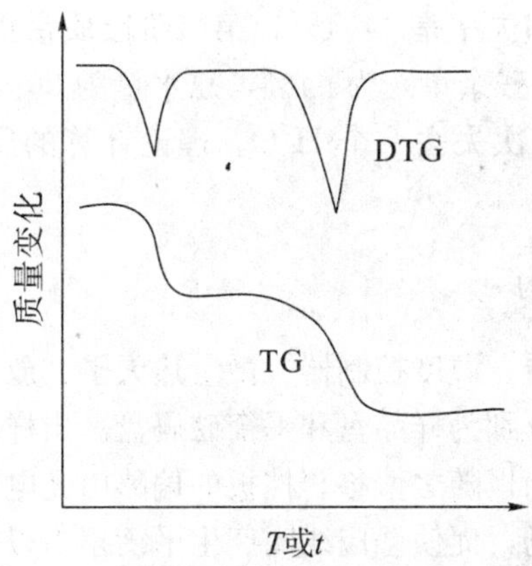

图 5-2　TG 和 DTG 曲线比较

此外，图 5-2 还说明样品受热时不止一次失重，每次质量损失率可由起始温度和终止温度的温度间隔与对应的纵坐标数值计算得到。

下面以结晶硫酸铜（$CuSO_4\cdot 5H_2O$）的 TG 曲线为例来说明热重法的数据表示和计算。

如图 5-3 所示，曲线 ab 段是一平台，$CuSO_4 \cdot 5H_2O$ 质量没有变化，原始质量为 m_0。bc 表示第一台阶，质量损失为 m_0-m_1，质量损失率$=\frac{m_0-m_1}{m_0}\times 100\%$。曲线 cd 段是第二平台，代表另一种稳定的组成，其对应的质量为 m_1；曲线 de 表示第二台阶，质量损失为 m_1-m_2，质量损失率$=\frac{m_1-m_2}{m_0}\times 100\%$。曲线 ef 平台代表了另一种稳定组成，其对应的质量为 m_2；曲线 fg 表示第三台阶，质量损失为 m_2-m_3，质量损失率$=\frac{m_2-m_3}{m_0}\times 100\%$；总质量损失率$=\frac{m_0-m_3}{m_0}\times 100\%$。

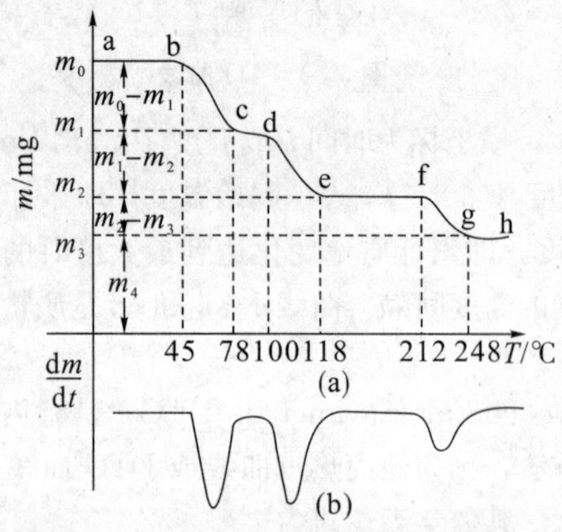

图 5-3　$CuSO_4 \cdot 5H_2O$ 的 TG 曲线

可推导出结晶硫酸铜（$CuSO_4 \cdot 5H_2O$）的脱水反应方程如下：

$$CuSO_4 \cdot 5H_2O = CuSO_4 \cdot 3H_2O + 2H_2O\uparrow \quad (5-6)$$

$$CuSO_4 \cdot 3H_2O = CuSO_4 \cdot H_2O + 2H_2O\uparrow \quad (5-7)$$

$$CuSO_4 \cdot H_2O = CuSO_4 + H_2O\uparrow \quad (5-8)$$

根据（5-6）、（5-7）和（5-8）方程，可计算出结晶硫酸铜（$CuSO_4 \cdot 5H_2O$）的理论质量损失率。第一阶段质量损失率是 14.4%，第二阶段质量损失率也是 14.4%，第三阶段质量损失率为 7.2%。余重（残余量）为 64%，总水量为 36%。这说明 TG 曲线上第一次、第二次分别失去 $2H_2O$，第三次失去一个 H_2O。理论计算的质量损失率和 TG 测得值基本一致。

5.1.2　热重分析仪的结构

热重分析仪主要由加热器、温度控制器、微量热天平、放大器、记录仪五部分组成。

微量热天平横梁的两端分别为样品盘和平衡砝码盘。当样品受热质量发生变化时，横梁产生偏转力使一端所连接的挡板随之偏移。挡板的偏移由光电管接收，经微电流放大器放大后的信号被送到动圈式电磁场，促使感应线圈产生平衡扭力以保持天平的平衡。这样可以通过测量电信号的变化得到 TG 曲线。如图 5-4 所示。

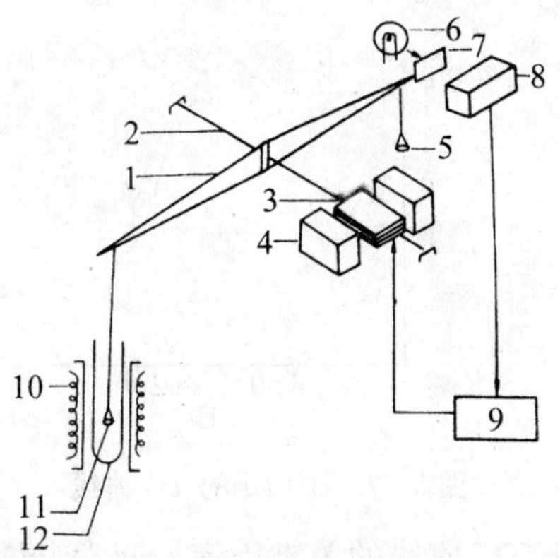

图 5-4　电磁式微量热天平的结构

1. 梁；2. 支架；3. 感应线圈；4. 磁铁；5. 平衡砝码盘；6. 光源；7. 挡板；
8. 光电管；9. 微电流放大器；10. 加热器；11. 样品盘；12. 反应管

5.1.3　影响热重曲线的因素

热重分析的测量曲线受诸多因素的影响，主要包括实验条件和试样特性两个方面。其中，实验条件包括升温速率、气氛及仪器的灵敏度与分辨率等因素，而试样特性包括挥发物的冷凝、试样用量和试样粒度等。

（1）**实验条件的影响**

热重分析中升温速率的控制是很重要的因素。升温过快或过慢会使 TG 曲线向高温或低温侧偏移，甚至掩盖应有的平台。例如，苯乙烯在氮气中，采用不同的升温速率对 TG 曲线的影响，如图 5-5 所示。另外升温速率不同，造成炉壁与坩埚间温度差也不同，可以产生 3℃～14℃的温差，如图 5-6 所示。一般升温速率控制在 2.5℃/min、5℃/min 和 10℃/min 时，误差较小。

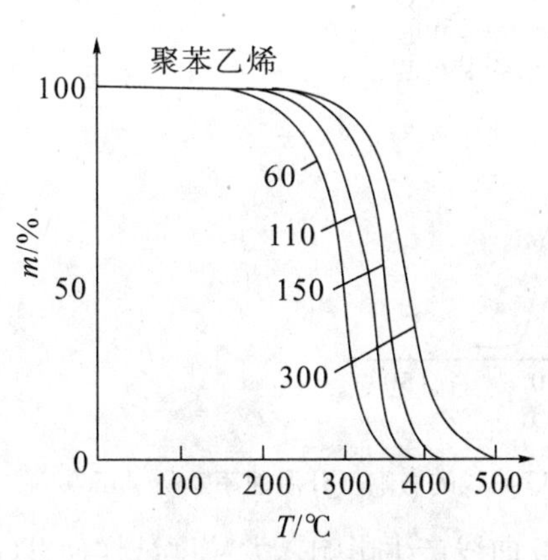

图 5-5　聚苯乙烯在 N_2 中的 TG 曲线

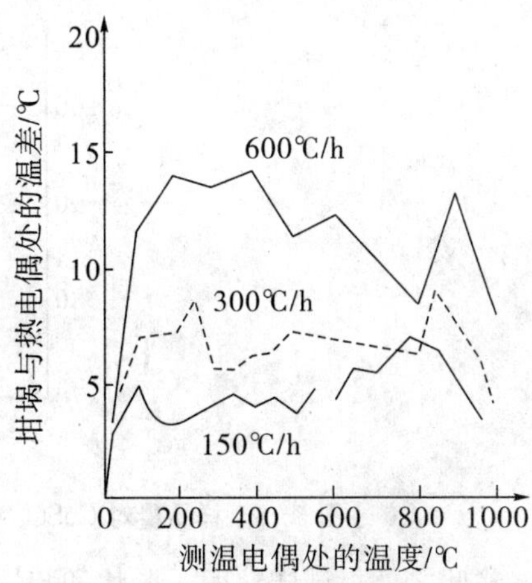

图 5-6　升温速率对坩埚温度的影响

样品需置于惰性气体保护之中。这一点在热重分析中非常重要，因为使用温度一般较高，少量氧气存在就会引起氧化作用，对 TG 曲线影响大。还要提到一点，有时有意在氧气环境中进行热重实验，旨在研究聚合物的氧化反应，其结果可能是增重（氧化物不挥发）或失重（氧化物挥发）。图 5-7 是聚丙烯在空气与氮气中的 TG 曲线。在空气中加热到 150℃～180℃有增重，这是氧化反应的结果，而在氮气中就没有这种现象。

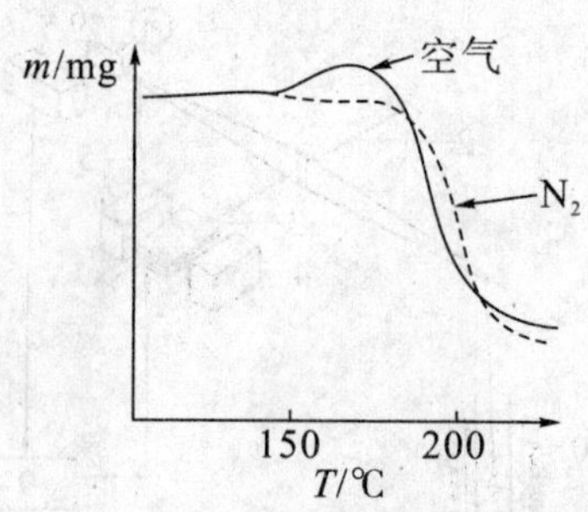

图 5-7 聚丙烯的 TG 曲线

热天平的灵敏度也是影响 TG 曲线的关键因素，通常灵敏度越高，试样重量就可越少，中间产物的质量平台会更清晰，分辨率就越高。为了得到正确的 TG 曲线，在选择灵敏度时要与升温速度、走纸速率、样品性质和用量等因素相匹配。

(2) **试样特性**

热重分析中试样挥发物冷凝的影响也是很重要的。试样受热分解、升华，逸出的挥发物有可能冷凝在热天平的低温区，不仅污染了仪器，而且使测得的试样质量偏低；温度上升后，这些冷凝物又可能再次挥发产生假质量损失，以致造成 TG 曲线变形，干扰正确的判别，使测定结果不准。为了消除或减小冷凝物的影响，除从仪器方面要设计合理的气路，操作条件要尽量减少试样用量和选择合适的净化气流量外，还应该在分析之前，对试样的热分解、升华等性质有一个初步的估计，避免造成仪器污染，获得正确的测定结果。

样品用量会直接影响热传导和挥发性产物的扩散，从而影响 TG 曲线的形状。图 5-8 表示不同用量的 $CuSO_4 \cdot 5H_2O$ 的 TG 曲线。样品用量少的 TG 曲线，其热分解反应中间过程的平台更明显，因此，样品用量在仪器灵敏度允许范围内，采用少量的试样较好。当然，某些特殊试样为了提高灵敏度或扩大试样差别或与其他仪器联用时，也要多用些样品。

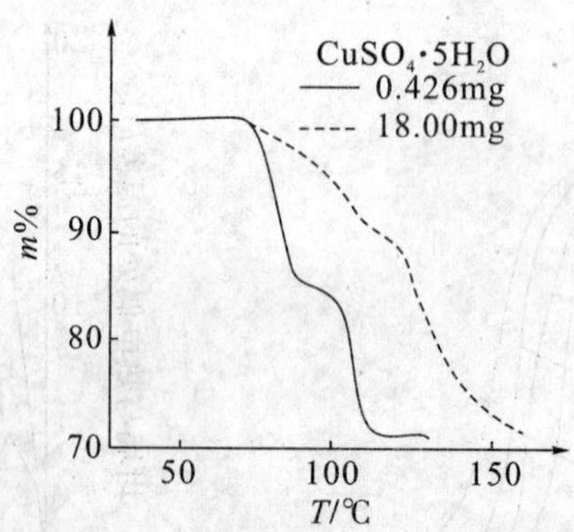

图 5-8 样品量对 $CuSO_4 \cdot 5H_2O$ 的 TG 曲线的影响（升温速率 13℃/min）

除此之外，试样粒度、形状和装填也会对 TG 曲线产生影响。大粒度试样使 TG 曲线的台阶向高温移动，颗粒过大的试样会因爆裂而造成 TG 曲线形状异常。薄膜及纤维试样愈厚或愈粗，其热降解速度愈慢。图 5-9 中，当聚丙烯薄膜厚度增加时，其热降解速率随薄膜厚度的增加而变慢。试样装填方式不同会改变热传递性能。一般来说，样品装填越紧密，样品颗粒间接触越好，有利于热传导，因而温度滞后现象越小。为了得到重现性较好的 TG 曲线，要求试样颗粒均匀，尽可能地减少样品用量，每次装填情况要尽量一致。试样的比热、导热性和反应等性质对 TG 曲线也都有影响，温度很高或有腐蚀性物质产生时，必须采用铂金坩埚盛样，以上所提到的诸多因素，分析者都应充分重视。

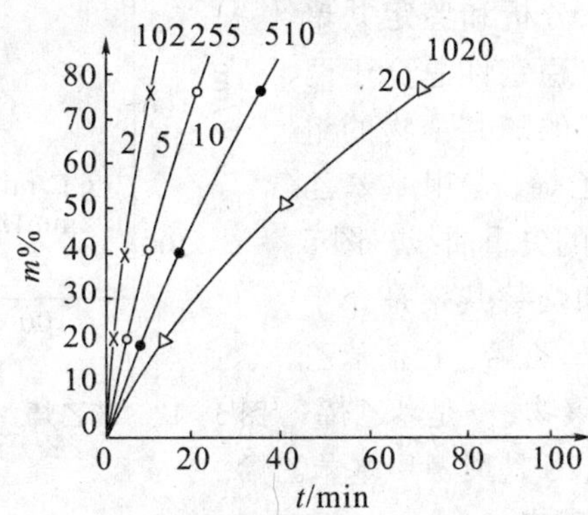

图5−9　试样厚度对质量损失率的影响（260℃，空气）

5.1.4　热重法在高分子中的应用

TG、DTG的定量性强，能准确测定物质质量的变化速率。热重法在高分子行业主要用于评估：高分子材料的热稳定性，添加剂对热稳定的影响，氧化稳定性的测定，含湿量和添加剂含量的测定，反应动力学的研究和共聚物，共混物体系的定量分析，聚合物和共聚物的热裂解，热老化的研究等。

（1）**高分子材料热稳定性的评定**

图5−10比较了五种高分子材料的相对热稳定性，这种方法准确可靠，常常被采用。聚氯乙烯PVC、聚甲基丙烯酸甲酯PMMA、高压聚乙烯HDPE、聚四氟乙烯PTFE和芳香族聚酰亚胺PI，用热重分析能很好地解决它们的热稳定性，即到底在什么温度下分解。

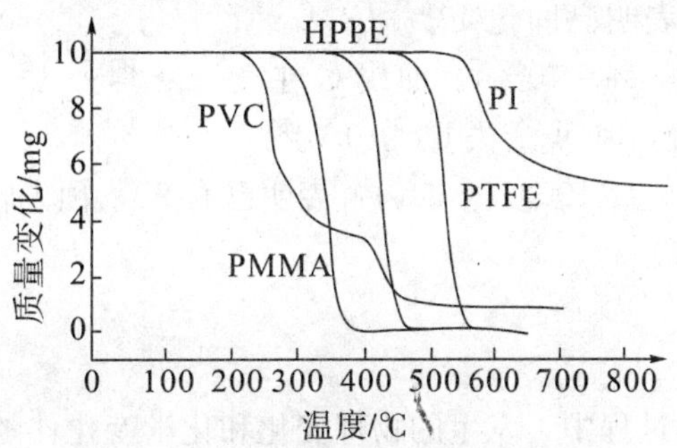

图5−10　五种高分子材料的TG曲线

（2）**高分子材料的添加剂的分析**

应用TG法分析高分子材料中的各种添加剂，包括有机的和无机的添加剂，有着独特之处，比一般的方法要简单方便。例如，塑料、橡胶中碳黑的测定，硫化橡胶中碳黑的测定，碳黑是作为一种增强剂而存在，起到耐磨、耐热和抗光的裂解作用。如图5−11所示，TG曲线是先在N_2气中使聚合物裂解，然后再通氧气使碳燃烧。

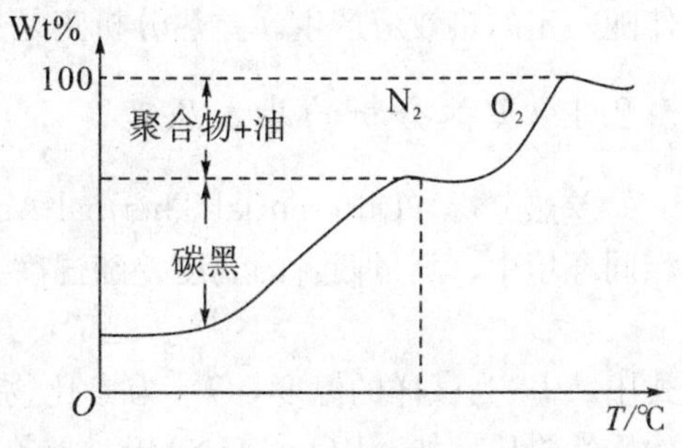

图5−11　硫化橡胶中碳黑的TG曲线

(3) **共聚物和共混物的分析**

已有不少研究用 TG 来分析和鉴定共聚物体系。已发现共聚物的热稳定性总介于两种均聚物之间，而且有规律的随共聚物的组成而变化。Bear 研究了苯乙烯、α-甲基苯乙烯的均聚体与它们的共聚物的失重曲线。图 5-12 表示两种单体的无规和交替共聚是介于两种均匀物之间的，a 是聚苯乙烯、b 是苯乙烯、α-甲基苯乙烯的无规共聚物、c 是苯乙烯-α 甲基苯乙烯的交替共聚物、d 是聚 α-甲基苯乙烯。

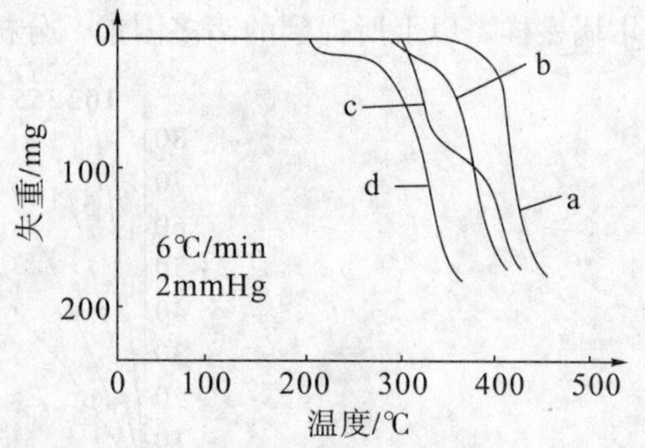

图 5-12 苯乙烯、α-甲基苯乙烯共聚物 TG 曲线

(4) **高分子材料的固化反应**

TG 分析可用于研究热固性塑料的固化反应。一种方法是通过缩醛产物（如水、醛）的失重来估计固化程度，另一种是在升温过程中测量剩余物的失重来计算转化程度。图 5-13 是酚醛黏合剂以 160℃/min 升温到几个等温固化温度下进行等温失重的测定，显然，其重量数代表了固化程度。从 TG（A、B、C）曲线和 DTG（A′、B′、C′）曲线看出，曲线 A 为未固化的样品，其失重 3%，可作为 100% 的固化标准。曲线 B 事先在 160℃温度下固化，1 分钟后，用 TG 测定残余固化度，结果失重 1.8%，表明已固化 40%（3%-1.8%=1.2%，1.2/3×100%=40%）。曲线 C 在 180℃温度下固化 1 分钟，其残余失重为 0.3%（3%-0.3%=2.7%，2.7/3×100%=90%），表明已有 90%预先转化。

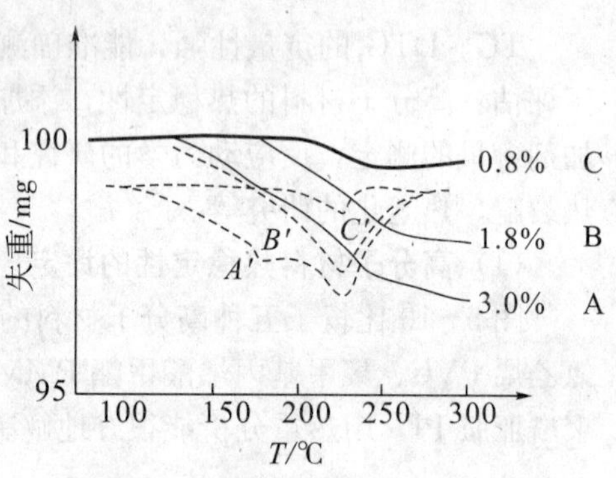

图 5-13 酚醛黏合剂 TG 曲线

5.2 差热分析法

物质在受热或冷却的过程中，发生的物理变化和化学变化伴随着吸热和放热现象，如结晶、沸腾、升华、蒸发、熔融等物理变化，以及氧化还原、分解、脱水和离解等化学变化均伴随一定的热效应产生。差热分析正是建立在物质的这类性质基础上的一种方法。

5.2.1 差热分析的基本原理

差热分析（Differential Thermal Analysis，DTA）是试样和参比物在程序升温或降温的相同环境中，测量两者的温度差随温度（或时间）变化的一种技术，数学表达式为

$$\Delta T = T_s - T_r = f\ (T \text{ 或 } t) \tag{5-9}$$

式中，T_s 为试样的温度，T_r 为参比物的温度。参比物是在测定条件下不产生任何热效应的惰性物质，如 Al_2O_3、MgO 等。差热分析的原理如图 5-14 所示。

将试样 S 和参比物 R 分别放入坩埚，置于加热炉中，以一定速率进行程序升温，设试样和参比物的热容量不随温度改变而改变，则在理想的情况下，试样温度 T_s 与参比物温度

T_r 相等，即 $\Delta T=0$，差示热电偶无信号输出。随着温度的增加，试样产生了热效应（如相转变），与参比物间的温差变大，即 $\Delta T\neq0$，其值可正可负。

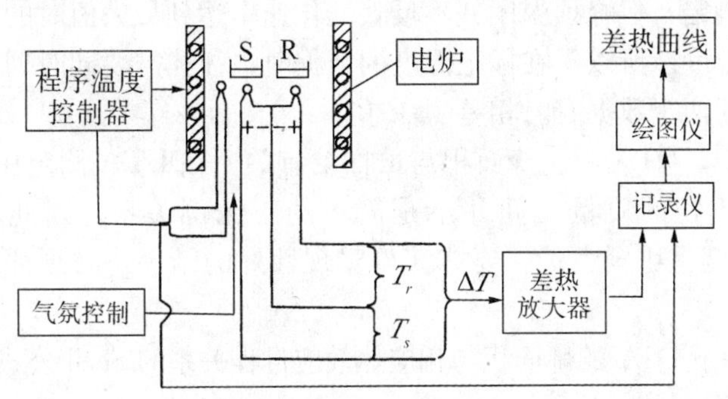

图 5－14　DTA 的原理示意图

一般 DTA 曲线的峰向上表示放热，向下表示吸热。图 5－15 是典型的 DTA 曲线，根据国际热分析协会的定义，这里需对 DTA 分析的基本术语进行了解。

①参比物：指通常在实验的温度范围内没有热活性的已知物质。

②试样：指实际要测定的材料。

③样品：试样与参比物的总称。

④试样支持物：指放试样的容器或支架。

⑤参比物支持物：指放参比物的容器或支架。

⑥差示热电偶（ΔT 热电偶）：测量温度差用的热电偶系统。

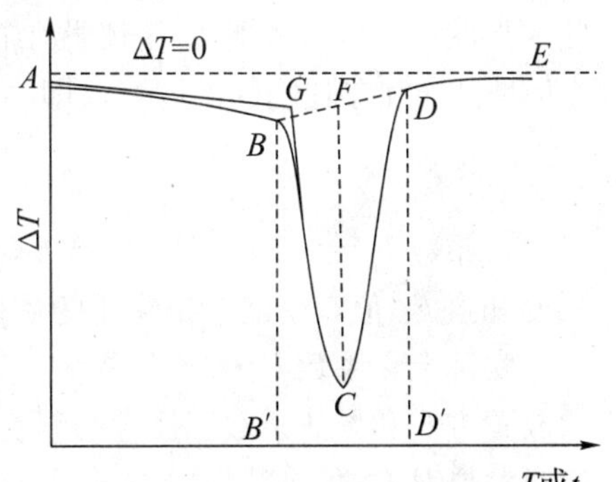

图 5－15　典型的 DTA 曲线

从图 5－15 可以对 DTA 曲线的各个部分作相应的定义：

①基线（AE）：DTA 曲线上 ΔT 近似为零位部位。

②峰（BCD）：DTA 曲线从离开又回到基线的部分。

③吸热峰：试样温度低于参比物温度的峰，即 ΔT 为负值。

④放热峰：试样温度高于参比物温度的峰，即 ΔT 为正值。

⑤峰宽（$B'D'$）：从离开基线点到回到基线点的温度或时间间隔。

⑥峰高（CF）：峰顶（C）至基线的距离。

⑦峰面积（BCD）：峰和基线所包围的面积。

⑧外推起始温度（G 点）：在峰的前沿最大斜率点的切线与外推基线的交点。

通过以上对 DTA 曲线各部分的定义，可对 DTA 曲线提供的信息进行分析。首先是峰位，峰的位置主要由两个因素决定：一是热效应变化的温度；二是热效应的种类。热效应变化的温度主要体现在峰的起始温度上，而热效应的种类则主要体现在峰的方向上。一般情况向上为放热效应，向下为吸热效应。由于不同物质在程序温度控制下，受热后的行为不同，实验得到的差热曲线上的峰位、峰的形状和个数也不同，这就为差热分析对物质的定性分析提供了依据。由外推起始温度的定义，即峰的起始温度应是峰的前缘斜率最大处的切线与外推基线的交点所对应的温度。由于试样受热过程存在温度梯度，要测准试样变化的实际温度有一定的难度。对于大多数变化，外推起始温度与热力学平衡温度有一定差别。若不考虑仪器灵敏度等因素，外推起始温度比峰顶温度更接近于热力学平衡温度。一般来说，DTA 的峰顶温度比较容易测定，但峰顶温度并不反映变化速率达到最大值时的温度，也不能代表放热或吸热结束时的温度。所以，在标定温度的数据时，往往需要同时列出外推起始温度和峰顶温度两个数据，这两个数据有时相差 10℃左右。

其次是峰的面积，DTA 曲线峰面积与试样焓有关。在 DTA 测定中，DTA 曲线上峰的面积与热效应或反应物的质量之间并不是简单的正比例关系。因此，从某种意义上讲，DTA 实验的技术难度是比较大的。要能获得重现性好的结果，必须注意正确选取 DTA 的实验条件和参数。

这里我们讨论一下 DTA 的峰面积与相应热效应过程关系的 Speil 公式。其数学表达式为

$$S=\int_{t_1}^{t_2}\Delta T\mathrm{d}t=\frac{m_a\Delta H}{g\lambda_s} \qquad (5-10)$$

式中，S 是峰的面积；m_a 是试样质量；ΔH 是焓变；g 是与仪器相关的系数（包括仪器的几何形状、试样和参比物在仪器中的安放方式对热传导的影响）；λ_s 是试样的热导系数；ΔT 是试样和参比物的温度差，即 $\Delta T=T_s-T_r$。

$$S=\int_{t_1}^{t_2}\Delta T\mathrm{d}t=k_\lambda(m_a\Delta H) \qquad (5-11)$$

式中，系数 $k_\lambda=(g\lambda_s)^{-1}$，$S$ 是差热分析曲线上峰的面积。所以，通过实验测定得到 S 后，只要知道 k_λ 值，就能求出物质的质量 m_a 和焓变 ΔH。

实际上，系数 k_λ 并不是常数。k_λ 值与样品支持器的几何形状、试样和参比物在仪器中的放置方式和导热系数、反应的温度范围以及实验条件和操作等有关。所以，在进行热量测定时，要对 k_λ 值进行标定。选用已知 ΔT，且用其他方法精确测定的物质，所选用的反应温度区间要与实验测定的温度区间相同。在相同的实验条件下，对选用参比物与待测试样进行 DTA 测定，按下式求出 k_λ 值：

$$k_\lambda=\frac{S}{m_a\Delta H} \qquad (5-12)$$

5.2.2 差热分析仪器的组成

现代差热分析仪器由控温炉、温度控制器、气氛控制器、差热检测器、记录仪（数据处理装置）组成，其主要部分的结构与图 5-14 相似。

DTA 谱图是以横坐标为温度 T（或时间 t），纵坐标为试样与参比物之间的温度差 ΔT。所得到的 $\Delta T-T$ 曲线称为差热曲线。如图 5-16（a）所示，AE 线称为基线，记录仪上记录温度差的笔画的一条直线，此时检测器无信号输出；另一支笔记录试样温度的变化，如图 5-16（a）中的 T_s 线。当试样温度上升到某一温度时，试样和参比物的温度不再相等，差示热电偶信号经检测器输出，这时记录温差的笔 ΔT 会偏离基线而画出曲线。现代热分析仪多数都采用计算机进行数据处理，升温速率和 DTA 谱图均采用打印机输出。若试样为聚合物，则差热曲线中出现的峰或基线突变的温度常与聚合物的玻璃态、黏流态的转变温度有关。

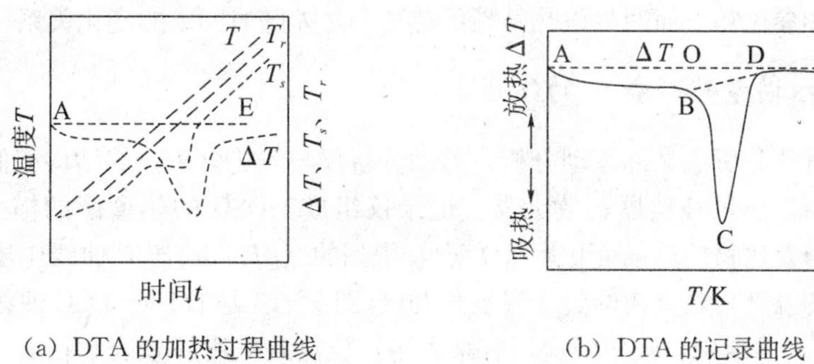

(a) DTA的加热过程曲线　　(b) DTA的记录曲线

图5-16　DTA升温过程曲线

5.3　差示扫描量热分析

5.3.1　差示扫描量热分析的基本原理

1964年，美国的Watson E S和Oneill M J在DTA技术的基础上提出了动态零位平衡设计原理，即差示扫描量热法。差示扫描量热分析法（Differential Scanning Calorimetry，DSC）是试样和参比物在程序升温或降温的相同环境中，用补偿器测量使二者的温度差保持为零所必需的热量与温度（或时间）的关系的一种技术。用数学式表示为

$$\frac{dH}{dt}=f\ (T\text{或}t) \tag{5-13}$$

根据测量方法的不同，又分为功率补偿型DSC和热流型DSC两种。常用的功率补偿DSC是在程序控温下，使试样和参比物的温度相等，测量每单位时间输给两者的热量（功率）差与温度的关系的一种方法。

DTA是测量$\Delta T-T$的关系，试样和参比物的温度差ΔT可正可负；而DSC是要求试样和参比物的温度不论试样吸热或放热都处于动态零位平衡状态，保持$\Delta T=0$。DSC测量的是维持试样和参比物处于相同温度所需要的热量（功率）差，即测定$\Delta H-T$的关系，这是DTA与DSC最本质的区别。

在功率补偿型DSC中，如图5-17所示，DSC和DTA仪器装置相似，所不同的是在试样和参比物容器下装有两组补偿加热丝，当试样在加热过程中由于热效应与参比物之间出现温差ΔT时，通过差热放大电路和差动热量补偿放大器，使流入补偿电热丝的电流发生变化，当试样吸热时，补偿放大器使试样一边的电流立即增大；反之，当试样放热时，使参比物一边的电流增大，直到两边热量平衡，温差ΔT消失为止。换句话说，试样在热反应时发生的热量变化，由于及时输入电功率而得到补偿，所以实际

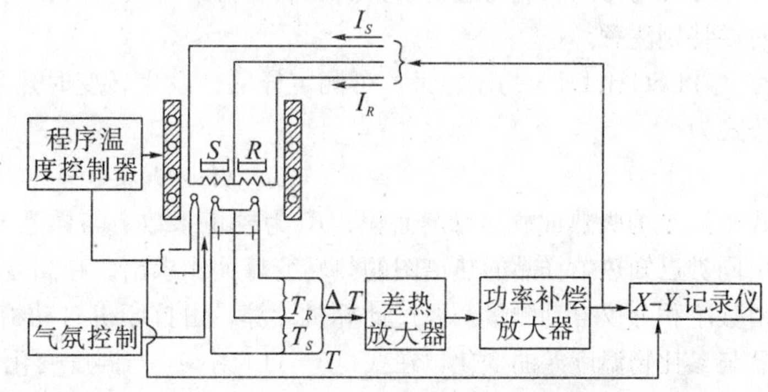

图5-17　功率补偿型DSC示意图

记录的是试样和参比物下面两只电热补偿的热功率之差随时间 t 的变化关系。

5.3.2　差示扫描量热分析仪的组成

差示扫描量热分析法又称差动分析，差动分析仪与差热分析仪的结构相似，主要由控温炉、温度控制器、热量补偿器、放大器、记录仪组成。DSC 的热谱图的横坐标为温度 T，纵坐标是试样与参比物的热量变化率 $\mathrm{d}H/\mathrm{d}t$，得到的（$\mathrm{d}H/\mathrm{d}t$）$-T$ 曲线中出现的热量变化峰或基线突变的温度与聚合物的转变温度相对应。图 5－18 是 DTA－DSC 曲线的区别，可以看出：左边 DTA 曲线中，吸热效应用谷来表示，放热效应用峰来表示；右边 DSC 曲线中，吸热效应用凸起正向的峰表示热焓增加，放热效应用凹下的谷表示热焓减少。

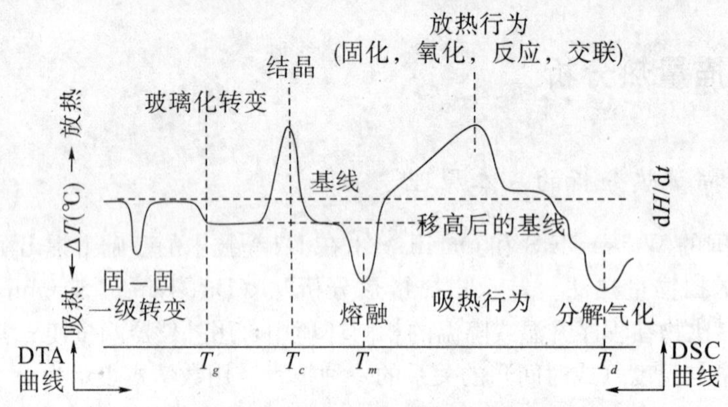

图 5－18　DTA－DSC 曲线

5.3.3　DTA 和 DSC 的几个问题

①通过测量热量变化率，差热分析和差示扫描量热分析都能得到热谱图。热谱图直接反映出温度变化过程中样品的物理和化学变化过程，如结晶、熔融、氧化、分解等，在谱图中，这些吸热或放热的变化呈现出吸热峰或放热峰；聚合物的玻璃化转变是聚合物状态的变化，在热谱图上一般呈现为基线的拐折。这种拐折是聚合物比热容发生变化引起的。但是，有时玻璃化转变在热谱图的曲线上表现为一小峰，这往往是由于样品曾经受过冻结应变或因退火处理所造成的，可以用聚合物的自由体积理论加以解释。

②样品受热的历史对它的性能影响很大，尤其是聚合物样品的转变与松弛受加工温度、冷热处理的时间长短与速度快慢、放置的温度与时间的影响很大，在进行热分析和谱图分析时要特别注意。

③DSC 比 DTA 易于定量，可测定样品在发生转变时热量的变化，DSC 计算热焓的 Speil 公式为

$$\Delta H = KA \tag{5-14}$$

式中，A 为吸热或放热峰的面积；K 为校正系数，与样品的尺寸和导热系数有关，K 值可由同类已知热焓样品的热谱图的热转变峰面积求出。在高度自动化的热分析仪器中，峰面积由数字积分仪自动测量，经过计算机计算，由打印机自动给出结果。在 DTA 中测定的是样品与参比物温度差的变化，在式（5－11）中 k_λ 与温度变化（升温或降温）有关，计算 ΔH 困难，必须用标准物质进行标定，求出 ΔT 与热焓间的换算关系。在 DSC 中，由于仪器设计使样品与参比物之间的温差 ΔT 为零，K 值与温度变化无关，计算 ΔH 只需根据吸热或

放热峰的面积，所以其应用范围较 DTA 越来越广。DSC 的测量温度远低于 DTA，一般 DSC 控制在 750℃以下使用。

④升温速度是 DTA 和 DSC 测定中的重要条件之一。升温速度过快，使转变温度向高温方向偏移，所得数据偏高，还会造成相邻转变峰的重叠，影响峰面积的测量；升温速度过慢，测量效率低，还会使得高分子链的热转变与松弛缓慢，在热谱图上的变化不明显，影响转变温度尤其是玻璃化转变温度的确定。因此应根据样品的性能，选择适当升温速度，常用的升温速率为 5℃/min～10℃/min。应注意的是，在保证 DSC 谱图各转变峰分离度的前提下，升温速率的变化对转变温度有影响，但对谱图中吸热或放热峰的峰面积无影响（对峰的高低宽窄有影响），因此不影响 DSC 热量的定量计算。

⑤一些物质在空气存在的条件下受热易被氧化，所以样品要在惰性气体保护下进行分析。常用的惰性气体有干燥的氮气，必要时还可用氦气。

⑥用做 DTA 和 DSC 分析的样品一般为固体，固体样品粒度小则受热均匀。样品预先应充分干燥，一般用量 5 mg～15 mg。有时样品为胶状树脂，实验时要求将皿式样品池的盖加封。近年来，由于运用特殊装置，DTA 已用于溶液的测定。

⑦DTA 和 DSC 分析中所用的参比物是热惰性物质，这些物质具有蒸汽压低、化学稳定性好的特性。常用的参比物有 Al_2O_3 和 MgO 等。在热分析中往往还要对仪器的温度进行校准，用来校准温度的标准物质很多，常用的标准物质如表 5－2 所示。

表 5－2 常用的标准物质

标准物质	发生平衡转移的温度/℃	熔融焓 ΔH_f（4.1868J/g）	相变焓 ΔH_f（4.1868J/g）
偶氮苯	34.6	21.6	
硬脂酸	69	47.5	
菲	99.3	25.0	
KNO_3	128/337	28.1	12.86
In	156.4	6.79	
季戊四醇	187.8	77.1	
Sn	231.9	14.4	
Pb	327.4	5.50	
Zn	419.5	24.4	

多数高分子样品是在 350℃以下进行 DTA 和 DSC 分析，表 5－2 只列出了平衡转移温度在 420℃以下的部分标准物质。

5.4 DTA、DSC 在聚合物研究中的应用

DTA、DSC 在聚合物研究中的应用很广泛。这些方法不仅可以提供有关聚合物体系（包括共混聚合物、共聚物、均聚物）的各种转变温度，热转变的各种参数（比热容、热焓、活化能等），结晶聚合物的结晶度，聚合物的热稳定性，聚合物的固化、氧化和老化等方面的重要信息，而且还是研究不同的热历史、不同的处理和加工条件对聚合物结构与性能影响的强有力的手段。

5.4.1 热转变温度的测定

聚合物的热转变温度与其组成和结构密切相关。聚对苯二甲酸乙二醇酯（PET）具有良好的化学性能和物理机械性能，是纤维和薄膜的良好材料。欲对该材料进行加工，需掌握其各热转变温度。

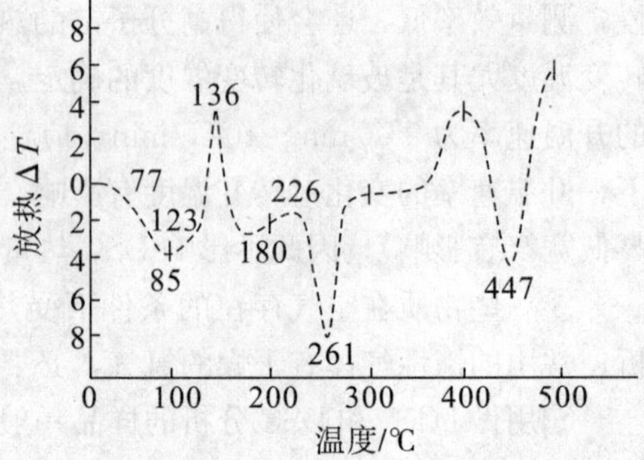

图 5-19 未拉伸 PET 纤维的 DTA 曲线

例 1 图 5-19 是在氮气保护下测定的未拉伸 PET 纤维的 DTA 曲线，77℃、136℃、261℃及 447℃分别为它的玻璃化转变温度 T_g、低温结晶温度（冷结晶温度）T_c、熔融温度 T_m 及分解温度 T_d。

非晶态不相容的二元共聚物一般有两个玻璃化转变温度，而且其数值与所对应的均聚物的玻璃化转变温度有所不同。

例 2 图 5-20 是苯乙烯-丁二烯-苯乙烯（SBS）的嵌段共聚物的 DSC 曲线，曲线 B 和曲线 S 分别代表有一定交联的聚丁二烯和聚苯乙烯均聚物的热转变曲线。聚丁二烯 B 的玻璃化转变温度 T_{g1} 约为 0℃，聚苯乙烯 S 的玻璃化转变温度 T_{g2} 约为 100℃。共聚后的热塑弹性体 SBS 有两个玻璃化转变温度 T_{g1} 和 T_{g2}，T_{g1} 向高温侧偏移，T_{g2} 向低温侧偏移。S/B_2 比 S/B_1 的 B 组分含量低，S 组分含量高，其 T_{g1} 处曲线变得平缓，而其 T_{g2} 处曲线变得较陡。

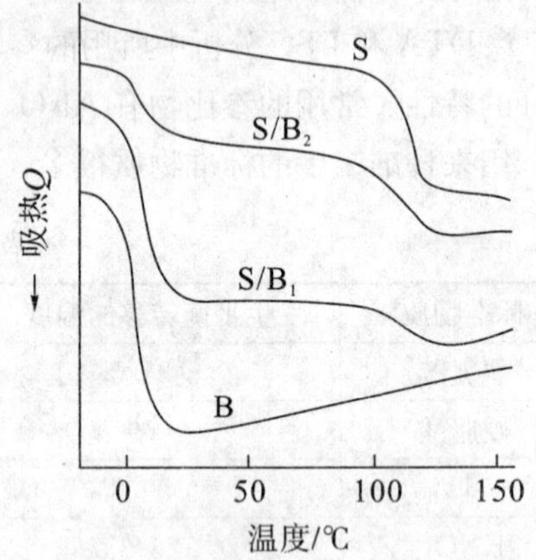

图 5-20 SBS 嵌段共聚物的 DSC 曲线

聚合物的受热历史对其影响甚大，退火温度和退火时间直接影响结晶聚合物的结晶度。

例 3 图 5-21 是聚醚氨酯在不同热处理条件下的 DSC 曲线。样品的硬段（异氰酸酯与扩链剂部分）含量为 60%。曲线 1 是未经热处理的样品，其 T_m 为 185℃；曲线 2 是将样品在 160℃恒温 20 min，其 T_m 为 203℃；曲线 3 是将样品在 174℃恒温 20 min，其 T_m 为 208℃；曲线 4 是将样品在 174℃恒温 4 h，其 T_m 为 215℃。由此可知，该样品的结晶度随退火温度的升高而升高，随退火时间的加长而增加。

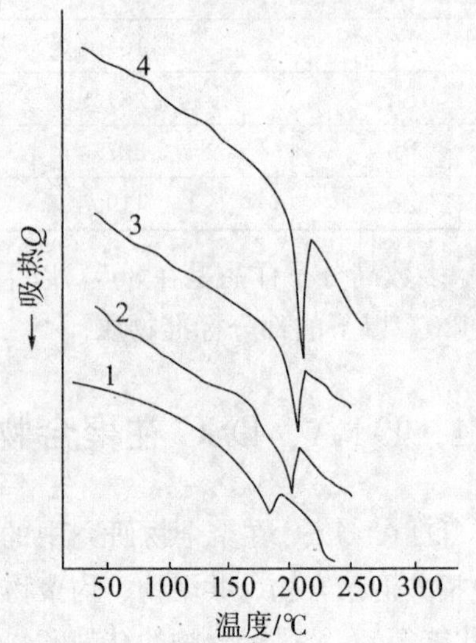

图 5-21 聚醚型聚氨酯的 DSC 曲线

5.4.2 共聚物和共混物结构的研究

用热分析手段测定共聚物的热转变，可借以阐明无规、嵌段共聚物的形态结构。

例 4 图 5-22 是嵌段乙丙共聚物的 DTA 曲线。图（a）中出现两个峰，表明是嵌段乙丙共聚物，一个峰表示聚乙烯的熔点，另一个峰表示聚丙烯的熔点。图（b）只出现一个峰的是无规共聚物。

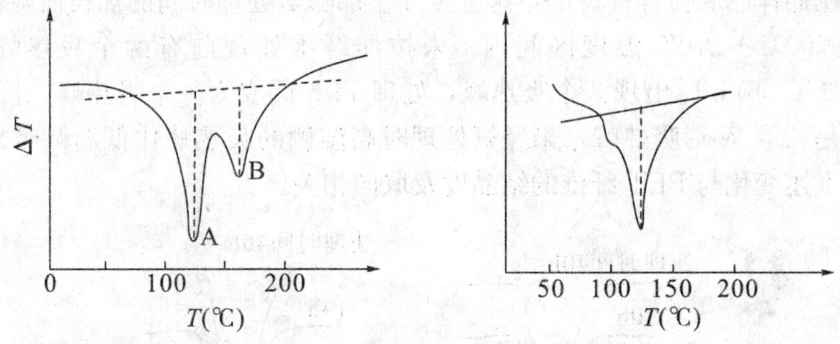

(a) 嵌段共聚物（49%丙烯）：A 乙烯，B 丙烯　(b) 无规共聚物（15%丙烯）

图 5－22　嵌段乙丙共聚物的 DTA 曲线

热分析方法能获得多种热力学参数，其中共混物体系的相互作用参数 x 可作为衡量该体系相容性的参数之一。Nishi 等应用 Florg-Huggins 格子理论推导出，热力学上相混的两个聚合物体系中，可结晶的聚合物的熔融温度 T_m 随非晶组分的混入而下降，下降的关系式及其与两种聚合物间的相互作用参数的关系如下：

$$T_m^0 - T_m = -T_m^0 \left(\frac{V_2}{\Delta H_2}\right) B\phi_3^2 \tag{5-15}$$

$$B = RT\ (\chi_{23}/V_3) \tag{5-16}$$

式中，V_2 和 V_3 分别是结晶与非晶聚合物的链节摩尔体积；ΔH_2 为结晶组分的摩尔熔融热；ϕ_3 为非晶组分的体积分数。这些参数可从文献中查到或计算得到。B 为与单位体积内聚能有关的参数，可由作图法得到。T_m^0 为结晶聚合物的熔点，T_m 为结晶－非晶共混物中结晶聚合物的熔点。T_m^0 和 T_m 可由 DSC 法测定得到。T 为选定的高于结晶聚合物组分熔点的某一温度，根据研究对象和实验条件确定。这样就可以通过下述实例中的方法求得结晶－非晶共混物间的相互作用参数 χ_{23}。

例 5　将聚己内酯－聚碳酸酯（PCL－PC）共混体系的（$T_m^0 - T_m$）/ϕ_3 对 ϕ_3 画图 5－23。由图中直线的斜率可求得 B，由式（5－17）可求得 PCL 与 PC 之间的相互作用参数 $\chi_{23} = -0.705$，所得结果与用反气相色谱法测定的 PCL－PC 共混体系的 χ_{23} 一致。证明这一体系具有良好的相容性。

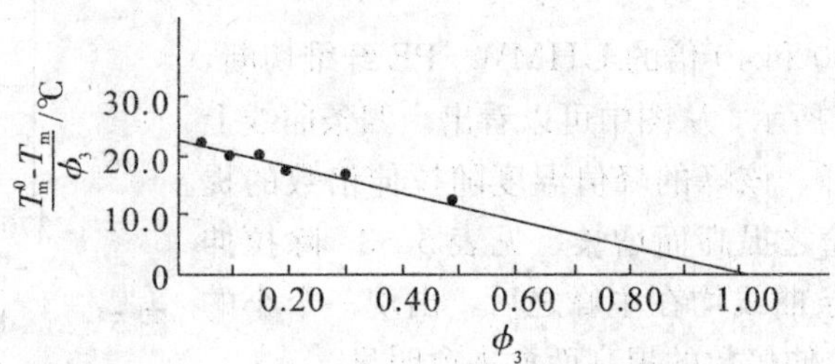

图 5－23　PCL－PC 体系（$T_m^0 - T_m$）/ϕ_3 与 ϕ_3 关系

5.4.3　纤维拉伸取向的研究

聚合物在化学处理和受热作用前后，链结构的变化可在热谱图上反映出来。

例 6　图 5－24 是未拉伸和拉伸热处理的聚对苯二甲酸乙二醇酯（PET）纤维随氨处理时间不同的 DSC 曲线。氨处理的目的是除去 PET 的非晶部分，以免加热过程中非晶部分出现再结晶。未拉伸样品和拉伸样品的熔融温度 T_m 都随氨处理时间的加长而降低，但变化的规律不同。在 200℃～270℃温度区间内，未拉伸纤维处理前有两个吸热峰（约 210℃，260℃），处理 6 h、10 h 后出现 3 个吸热峰，处理 14 h 后成为一个吸热峰。拉伸过的纤维，处理前后一直是二重 W 形吸热峰，未经氨处理时高温侧的吸热峰比低温侧吸热峰小，但处理后则相反。上述变化与 PET 纤维的结晶度及取向相关。

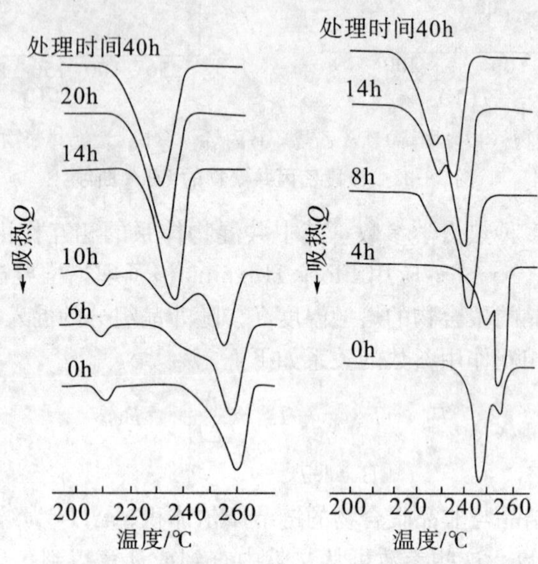

(a) 未拉伸 195℃ 热处理　(b) 拉伸 210℃热处理

图 5－24　PET 纤维随氨处理不同的 DSC 曲线

超高分子量聚乙烯（UHMW－PE）纤维热行为的研究。

例 7　用 DCS 对拉伸 10、20、30 和 40 倍的 UHMW－PE 纤维进行了松弛状态和定长状态下的 DSC 测定，在松弛状态下该物也观察到了双重峰和三重峰，对高倍拉伸的纤维，由于它们的强度很大，不容易用剪刀剪碎，所以测试时多用揉球制样法。

把拉伸 10、20、30 和 40 倍的 UHMW－PE 纤维切断，测定其曲线如图 5－25 所示，从图中可以看出，四条曲线上均出现一个大的主熔峰，该峰的峰值温度随拉伸倍数的提高而上升，熔融热亦随之提高而增长，见表 5－3。除拉伸 10 倍纤维外，其余三条曲线均在主峰之后，出现一个小的隆起，且清晰程度随拉伸倍数的提高而愈来愈明显。

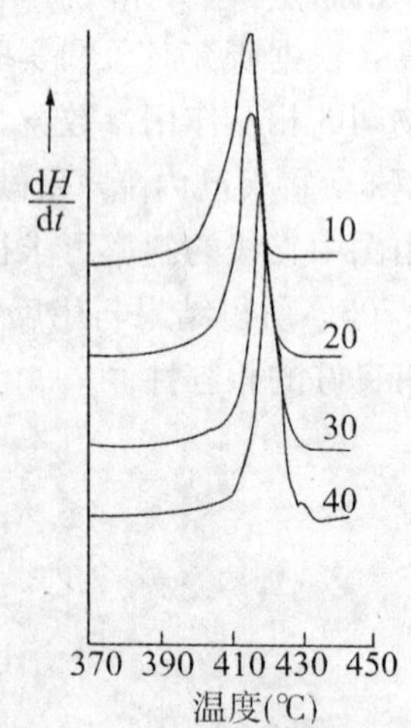

图 5－25　切断法的纤维 DSC 曲线

表 5－3　UHMW－PE 纤维测得的 DSC 数据

制样方式	拉伸倍率	T_1（K）	T_2（K）	T_3（K）	ΔH（Cal/g）
切	10	441.64	—	—	47.56
	20	415.81	—	429.68	51.69

续表5－3

制样方式	拉伸倍率	T_1（K）	T_2（K）	T_3（K）	ΔH（Cal/g）
段	30	419.21	—	431.09	54.62
	40	420.14	—	431.09	54.62
揉	10	414.23	—	—	47.58
	20	415.16	—	430.87	50.01
长	30	418.42	426.00	431043	51.87
	40	418.63	427.98	432.43	52.11
定	10	441.52	—	—	45.33
	20	421.97	426.04	431.51	45.36
长	30	—	428.96	431.98	47.72
	40	—	428.93	431.09	49.13

不同拉伸倍数 UHMW－PE 纤维，采用揉球方法制样，并测定其 DSC 曲线，如图5－26所示，与切断制样法测定的 DSC 曲线相比，拉伸 10 倍试样的曲线基本重合；拉伸 20 倍试样的曲线也变化不大，只是主熔峰后坡斜率明显钝化；对于拉伸 30 和 40 倍的纤维试样，揉球制样法试样的 DSC 熔融曲线出现三重熔峰，与切断制样法制得到的曲线明显不同。

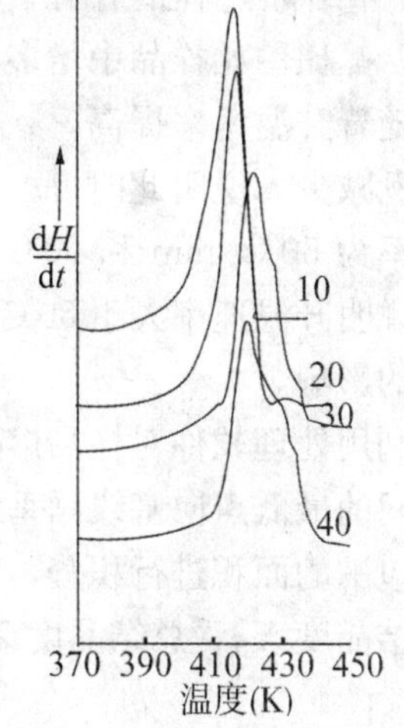

图 5－26 揉球法的纤维 DSC 曲线

定长制样法测定的 UHMW－PE 纤维的 DSC 曲线如图 5－27所示。可以看出拉伸 10 倍纤维的熔融变化不大，拉伸 20 倍纤维的熔融峰就变得复杂起来，熔融峰低温一侧形成宽散的大峰，主熔峰后的小隆峰这时却变成了一个较大的峰，其峰温也略有提高，拉伸 30 倍和 40 倍的 DSC 曲线出现双重熔峰，与揉球制样法的两个高温峰相对应，如图 5－26 所示。

综上所述，采用揉球法制样来测定高倍率拉伸 PE 纤维的 DSC 曲线，纤维的受力情况比较复杂，是松弛和定长状态下的综合效果。如果研究高倍拉伸纤维 UHMW－PE 在松驰状态下的热行为，应采用切断制样法。在高倍拉伸 UHMW－PE纤维中，存在着正交晶系和六方晶系两个晶系的结晶。正交晶系以伸直链结构为中心线，周围间隔地生长着折叠链晶片的串晶结构。一般情况下，它只存在一个熔点。在 390K～420K 进行定长热处理，有利于正交晶系结晶向六方晶系结晶转变。

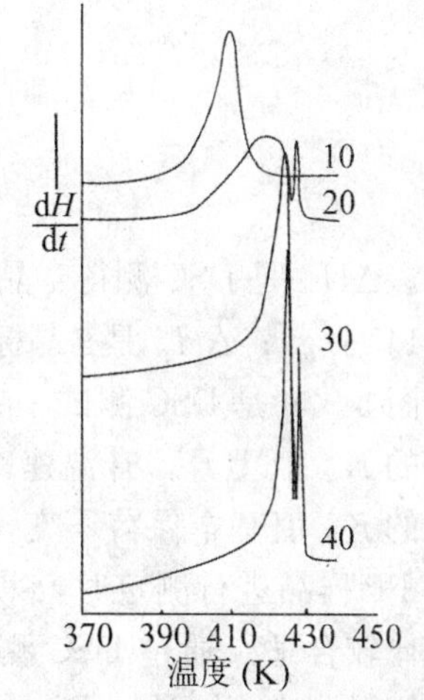

图 5－27 定长法的纤维 DSC 曲线

5.4.4 聚合物结晶度的测定

聚合物的许多重要物理性能是与其结晶度密切相关的，所以百分结晶度成为聚合物的特征参数之一，利用 DSC 可以测得结晶聚合物的熔融曲线。由于聚合物的分子量高及分子量不均一引起的分布，其熔融曲线呈现出较宽的吸热峰。

例如，聚丙烯（PP）有三种晶型：单斜 α 晶、六方 β 晶、三斜 γ 晶。通常条件下，PP 熔体结晶得到的是 α 晶，偶尔有少量 β 晶存在，γ 晶只在特殊条件下，例如高压下熔体结晶才能得到。因此，商品聚丙烯一般都是 α-PP。研究发现 β-PP 的冲击韧性大大高于 α-PP，可以通过将 α-PP 转变为 β-PP 而起到增韧作用，其他性能基本保持不变。测定 PP 中 β 晶与 α 晶的相对含量，通常采用 X 射线衍射和 DSC。但 DSC 测试直接从样品取样，取样方便而且不破坏样品结构，应用更为广泛。

图 5－28 是样品在不同 DSC 升温速率下得到的熔融曲线。150℃ 附近的吸热峰为 β 晶的熔融峰，170℃附近的吸热峰为 α 晶的熔融峰。显然，在较低的升温速率下，α 晶熔融峰相对较大。在升温速率为 10℃/min 时，甚至在 β 晶熔融峰之后有一个明显的放热峰，进一步证明 β-α 重结晶过程的存在。正是由于这种重结晶过程，使得 α 晶比原始样品中增多，从而使 α 晶熔融峰增大。

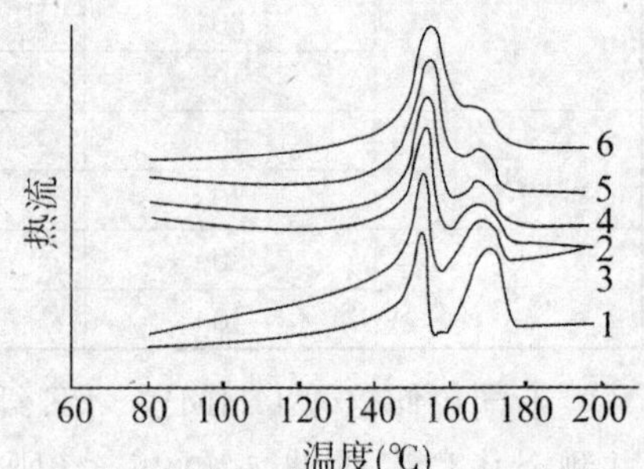

曲线 1：10℃/min；曲线 2：20℃/min；
曲线 3：30℃/min；曲线 4：40℃/min；
曲线 5：50℃/min；曲线 6：60℃/min

图 5－28 DSC 熔融曲线

随着升温速率提高，α 晶熔融峰相对于 β 晶熔融峰的比例减少，说明此时 β-α 重结晶过程逐渐被抑制。升温速率为 50℃/min 和 60℃/min 的 DSC 曲线已基本相同，说明升温速率大于 50℃/min 可基本消除 β-α 重结晶带来的影响。

利用处理软件对样品熔融扫描曲线进行处理，处理步骤：首先将基线置于水平；从两个峰中间的最低点向基线画垂线作为分峰线，将两个峰分开；对每个峰的熔融曲线－分峰线－基线包围的面积进行积分，就得到熔融焓 ΔH。由下列公式计算样品中 α 晶的结晶度 X_α，β 晶的结晶度 X_β，总结晶度 X_t 和 β 晶相对含量 K_d。

$$X_\alpha = \frac{\Delta H_\alpha}{\Delta H_\alpha^0} \tag{5-17}$$

$$X_\beta = \frac{\Delta H_\beta}{\Delta H_\beta^0} \tag{5-18}$$

$$X_t = X_\alpha + X_\beta \tag{5-19}$$

$$K_d = \frac{X_\beta}{X_t} \tag{5-20}$$

式中，ΔH_α 是 DSC 测得 α 晶熔融焓；ΔH_β 是 DSC 测得 β 晶熔融焓；ΔH_α^0 是 α 晶标准熔融焓（145 J/g）；ΔH_β^0 是 β 晶标准熔融焓（115 J/g）。

图 5－29 是 DSC 测试 β 晶相对含量 K_d 与升温速率的关系。随着 DSC 升温速率提高，测得的 K_d 值上升。升温速率达到 50℃/min 以上时，测得的 K_d 值基本保持不变。用 DSC 对含有 β 晶和 α 晶的 PP 样品进行测定时，采用 50℃/min 的升温扫描速率比较合适。通过 DSC 测得 X_t，同时也可采用 X 射线衍射测定不同晶型 PP 的结晶度。

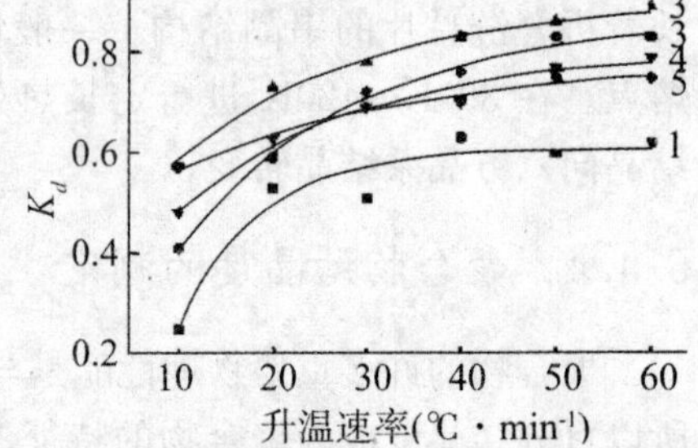

图 5－29 K_d 与 DSC 升温速率的关系

参考文献

[1] 刘振海．热分析仪器［M］．北京：化学工业出版社，2006．

[2] 吴世臻，肖长发，刘晓华．制样方法对超拉伸聚乙烯纤维 DSC 熔融行为的影响［J］．天津纺织工学院学报，1996，1（15）：1－5．

[3] 刘振海．聚合物量热测定［M］．北京：化学工业出版社，2002．

[4] Hatakeyama T. Thermal analysis fundamentals and applications to polymer science（2E）［M］．Wiley，1999．

[5] Brown M E. Introduction to thermal analysis：techniques and applications（2E）［M］．Kluwer，2001．

[6] Wunderlich B. Thermal analysis of polymeric material［M］．Springer，2005．

[7] Haines P J. Principles of thermal analysis and calorimetry［M］．RSC，2002．

[8] Reading M. Modulated temperature differential scanning calorimetry［M］．Springer，2006．

[9] Wendlandt W W. Thermal analysis（3E）［M］．Wiley，1986．

[10] 于伯龄，姜胶东．实用热分析［M］．北京：纺织工业出版社，1990．

思考题

1. 简述 TG、DTA、DSC 的基本原理及它们的仪器装置。
2. 为何用外延始点作为 DTA 曲线反应的起始温度？
3. DTA 与 DCS 热转变曲线有何异同点？影响热谱图的因素有哪些？
4. 热分析中怎样进行定量分析？为什么 DSC 比 DTA 更容易定量？
5. TG、DTA 和 DSC 在应用上各有何特点？
6. 举例说明 TG、DTA 和 DSC 在高分子分析中的应用。

第6章 凝胶色谱

6.1 凝胶色谱引论

6.1.1 凝胶色谱的发展简史

凝胶色谱是液体色谱分离技术之一。它的分离基础主要根据溶液中分子体积（流体力学体积）的大小。形象地来看，犹如对溶液中所有的组分按分子体积大小进行过筛，在很多情况下有独特的分离效果，因而其在化学的许多领域中得到了广泛的应用。

1953年，Wheaton和Bauman用离子交换树脂按分子量大小分离了苷、多元醇和其他非离子物质。1959年，Porath和Flodin用交联的缩聚葡萄糖制成凝胶来分离水溶液中不同分子量的试样。这类凝胶立即以商品名称“Sephadex”出售，在生物化学领域内得到非常广泛的应用。1964年，Morre以苯乙烯和二乙烯基苯在不同稀释剂存在下制成一系列孔径不同的凝胶，这些凝胶可以在有机溶剂中分离分子量从几千到几百万的试样。此后Maly以示差折光仪为浓度检测器，以体积指示器为分子量检测器制成凝胶色谱仪，这些凝胶和仪器立即被制成商品出售。这样，凝胶色谱技术很快就在高分子科学领域内被广泛应用，作为一种快速的分子量和分子量分布测定方法，并被誉为分子量分布测定方法的重要突破。

一般来说，在生物化学界中常用的名称是凝胶过滤（Gel Filtration）色谱，在高分子化学界中常用的名称是凝胶渗透色谱（Gel Permeation Chromatography，GPC）。这两个命名都试图把其分离机理形象地表达出来。但是，由于凝胶色谱的分离机理还比较复杂，过滤和渗透的概念不一定确切，因此Determan建议应用更一般化的凝胶色谱名称。目前，因为高效凝胶的研制成功和广泛应用，凝胶色谱已继吸附液体色谱、分配液体色谱、离子交换液体色谱之后成为第四种液体色谱——体积排除液体色谱。虽然该方法命名上的混乱还没有完全解决，但习惯性地都称其为凝胶色谱。

6.1.2 凝胶色谱法的特征

从分离的基础来看，凝胶色谱是一种液体色谱。它是吸附、分配、离子交换和体积排除色谱四种基本液体色谱方法中较新的一种。它的原理很容易懂，实验操作也比较简单，分离并不依赖于流动相和固定相之间的相互作用力，所以没必要使用梯度淋洗装置；分离条件温和，溶剂回收率较高；也不容易发生其他副反应。在凝胶色谱中，试样在色谱柱中的保留时间（以保留体积来表示）不会超出色谱柱中溶剂的总体积，它比液体色谱的保留时间要短得多，因此，溶质峰相对较窄，比较容易检测，不会出现因色谱峰的弥散而引起的检测极限问题。由于凝胶色谱柱中并没有活性点可以超载，同样大小的柱能接受试样的容量比通常的液体色谱大得多。凝胶色谱独特的分离机理，可以让实验人员很有把握地每隔一定时间连续进样而不致造成前后试样间的混杂，提高了仪器使用效率。在凝胶色谱中，溶质的保留时间反映了它们的某种分子体积，因而也就提供了一些分子结构的数据，有利于未知物的鉴定。

凝胶色谱也有它的缺点，最主要的缺点是峰容量较小以及不能分离具有相同或非常相似大小的分子。当然，这些缺点随着高效填料的出现而逐步得到一定程度的弥补。

凝胶色谱根据所用填料不同可以分离和分析油溶性和水溶性化合物。它特别适用于分子量大于2000的高分子物质，以得到试样的分子量分布。同样，对含有分子量差别比较大的混合物和低聚物混合物的分离也是非常有效的。对于一般有机化合物混合物，也可以用该方法来进行首选的分离，以判明混合物的复杂程度，便于进一步选用其他方法进行更细致的分离。总之，凝胶色谱无论在高分子化合物和小分子化合物中都有它独特的用途，应用领域已经从高分子化学和生物化学向有机和无机化学拓展。

6.1.3　聚合物分子量分布

（1）测定聚合物分子量分布的意义

大量数据证明，任何材料的宏观性能都与它的微观结构有着密切的联系。在高聚物中，重要的结构主要有分子链结构和聚集态结构两种。前者是指在平衡态分子中原子的几何排布，后者是指高聚物中分子间的几何排列。高聚物材料微观结构的多样性在常用的材料中是比较突出的。如果用金属和陶瓷与高聚物相比，高聚物和金属一样有晶体结构、晶体缺陷，和陶瓷一样有非晶态结构。但是，高聚物中晶相和非晶相共存的结构在金属上是没有的。在分子链结构方面，高聚物比金属和陶瓷要复杂得多。这是因为金属和陶瓷的结构单元是由原子和简单原子基团组成的，而一个高分子却是成千上万甚至几十万个原子组成一个长链分子。重复单元在长链分子中的排列可以有多种多样，形成了许多几何异构体和立体结构异构体。除此之外，高聚物分子链中还可以有支化、交联和链长的多分散性。所有这些结构特征对高聚物的加工性能和使用性能有着重要影响，是高聚物性能多样化的内在原因。结构参数的表征以及结构和性能间关系的研究是高分子物理学的重要研究内容。

高聚物的分子量分布是高聚物链结构中一个重要的参数，对高聚物的加工性能和使用性能有重要的影响，很早就受到人们的关注。但由于影响性能的因素很多，而且过去测定分子量分布的实验方法也不理想，实验用试样的分子量分布宽度也不一致，实验结果和结论存在着一定的混乱。一般来说，高聚物的分子量分布对加工性能中的熔体黏度、流动温度、反应活泼性和固化速度有影响。高聚物的许多机械性能，例如抗张强度、抗冲强度、弹性模量、硬度、摩擦系数、抗应力开裂性能、弹性、黏度和黏合强度等都与分子量分布相关。试样中的高分子量部分越多，机械强度越高，但与此同时，试样的熔体黏度和加工温度也会变得很高。

高聚物总是通过加工成型来制得成品的，而目前常用的加工工艺如模压、吹塑、纺丝、混炼、塑炼等都需要将高聚物加热熔成能流动的熔体。高聚物的熔体有两个特点：一个是熔体黏度的分子量依赖性非常大，在线形分子和窄分布的情况下，分子量高于某个临界分子量 M_c 时，零切变速度熔体黏度与重均分子量的3.4次方成正比。这就是说，分子量增加十倍，熔体黏度将增加两千倍，另一个特点是高聚物熔体黏度的非牛顿性，即高聚物的熔体黏度将随实验条件切变速度的变化而变化。高聚物熔体黏度的非牛顿性有分子量依赖性，分子量大时，熔体黏度的切变速度依赖性也大。

高聚物熔体在加工挤出时的挤出胀大和熔体破裂也是比较重要的因素。熔体挤出胀大是指高聚物从挤出机挤出时，挤出物的直径会胀大。这是由于高分子链在外力作用下会顺着力的方向取向，外力去掉后分子链又会卷曲起来，引起体积胀大。熔体的挤出胀大有分子量依赖性，分子量越大，熔体挤出胀大也越大。在相同分子量和实验条件下，分子量分布宽的，挤出胀大要大些。高聚物在高于临界切变应力下挤出时，常会发生不稳定流动和熔体破裂，造成高聚物表面粗糙，严重的还会造成挤出物扭曲和变形。熔体的临界切变速度的大小依赖于分子量和分子量分布。一般情况下，分子量越大，分子量分布越宽，临界切变速度越小。

高聚物分子量分布除了直接影响加工和使用性能外，还影响聚集态结构中的结晶度和取向度，所以是一个重要的基本数据。

(2) 经典分子量分布测定方法的弱点

上面已经提到，高聚物分子量的表征只有知道了试样的分子量分布时才比较完整，可以从分子量分布计算所有的平均分子量和分布指数。要得到试样的分子量分布，实验上需要测定的是试样中各种不同分子量的相对含量。经典的测定方法可分为两类：一类是直接法，需要把试样先分离为不同分子量的级分，然后测定各级分的分子量和相对含量；另一个是间接法，例如超速离心沉降速度法，是在离心力场下测定高分子溶液的沉降系数分布，然后从沉降系数与分子量的关系得到分子量分布。混合物的分离问题是比较困难的，分级法的分离基础是基于不同分子量的高分子在不同温度下或在溶剂-沉淀剂体系中的溶解度不同。因此，分相过程是一个平衡过程，要求较长的平衡时间。整个分离过程就需要多次平衡，所以一般测定一个试样的分子量分布需一个月左右。这样长的实验时间使这类方法在生产实际中无法真正应用。分子量分布测定上的困难大大阻碍了对分子量分布与聚合过程、加工性能和使用性能间关系的深入了解。1964 年，凝胶色谱的出现才改变了这种局面，在高聚物分子量和分子量分布的测定技术上有了一个突破。

6.1.4 聚合物的统计平均分子量

(1) 聚合物的平均分子量

凝胶色谱技术一出现就在聚合物分子量和分子量分布测定方面得到了应用。若干年来，无论在凝胶研究、仪器改进、数据处理、理论发展、应用开发上都和高分子科学息息相关。例如，凝胶的一个重要指标“最大透过极限”就是以聚合物的分子量来表示的。数据处理方面，如普适标定、平均分子量的计算、峰加宽效应的修正等都与聚合物分子量和分子量分布密切相关。

除天然聚合物外，合成聚合物都是以单体经过聚合反应而制得的。另外，根据绝大多数的聚合反应机理预测聚合物的分子量是不均一的，也就是说，每个聚合物分子可以由不同数目的链节单体聚合而成，所以各高分子的分子量可以不相等，这种现象叫聚合物的不均一性或多分散性。高聚物的分子量多分散性使分子量的表征比小分子要复杂一些。例如一块高聚物试样，由于试样内包含有许许多多个高分子，这些高分子的分子量可以分布在相当广的范围。例如，试样中可以包含尚未聚合的单体、含两个或更多的单体的低聚物以及聚合度不同的高分子。对这样一个多分散的体系来说，我们要表征它的分子量，就需要用统计的方法，求出试样分子量的平均值和分子量分布。由于应用统计方法的不同，即使对用一个试样，也可以有许多不同种类的平均分子量。例如，一个高聚物试样中含有 N_1 个分子量为 M_1 的分子，N_2 个分子量为 M_2 的分子，N_3 个分子量为 M_3 的分子……N_{i-1} 个分子量为 M_{i-1} 的分子以及 N_i 个分子量为 M_i 的分子，我们就可以根据定义算出它的各种平均分子量。下面是四种最常用的平均分子量定义。

$$数均分子量 \quad \overline{M}_n = \frac{\sum N_i M_i}{\sum N_i} = \frac{\sum W_i}{\sum \frac{W_i}{M_i}} \tag{6-1}$$

$$重均分子量 \quad \overline{M}_w = \frac{\sum N_i M_i^{\ 2}}{\sum N_i M_i} = \frac{\sum W_i M_i}{\sum W_i} = \sum_i^n W_i M_i \tag{6-2}$$

$$Z\ 均分子量 \quad \overline{M}_z = \frac{\sum N_i M_i^{\ 3}}{\sum N_i M_i^{\ 2}} = \frac{\sum W_i M_i^{\ 2}}{\sum W_i M_i} \tag{6-3}$$

$$黏均分子量 \quad \overline{M}_\eta = \left(\frac{\sum N_i M_i^{\ 1+\alpha}}{\sum N_i M_i}\right)^{\frac{1}{\alpha}} \tag{6-4}$$

式中，W_i 是分子量为 M_i 的组分重量，α 是特性黏数-分子量方程中的常数。

很显然，同一个试样应用不同的统计方法所算出来的不同种类的平均分子量的数值是不同的。一般情况下，多分散样品的平均分子量次序为：$\overline{M}_z > \overline{M}_w > \overline{M}_\eta > \overline{M}_n$。

（2）**聚合物的分子量分布**

聚合物的分子量分布是指试样中各种分子量组分在总重量中所占的各自的分量，它可以用一条分布曲线或一个分布函数来表示。例如，当我们知道高聚物试样中分子量为 M_1，M_2，M_3，…，M_i 的各组分在总重量中所占的重量分数分别为 W_1，W_2，W_3，…，W_i 时，我们就可以用对应的 W 和 M 画图，得到分子量分布曲线。用重量分数（分子数分数也一样）对分子量画分布曲线，我们称它为归一化的分布曲线，因为曲线下面的面积总和等于1。分子量分布曲线有两种画法：用重量分数 W 对 M 画图的曲线叫微分分布曲线；用累计重量分布对分子量画图的曲线叫积分分布曲线。由于高聚物的分子量一般在 $10^4 \sim 10^7$ 范围内，这是一个很大的数目，而相邻组分间只差一个单体的分子量，所以可以把分子量分布看作是一个连续变化的函数，用 $f(M)$来表示。这样，几种平均分子量的定义也可以写成：

$$\overline{M}_n = \frac{1}{\int \frac{f(M)}{M} \mathrm{d}M} \tag{6-5}$$

$$\overline{M}_w = \int f(M) M \mathrm{d}M \tag{6-6}$$

$$\overline{M}_z = \frac{\int f(M) M^2 \mathrm{d}M}{\int f(M) M \mathrm{d}M} \tag{6-7}$$

$$\overline{M}_\eta = \left(\int f(M) M^\alpha \mathrm{d}M\right)^{\frac{1}{\alpha}} \tag{6-8}$$

（3）**分子量分布宽度**

试样间分子量分布宽度的比较，最直接的方法是将实验所得到的分子量分布曲线进行对比。从归一化的微分分布曲线或积分分布曲线都可以很方便地把定性和定量的差异检查出来。这种用分子量分布曲线对比的方法在工厂定型产品的对比中很实用。还有一种更一般化的定量方法，那就是定义一个多分散程度的参数如多分散指数（D）来表示。在文献中曾经提过不少表示多分散度的指数，其中最常用的是重均数均比（$\overline{M}_w/\overline{M}_n$）。这个比值随分子量分布宽度而变化。在单分散时，$\overline{M}_w/\overline{M}_n$ 等于 1，随着分子量分布变宽，$\overline{M}_w/\overline{M}_n$ 逐渐变大。目前实验能够合成"单分散"试样 $\overline{M}_w/\overline{M}_n$ 在 1.02～1.1 之间，一般多分散试样重均数均比值在 1.5～3.0 之间，而分子量分布比较宽的物质如聚乙烯，其 $\overline{M}_w/\overline{M}_n$ 值可以高达 20～30 或更高。用 $\overline{M}_w/\overline{M}_n$ 值来表示多分散度是很方便的，从实验得到的分子量分布曲线分别计算 $\overline{M}_w$ 和 $\overline{M}_n$ 来得到。在某些情况下，当分子量分布中高分子尾端或低分子量尾端对性能影响比较大时，也可以用累计分布曲线中 90％处的分子量与 50％的分子量比值 M_{90}/M_{50}，或 50％处的分子量与 10％处的分子量比值 M_{50}/M_{10} 来表示多分散度。前者对高分子量尾端较敏感，而后者对低分子量尾端较敏感。选择何种指数来表示分布宽度可以根据具体情况来决定。

（4）**平均分子量的测定**

测定聚合物平均分子量的方法有多种，例如可用化学反应测定聚合物的端基数；也可利用高聚物的物化性质，如高分子稀溶液的热力学性质（沸点上升、冰点下降及渗透压），动力学性质（超速离心沉降、黏度、体积排除）和光学性质（光散射）等测定平均分子量。各种测定方法由于分析原理不同，计算时所采取的统计方法也不同，因此所得到的聚合物平均分子量的统计意义及所适用的分子量范围也就不同，如表 6－1 所示。

表 6－1 平均分子量测定方法及适用范围

测定方法	测定的平均分子量	适用范围
端基分析	$\overline{M}_n$	$<3\times10^4$
沸点上升、冰点下降	$\overline{M}_n$	$<3\times10^4$
气相渗透压	$\overline{M}_n$	$<2\times10^4$
膜渗透压	$\overline{M}_n$	$3\times10^4\sim5\times10^5$
黏度法	$\overline{M}_\eta$	$2\times10^4\sim10^6$
光散射	$\overline{M}_w$	$10^4\sim10^7$
超速离心沉降	$\overline{M}_w$、$\overline{M}_z$	$10^4\sim10^7$
小角 X 射线散射	$\overline{M}_w$	$10^4\sim10^7$
电子显微镜法	$\overline{M}_n$	$>10^6$
凝胶渗透色谱法	各种平均分子量	$<10^7$

6.2 凝胶色谱法的基本原理

6.2.1 液相色谱概述

液相色谱是一类分离与分析技术，其特点是以液体作为流动相，固定相可以有多种形式，如纸、薄板和填充床等。在色谱技术发展的过程中，为了区分各种方法，根据固定相的形式产生了各自的命名，如纸色谱（Paper Chromatography）、薄层色谱（Thin-Layer Chromatography）和柱液相色谱（Column Liquid Chromatography）。

经典液相色谱的流动相是依靠重力缓慢地流过色谱柱，因此固定相的粒度不可能太小（100 μm～150 μm 左右）。分离后的样品是被分级收集后再进行分析的，使得经典液相色谱不仅分离效率低、分析速度慢，而且操作也比较复杂。直到 20 世纪 60 年代，发展出了粒度小于 10 μm 的高效固定相，并使用了高压输液泵和自动记录的检测器，克服了经典液相色谱的缺点，发展成高效液相色谱（High Performance Liquid Chromatography），也称为高压液相色谱（High Pressure Liquid Chromatography，HPLC）。

液相色谱按其分离机理，可分为四种类型。

（1）**吸附色谱法**

吸附色谱法的固定相为吸附剂，色谱的分离过程是在吸附剂表面进行的，不进入固定相的内部。与气相色谱不同，流动相（即溶剂）分子也与吸附剂表面发生吸附作用。在吸附剂表面，样品分子与流动相分子进行吸附竞争，因此流动相的选择对分离效果有很大的影响，一般可采用梯度淋洗法来提高色谱分离效率。

在聚合物的分析中，吸附色谱一般用来分离添加剂，如偶氮染料、抗氧化剂、表面活性剂等，也可用于石油烃类的组成分析。

（2）**分配色谱法**

这种色谱的流动相和固定相都是液体，样品分子在两个液相之间很快达到平衡分配，利用各组分在两相中分配系数的差异进行分离，类似于萃取过程。

一般常用的固定液有 β，β'-氧二丙腈（ODPN）、聚乙二醇（PEG400～4000）、三甲撑乙二醇（TMG）和角鲨烷（SQ）。采用与气相色谱（GC）同样的方法，将固定液涂渍在多孔的载体表面，但在使用中固定液易流失。目前，应用较多的是键合固定相。在这种固体相中，固定液不是涂在载体表面，而是通过化学反应在纯硅胶颗粒表面键合上某种有机基团。例如，利用氯代十八烷基硅烷与硅胶表面的羟基（—OH）之间的反应就可以形成一烷基化表面。硅胶表面羟基（—OH）用 SiOH 表示，反应如下：

$$\mathrm{SiOH} + \mathrm{Cl{-}\underset{\underset{R}{|}}{\overset{\overset{R}{|}}{Si}}{-}R} \longrightarrow \mathrm{Si{-}O{-}\underset{\underset{R}{|}}{\overset{\overset{R}{|}}{Si}}{-}R}$$

式中，R 代表十八烷基，也可以用脂肪胺、醚、硝酸酯和芳香烷烃等键合到硅胶表面。这种固定液的优点是不易被流动相剥蚀。在分配色谱法中，流动相可为纯溶剂，也可以采用混合溶剂进行梯度淋洗，其极性应与固定液差别大一些，以避免两者之间相溶。通常可分为正相分配和反相分配，如表 6－2 所示。

表 6－2　分配色谱的分配类型

分配类型	流动相	固定相	被分析样品
正相分配	非极性	极性	极性
反相分配	极性	非极性	非极性

注：在反相分配中，流动相通常用水。

（3）**离子交换色谱**

离子交换色谱（Ion Exchange Chromatography，IEC）通常用离子交换树脂作为固定相。一般是样品离子与固定相离子进行可逆交换，由于各组分离子的交换能力不同，从而达到色谱的分离。

离子交换色谱法是新发展起来的一项现代分析技术，已广泛用于氨基酸、蛋白质的分析，也适合于某些无机离子（NO_3^-、SO_4^{2-}、Cl^- 等无机阴离子和 Na^+、Ca^{2+}、Mg^{2+}、K^+ 等无机阳离子）的分离和分析，具有十分重要的作用。

（4）**凝胶色谱法**

目前，凝胶色谱法既适用于水溶液的体系，又适用于有机溶剂的体系。当所用的洗脱剂为水溶液时，称为凝胶过滤色谱（Gel Filtration Chromatography，GFC），其在生物界的应用比较多；采用有机溶剂为洗脱剂时，称为凝胶渗透色谱（Gel Permeation Chromatograph，GPC），在高分子领域应用较多。

上述的四种不同类型的液相色谱，可以依据样品性质的不同，选择不同的方法，如图6—1所示。

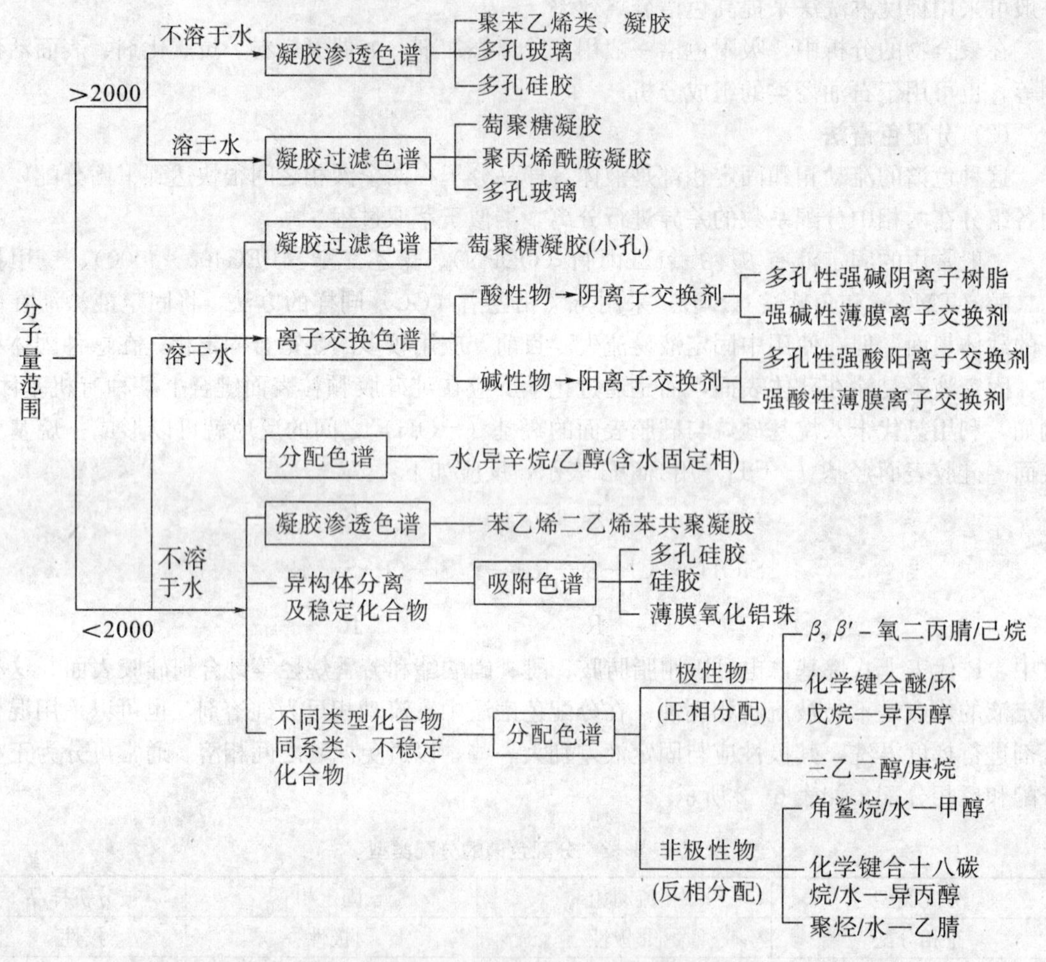

图6—1 液相色谱方法选择

6.2.2 凝胶色谱的分离机理

凝胶色谱的分离过程是基于分子筛效应而进行的，尺寸小的分子能够在凝胶颗粒内的网眼中自由地扩散。但是，随着被测分子尺寸增大到与网眼的大小相当时，便不能顺利进入到凝胶的内部，直至完全不能扩散到凝胶颗粒的内部。根据这一分子筛效应，显然可以按照分子尺寸大小的差别来进行分离。当一个被测试样（为几种不同相对分子质量大小的物质的混合物）注入色谱柱时，试样溶液流过已由适当溶剂浸润溶胀的固定相床层，而凝胶色谱的固定相颗粒中有许多大小各异的细孔，被测物质中有的分子较大，任何孔都不能进入，于是，便完全不能进入固定相而被排斥。因此，大分子便直接流过色谱柱，它们的色谱峰也最先在色谱图上出现。此外，被测物质中还有一些分子很小，能够进入固定相中所有的孔并浸入到整个颗粒内部，于是，它们通过色谱柱最慢，在柱中的保留时间最长，其色谱峰在色谱图上出现最晚。而中等尺寸的分子，能够进入固定相颗粒较大的一部分孔而不能进入较小的孔，因而便以中等速度流过色谱柱，这样就实现了分离。因此，大分子的流程短，保留值小，而小分子的流程长，保留值大。所以，也可以说，凝胶色谱法是根据分子流体力学体积的大小，从大到小进行分离。凝胶色谱分离示意图如图 6-2 所示。

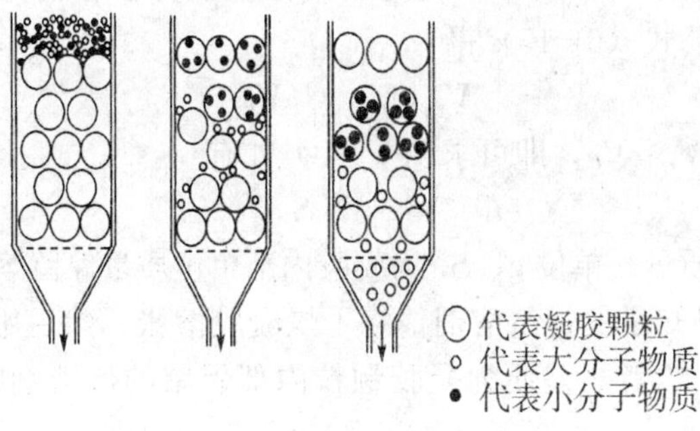

图 6-2　凝胶色谱分离示意图

(1) **柱参数**

将凝胶色谱柱填充剂的凝胶颗粒用洗脱剂溶胀，然后与洗脱剂一起装填入柱中，此时，凝胶床层的总体积 V_t 为

$$V_t = V_0 + V_i + V_g \tag{6-9}$$

式中，V_0 为柱中凝胶颗粒外部的溶剂的体积；V_i 为柱中凝胶颗粒内部吸入的溶剂的体积；V_g 为柱中凝胶颗粒骨架的体积。V_t、V_0、V_i、V_g 均称为柱参数。在实际工作中，可以通过测定得到它们的数值。

被测物质的洗脱体积为

$$V_e = V_0 + KV_i \tag{6-10}$$

式中，K 为固定相和流动相之间的被测溶质的分配系数，即

$$K = \frac{V_P}{V_i} = \frac{V_e - V_0}{V_i} \tag{6-11}$$

式中，V_P 为凝胶颗粒内部溶质能进入部分的体积。

由上可见，也可以认为凝胶色谱是分配色谱的一种特殊形式。当被测溶质分子的尺寸越大，分配系数越小时，洗脱将越容易进行。分离的过程是在完全基于分子筛效应（没有任何其他吸附现象或化学反应的影响）的情况下进行的。当 $K=0$ 时，被测分子完全不能进入凝胶颗粒内部；当 $0<K<1$ 时，被测分子能部分进入凝胶颗粒内部；当 $K=1$ 时，被测分子完全浸透进入凝胶颗粒内部；当 $K>1$ 时，表明有吸附等其他影响存在。

若将 V_i 用凝胶相的总体积 V_x 代替，这里

$$V_x = V_i + V_g \tag{6-12}$$

则有

$$V_e = V_0 + K_a V_x = V_0 + K_a (V_t - V_0) \tag{6-13}$$

$$K_a = \frac{V_e - V_0}{V_t - V_0} \tag{6-14}$$

式中，V_0 和 V_e 都容易测定，所以在实际工作中，人们习惯使用 K_a。K_a 与 K 之间的关系为

$$K_a = K\frac{V_i}{V_i + V_g} \tag{6-15}$$

（2）**柱参数的测定方法**

V_t 即色谱柱的内体积，是很容易计算出的。V_a 则等于完全不能浸入凝胶颗粒内部的溶质分子的洗脱体积。

所以，人们往往采用相对分子质量约为 2×10^6 的着色葡聚糖和血红蛋白（GFC 场合）或聚苯乙烯等高分子化合物（GPC 场合）来测定 V_0。而通过测定全部进入凝胶颗粒内部的小溶质分子的洗脱体积得到 V_e。例如，测定用氘标记水分子和葡萄糖（GFC）或丙酮和己烷（GPC）的 V_e。再由公式（6−15）得

$$V_e = V_0 + KV_i \tag{6-16}$$

此时，$K=1$，所以 $V_i = V_e - V_0$，即可求出 V_i。另外有 (6−17)

$$V_i = W_g S_r \tag{6-18}$$

式中，W_g 为干燥凝胶的质量，单位 g；S_r 为凝胶内部单位质量保留溶剂的体积，单位 mL/g。

所以，也可以先用已知量的过量溶剂，将干燥凝胶溶胀，然后用离心机离心除去吸入凝胶颗粒内部的过量溶剂，二者之差便为凝胶颗粒内部保留的该溶剂的量，从而求得 S_r，然后计算出 V_i。

6.2.3 凝胶色谱法的固定相及其选择

（1）**凝胶色谱法的凝胶种类**

目前，常用的市售凝胶色谱固定相主要有以下几种：

①疏水性凝胶。

主要用于 GPC 分析。其中用得最多的为聚苯乙烯－二乙烯（基）苯的共聚珠粒。常用的洗脱剂为四氢呋喃，其次为苯，很少用乙醇和丙酮作为洗脱剂。天津和吉林等省市的相关单位都有这类共聚体珠粒产品出售。

在 GPC 中，人们也常用乙酸乙烯酯与 1，4-双（乙烯氧基）丁烷合成的共聚乙酸乙烯凝胶作为固定相。其结构式为

```
~~~~CH2—CH—CH2—CH—CH2~~~~
        |       |
        O       O
        |       |                    |
        C═O    (C═O)←———————或(CH—OH)
        |       |                    |
        CH3     CH2
                |
                CH2
                |                    |
               (C═O)←———————或(CH—OH)
                |                    |
                O
                |
      CH2—CH2—CH—CH2~~~~
      |
      O
      |
      C═O
      |
      CH3
```

另外，也有人使用聚甲基丙烯酸甲酯、化学改性交联葡聚糖等作为 GPC 的柱填料。

②亲水性凝胶。

亲水性凝胶主要用于 GFC 体系。其中使用最广泛的是将葡聚糖用氯甲代氧丙烷交联而制成的交联葡聚糖凝胶，它们的商品牌号为 Sephadex。在国内，最早是天津化学试剂二厂和上海化学试剂厂等生产这类产品。其结构式为

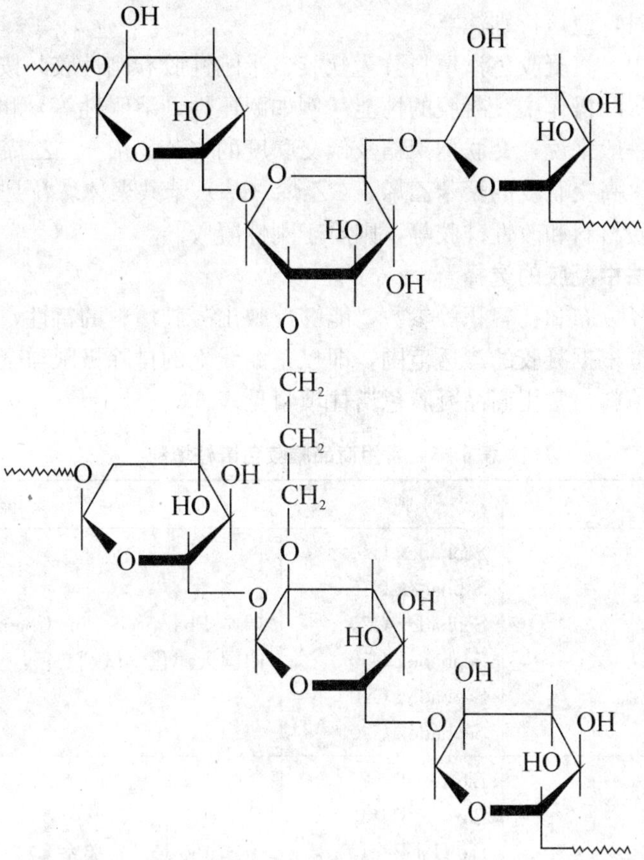

OH HO O O O OH OH HO HO OH O CH_2 CH_2 CH_2 O OH HO O O OH HO O OH OH HO O

将丙烯酰胺用 N，N 亚甲基双丙烯酰胺交联，可制得聚丙烯酰胺凝胶，也常用作 GFC 的固定相。其结构式为

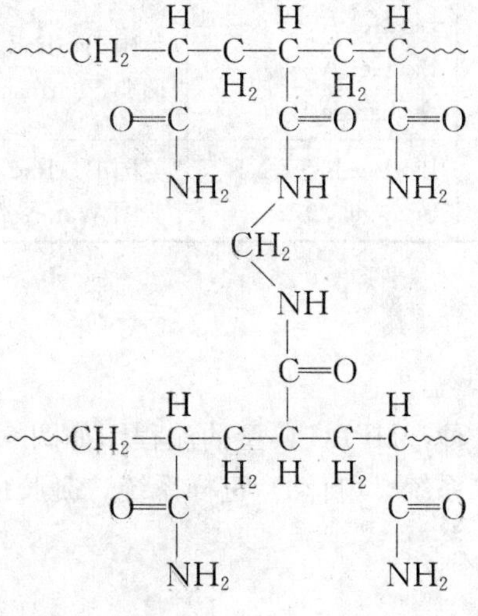

$$\sim CH_2-\overset{H}{\underset{O=C-NH_2}{C}}-\underset{H_2}{C}-\overset{H}{\underset{C(=O)-NH-}{C}}-\underset{H_2}{C}-\overset{H}{\underset{C(=O)-NH_2}{C}}\sim$$

$$CH_2$$

$$\sim CH_2-\overset{H}{\underset{O=C-NH_2}{C}}-\underset{H_2}{C}-\overset{-NH-C(=O)}{\underset{H}{C}}-\underset{H_2}{C}-\overset{H}{\underset{C(=O)-NH_2}{C}}\sim$$

另外，在GFC中有时也采用琼脂、中性琼脂糖以及表面磺化或表面氯甲基化的聚苯乙烯－二乙烯（基）苯共聚体珠粒作为柱填料。

③无机凝胶。

主要为多孔性玻璃、多孔性硅质材料和改性硅胶等。因为它们在水溶液和有机溶剂中均不会溶胀而产生体积的变化，所以既可用于GFC，又能用于GPC。不过它们有吸湿性，当分离极性大的物质时，应该特别注意。

也有一些资料中，将凝胶色谱填料分为软胶、半刚性胶和刚性胶。按这样的方法分类也有其优点，因为在实际操作中，凝胶的性能（例如耐压性、溶胀性等）和操作技术往往与凝胶的软硬性有关。一般来说，交联葡聚糖及低交联度的聚苯乙烯－二乙烯（基）苯共聚体珠粒是软性凝胶，中、高交联度的聚苯乙烯－二乙烯（基）苯共聚体珠粒是半刚性凝胶，而多孔玻璃、多孔性硅质材料和改性硅胶等，则属于刚性凝胶。

（2）凝胶色谱法中凝胶的选择

比表面积、孔径分布和孔容积等参数，能够反映出凝胶填料的特性，可作为选择凝胶时的参考。另外，也可根据凝胶的渗透范围，即校正曲线上的排除极限与全部渗透极限之间的整个范围来选择柱填料。常用商品凝胶色谱柱填料见表6－3。

表6－3 常用商品凝胶色谱柱填料

种类	牌号	生产厂家和经销商
葡聚糖凝胶	Sephadex G10 Sephadex G15 Sephadex G25 Sephadex G50 Sephadex G100 Sephadex G200	瑞典 Pharmacia Fine Chemicals Inc. 中国天津化学试剂二厂，上海化学试剂厂
聚丙烯酰胺凝胶	Bio-Gel P—2 Bio-Gel P—4 Bio-Gel P—10 Bio-Gel P—60 Bio-Gel P—100	美国 Bio-Rad 实验室
琼脂糖凝胶	Bio-Gel A—5 Bio-Gel A—50 Sepharose B	美国 Bio-Rad 实验室 瑞典 Pharmacia Fine Chemicals Inc.
聚苯乙烯－二乙烯基苯凝胶	Bio-Beads S—X4 Styragel 39728	美国 Bio-Rad 实验室 美国 Waters Associates Inc.

6.2.4 凝胶色谱仪

（1）凝胶色谱仪的结构

凝胶色谱是液相色谱的一种，HPLC典型的流程图如图6－3所示。液相色谱仪可兼作凝胶色谱。GPC仪的组成有泵系统、（自动）进样系统、凝胶色谱柱、检测系统和数据采集与处理系统等。

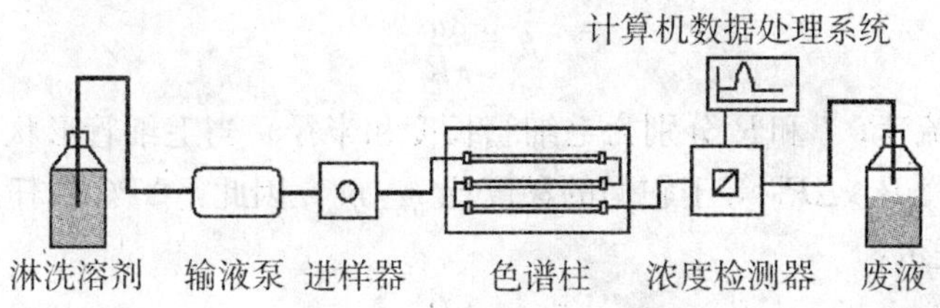

图 6-3　HPLC 典型流程图

①流动相系统：包括一个溶剂储存器、一套脱气装置和一个高压泵。它的工作是使流动相（溶剂）以恒定的流速流入色谱柱。泵的工作状况的好坏直接影响着最终数据的准确性，越精密的仪器，要求泵的工作状态越稳定。其流量的误差应该低于 0.01 mL/min。

②分离系统：色谱柱是 GPC 仪分离的核心部件，是在一根不锈钢空心细管中加入孔径不同的微粒作为填料。填料（根据所使用的溶剂选择填料，对填料最基本的要求是填料不能被溶剂溶解）：交联聚苯乙烯凝胶（适用于有机溶剂，可耐高温）、交联聚乙酸乙烯酯凝胶（最高 100℃，适用于乙醇、丙酮一类极性溶剂）、多孔硅胶（适用于水和有机溶剂）、多孔玻璃、多孔氧化铝（适用于水和有机溶剂）。柱子包括玻璃和不锈钢两种。

③检测系统：包括通用型检测器和选择型检测器。通用型检测器适用于所有高聚物和有机化合物的检测。有示差折光仪检测器、紫外吸收检测器、分子量检测器。对示差折光仪检测器来说，溶剂的折光指数与被测样品的折光指数应有尽可能大的区别；紫外吸收检测器在溶质的特征吸波长附近溶剂没有强烈的吸收；分子量检测器包含自动黏度检测器和激光小角光散射检测器（LALLS），自动黏度检测器是相对方法，LALLS 是绝对方法。选择型检测器只适用于对该检测器有特殊响应的高聚物和有机化合物，有紫外、红外、荧光、电导检测器等。

依照凝胶色谱的特点，在测定聚合物分子量分布曲线时，需能同时测定每个级分的浓度和分子量，因此，除了在一般 HPLC 中所使用的浓度检测器如示差折射、紫外等检测器外，凝胶色谱仪还配有分子量检测器。

（2）**分子量检测方法**

①间接测定法：是通过测定淋洗体积推测相应的分子量。如用虹吸法或计滴法来测定淋洗体积。流动相流速的稳定性，随仪器性能的提高而逐渐提高，也可直接测定保留时间作为分子量标记。间接法检测分子量的优点是仪器设备简单，但不能直接得出分子量的数值，需采用标准曲线进行校正，数据处理较为复杂，我们将在本章数据处理一节中详述。

②黏度法：用自动黏度检测器测定柱后流出液的特性黏度$[\eta]$。依照 Mark-Houwink 方程为

$$[\eta]=KM^{\alpha} \tag{6-19}$$

即可换算得到聚合物的分子量 M。式中，K 和 α 为常数，与聚合物类型、溶剂和溶液温度有关。已知 K、α 值，可算出绝对分子量，否则，只能测出相对分子量。

自动黏度检测器有两种：一种是间隙式，测定一定体积的淋出液（即 GPC 中的每一级分）流经毛细管黏度计的流出时间；另一种是连续式，测定柱后淋出液流经毛细管黏度计时在毛细管两端所产生的压差。流体通过毛细管的压差 ΔP 与流体黏度 η 成正比：

$$\Delta P=k\eta \tag{6-20}$$

式中，k 为仪器常数，可由下式求出：

$$k=\frac{8ul}{\pi R^4} \tag{6-21}$$

式中，u 为淋洗液流速；l 和 R 分别为毛细管长度和半径。当毛细管形状和流速一定时，溶液和溶剂的压差比 $\Delta P_i/\Delta P_0$ 等于它们的黏度比 η_i/η_0。因此，GPC 中任一级分流出液 $[\eta]_i$ 可用式（6－22）表示：

$$[\eta]_i=\left[\ln\left(\frac{\Delta P_i}{\Delta P_0}\right)C_i\right]_{C_i\to 0} \tag{6-22}$$

GPC 流出液的浓度是很低的，符合 $C_i\to 0$ 的条件。式（6－22）中，C_i 可通过浓度型检测器测出。这种检测器在使用时要求流速稳定和黏度计温度恒定。

③光散射法：用此法可以直接测定淋出液中聚合物的重均分子量，是一种测定绝对分子量的方法。

该法所用仪器为小角激光光散射检测器（Low Angle Laser Light Scattering，LALLS)，其工作原理如下：当光通过高分子溶液时，会产生瑞利散射，散射光强及其对散射角 θ（即入射光与散射光测量方向的夹角）和溶液浓度 C 的依赖性与聚合物的分子量、分子尺寸、分子形态有关，因此，可用光散射的方法研究高分子溶液的分子量等参数。采用瑞利比 R_θ 来描述散射光：

$$R_\theta=r^2\frac{I}{I_0} \tag{6-23}$$

式中，I 和 I_0 分别代表入射光和散射光强度，r 为观察点与散射中心的距离。LALLS 与一般光散射方法相比，其特点是可以在 $\theta\to 0$ 和 $C\to 0$ 的条件下测定，使计算大大简化，R_θ 和溶质的重均分子量 $\overline{M}_w$ 的关系为

$$\frac{KC}{R_\theta}=\frac{1}{\overline{M}_w}+2A_2C \tag{6-24}$$

式中，K 为仪器常数：

$$K=\frac{4\pi^2}{N\lambda^4}n^2\left(\frac{dn}{dc}\right)^2 \tag{6-25}$$

式中，N 为阿佛加德罗常数；λ 是入射光波长；n 是溶液的折光指数。式（6－24）中的 A_2 为二维系数，需先测定。当测定溶液的浓度 $C\to 0$ 时，该项也可忽略。这样式（6－24）可简化为

$$\frac{KC}{R_\theta}=\frac{1}{\overline{M}_w} \tag{6-26}$$

式中，C 为流出液中样品的浓度。因此，在 GPC 中，只要浓度型检测器和 LALLS 联用，就可直接测出流出液中样品的重均分子量。

6.3 凝胶色谱的数据处理

6.3.1 凝胶色谱谱图

凝胶色谱谱图以横坐标代表色谱保留值，纵坐标为流出液的浓度。因此，横坐标的值表示了样品的淋洗体积或级分，这个值与分子量的对数值成比例，是样品的分子量；纵坐标的值与该级分的样品量有关，是样品在某一级分下的质量分数。因此，凝胶色谱图可看作是以

分子量的对数值为变量的微分质量分布曲线。一般这种凝胶色谱曲线可用高斯分布函数表示为

$$W(V)=\frac{W_0}{\sigma\sqrt{2\pi}}\exp\left[-\frac{(V-V_P)^2}{2\sigma^2}\right] \tag{6-27}$$

式中，V 为淋洗体积；V_P 为色谱峰的峰位淋洗体积；$W(V)$为样品的质量函数；W_0 为样品质量；σ 为标准偏差。

对于多分散性样品，其凝胶色谱曲线是许多单分散性样品分布曲线的叠加，如图 6-4 所示。曲线下面的面积正比于样品的总质量，是各单分散性样品量的总和。某一淋洗体积所对应的分布曲线的微元面积 $W(V)\mathrm{d}V$ 不仅反映了该淋洗体积所对应的单分散试样的含量，而且与相邻组分体积有关。这种曲线的形状不一定与高斯分布函数一致，因此，色谱峰的峰位不直接表示样品的平均分子量。在这种情况下，需通过数据处理来获得平均分子量。

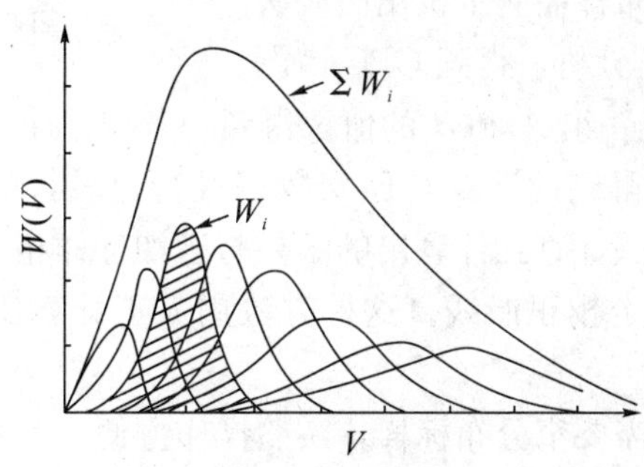

图 6-4　聚合物分子量分布曲线

6.3.2　分子量校正曲线

由凝胶色谱图计算样品分子量分布的关键是把凝胶色谱曲线中的淋洗体积 V 转换成分子量 M，这种分子量的对数值与淋洗体积之间的关系曲线（$\lg M-V$ 曲线）称为分子量校准曲线。该曲线测量的精度直接影响凝胶色谱测定的分子量分布的精度，因此，分子量校正曲线的确定成为凝胶色谱中关键的一环。

校正曲线的测定方法很多，大致可分为两大类，即直接校正法和间接校正法。直接校正法有单分散性标样校正法、渐近试差法和窄分布聚合物级分校正法等；间接校正法有普适校正法、无扰均方末端距校正法、有扰均方末端距校正法等。下面只介绍常用的三种校正曲线方法，即单分散性标样校正法、渐近试差法和普适校正法。

（1）**单分散性标样校正法**

选用一系列与被测样品同类型的不同分子量的单分散性（$d<1.1$）标样，先用其他方法精确地测定其平均分子量，然后与被测样品在同样条件下进行 GPC 分析。每个窄分布标样的峰位淋洗体积与其平均分子量相对应，这样就可画出 $\lg M-V_e$ 校正曲线，如图 6-5 所示。

在图 6-5 中，a 点称为排斥极限，凡是分子量比此点大的分子均被排斥在凝胶孔外；b 点称为渗透极限，凡是分子量小于此值的都可以渗透入全部孔隙。

对于线性校正曲线，可用下列方程表示：

$$\lg M=A-BV_e \tag{6-28}$$

式中，V_e 为淋洗体积（也可用保留时间）；M 代表分子量；A 和 B 为常数，$B>0$。

如果校准曲线是非线性的，则可用曲线方程或多段折线方程表示。这种测定校正曲线的方法简便、准确性高，但获得与被测样品相同种类的窄分布高分子样品比较困难，这就限制了它在实际中的应用。

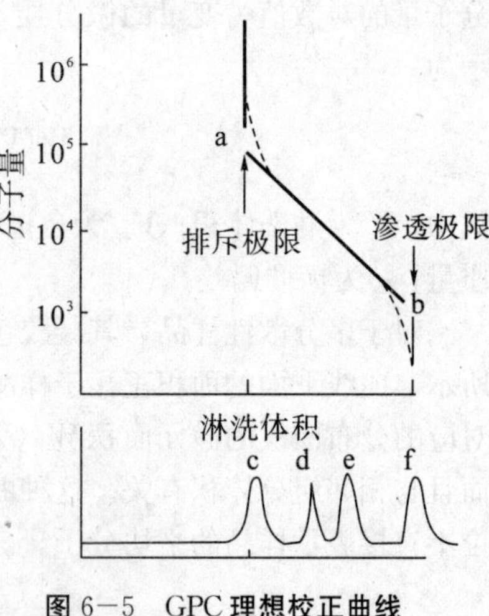

图 6-5 GPC 理想校正曲线

（2）**渐近试差法**

在实际工作中，有时不易获得窄分布的标样，可选用 2~3 个不同分子量的聚合物标样（平均分子量需精确测量，为已知的），采用一种数学处理方法即渐近试差法，可计算出校正曲线。由于这种方法不需要窄分布样品，因此，也可称为宽分布样品测定校正曲线法。

先对已知标样进行 GPC 分析，得到 GPC 谱图。然后依照（6-28）式任意规定一组 A 和 B 的值，得到一条校正曲线，依照此校正方程计算已知标样的平均分子量，把所得到的数据与原始数据进行比较，如不相符合，再修正 A、B 值，重新计算。这样反复试差，直到计算出的结果与已知标样相差在允许的误差范围内（一般小于 5%~10%），即可确定校正曲线。这种方法用人工计算比较麻烦，目前已能编制成程序由计算机来完成。

渐近试差法的优点是不需要窄分布标样，实验操作方便；其缺点是不能确定凝胶柱的排斥和渗透极限，只能适用于线性的校正曲线，得到的校正曲线也只是近似的。

（3）**普适校正法**

GPC 反映的是淋洗体积与高聚物流体力学体积之间的关系。各种高聚物的柔顺性是不同的，分子量相同而结构不同的高聚物在溶液中的流体力学体积也是不同的。因此，由上述介绍的两种方法所确定的校正曲线只能用于测定与标样同类的高聚物，当更换高聚物类型时，就需要重新标定。如果校准曲线能用高聚物的流体力学体积来标定，这类校准曲线就具有普适性。

依照聚合物链的等效流体力学球的模型，爱因斯坦（Einstein）的黏度关系式如下：

$$[\eta]=\frac{2.5NV}{M} \tag{6-29}$$

式中，$[\eta]$ 为特性黏度；M 为分子量；V 为聚合物链等效球的流体力学体积；N 为阿佛加德罗常数。依照上式，可用 $[\eta]M$ 来表征聚合物的流体力学体积。

如果用 $\lg[\eta]M-V$ 作校正曲线，应该比 $\lg M-V$ 的校正曲线更具普适性。也就是说，不同的高聚物，在同样的 GPC 实验条件下，当其淋洗体积相同时，下式应成立：

$$[\eta]_1[M]_1=[\eta]_2M_2 \tag{6-30}$$

式中，下标 1 和 2 分别代表两种聚合物。将 Mark-Houwink 方程：

$$[\eta]=KM^{\alpha} \tag{6-31}$$

代入（6-30）式，可得

$$K_1M_1^{1+\alpha_1}=K_2M_2^{1+\alpha_2} \tag{6-32}$$

两边取对数：

$$\lg K_1+(1+\alpha_1)\lg M_1=\lg K_2+(1+\alpha_2)\lg M_2$$

$$\lg M_2 = \frac{1}{1+\alpha_2}\lg\left(\frac{K_1}{K_2}\right) + \frac{1+\alpha_1}{1+\alpha_2}\lg M_1 \tag{6-33}$$

因此，只要知道两种高聚物样品在实验条件下的参数 K_1、α_1 和 K_2、α_2 的值，就可由第一种高聚物的校正曲线依（6−33）式换算成第二种高聚物的校正曲线。

实验证明，该法对线性和无规线团形状高分子的普适性较好，而对长支链的高分子或棒状刚性高分子的普适性还有待于进一步研究。

此方法的优点是只要用一种高聚物（一般采用窄分布聚苯乙烯）作校准曲线，就可以测定其他类型的聚合物，但先决条件是两种高聚物的 K 和 α 值必须已知，否则仍无法进行定量计算。

6.3.3　分子量分布的计算

单分散性样品只要测出 GPC 谱图就可从图中求出保留值，然后直接从校正曲线查出对应的分子量。

计算多分散性样品分子量分布有两种方法：一种是函数法，另一种是条法。

（1）**函数法**

这种方法是先选择一种能描述测得的 GPC 曲线的函数，然后再依据此函数和分子量定义求出样品的各种平均分子量。在实际中由于许多聚合物谱图是对称的，近似于高斯分布，因此应用最多的是用高斯分布函数来描述。如果把质量分布函数用级分质量分数表示，则式（6−27）可改写如下：

$$W(V) = \frac{1}{\sigma\sqrt{2\pi}}\exp\left[-\frac{(V-V_P)^2}{2\sigma^2}\right] \tag{6-34}$$

为计算平均分子量，需要按（6−28）式把保留体积 V 变换成分子量 M，为计算方便把（6−28）式变换成下式：

$$\ln M = A - B_1 V_e \tag{6-35}$$

式中，$B_1 = 2.303B$。在更换变量时还必须满足下式：

$$\int_0^\infty W(V)\mathrm{d}V = \int_0^\infty W(M)\mathrm{d}M \tag{6-36}$$

即样品总质量不变，则可得到以分子量为自变量的质量微分分布函数如下：

$$W(M) = \frac{1}{M\sigma'\sqrt{2\pi}}\exp\left[-\frac{1}{2}\left(\frac{\ln M - \ln M_P}{\sigma'}\right)^2\right] \tag{6-37}$$

式中，$\sigma' = B_1\sigma$；M_P 为峰位分子量，可由校正曲线中查出。只要把式（6−37）代入式（6−5）、（6−6），即可求出 $\overline{M}_w$、$\overline{M}_n$ 和多分散性指数（d）：

$$\overline{M}_w = M_P\exp\left(\frac{B_1^2\sigma^2}{2}\right) \tag{6-38}$$

$$\overline{M}_n = M_P\exp\left(-\frac{B_1^2\sigma^2}{2}\right) \tag{6-39}$$

$$d = \frac{\overline{M}_w}{\overline{M}_n} = \exp(B_1^2\sigma^2) \tag{6-40}$$

因此，把 GPC 谱图近似成高斯分布函数计算时，各种平均分子量和多分散性系数值仅与峰位分子量 M_P、校正曲线斜率 B_1 和谱峰宽度 σ 有关。但是，当谱图不对称或出现多峰时，就不能近似成高斯分布函数，则上式不适用，此时可采用条法计算平均分子量。

(2) **条法**

把 GPC 曲线沿横坐标分成 n 等份，然后切割成与纵坐标平行的 n 个长条，相当于把整个样品分成 n 个级份，每个级份的淋洗体积相等。

由 GPC 谱图，可求出每个级份的淋洗体积 V_i 和浓度响应值 H_i。再通过校正曲线求出 i 级份的分子量 M_i，级份的质量分数 $\overline{W}_i$ 可由下式求出：

$$\overline{W}_i = \frac{H_i}{\sum_{i=1}^{n} H_i} \tag{6-41}$$

样品的平均分子量可按照统计平均分子量的定义计算。由于此处使用的是质量分数，式（6－1）和式（6－2）可改写为

$$\overline{M}_n = \frac{1}{\sum \overline{W}_i / M_i} = \frac{\sum H_i}{\sum H_i / M_i} \tag{6-42}$$

$$\overline{M}_w = \sum \overline{W}_i / M_i = \frac{\sum H_i M_i}{\sum H_i} \tag{6-43}$$

其他统计平均分子量和多分散性系数也可用相同的方法计算。

这种计算方法的优点是可以处理任何形状的 GPC 谱线的数据，但应注意选取数据点数，数据点太少，计算精度不够；太多，则占用计算机大量的内存量，也浪费计算时间。一般地，如果精度要达到 2%，对 $\overline{M}_n$、$\overline{M}_w$ 和 $\overline{M}_\eta$ 只要选择 20 个数据点就可以了，但计算 $\overline{M}_z$ 时则需选取 40 个数据点。当然，在使用仪器附带的数据处理机进行数据计算时，可适当增加数据点数。

6.3.4 峰展宽的校正

色谱过程不可避免地存在着样品区域的展宽，使色谱峰加宽，这一现象在 GPC 中同样存在。影响峰加宽主要是分离高分子在凝胶孔洞中的扩散因素。由于这些因素的影响，得到的 GPC 谱图比实际的分子量分布宽。按照随机模型，在 GPC 谱图中得到的标准偏差 σ_s 用下式表示：

$$\sigma_s^2 = \sigma_D^2 + \sigma^2 \tag{6-44}$$

式中，σ_D^2 是由于色谱动力学过程各种效应引起的方差；σ^2 是样品多分散性引起的真实宽度分布方差。式（6−40）的多分散性指数可表示成 d_s：

$$d_s = \exp\left[B_1^2\ (\sigma_D^2 + \sigma^2)\right]$$

$$d_s = d\exp\left[B_1^2 \sigma_D^2\right] \tag{6-45}$$

令峰加宽因子 G 为

$$G = \exp\left(\frac{B_1^2 \sigma_D^2}{2}\right) = \sqrt{\frac{d_s}{d}} \tag{6-46}$$

如果用 $\overline{M}_{ws}$、$\overline{M}_{ns}$ 和 d_s 分别表示由 GPC 谱图中测得的重均、数均分子量和多分散性指数，则样品真正的分子量为

$$\overline{M}_s = \frac{\overline{M}_{ws}}{G} \tag{6-47}$$

$$\overline{M}_n = \overline{M}_{ns} \times G \tag{6-48}$$

$$d=\frac{d_s}{G^2} \tag{6-49}$$

因此，只要预先测定 G 值，就可以从实际的 GPC 谱图中计算出样品真实的平均分子量。

G 值最简单的测定方法是利用单分散性的低分子化合物或特大分子量样品进行测定，前者在渗透极限之外，而后者在排斥极限之外，因此，在谱图中所反映出的峰宽，仅仅是由色谱动力学过程即 σ_D 造成的，由此可求出 G 值。如果考虑到 G 值与分子量之间有一定的依赖关系，采用上述方法误差较大，则可考虑采用已知分布宽度的样品，测定其 GPC 谱图，由于 σ 值已知，从图中求出 σ_s 即可算出 G 值。

当色谱柱效足够高时，由色谱过程引起的峰加宽影响较小。因此，随着高效柱的使用，柱效不断提高，色谱过程引起的峰加宽效应可忽略，这使得分子量分布的计算十分方便。

6.4　凝胶色谱在高分子研究中的应用

凝胶色谱应用于测定高聚物的分子量分布和各种统计平均分子量，已成为高分子材料的研究和应用中不可缺少的手段之一。GPC 在高分子材料的研究中应用很广，本节仅就几个主要方面作一简介。

6.4.1　高分子材料生产及加工

在高分子材料生产过程中，凝胶色谱分析监测聚合过程，选择最佳工艺条件，研究聚合反应机理。通过分子量分布的分析，可以得到聚合机理的信息。

例 1　苯乙烯辐射聚合，在不同的聚合温度下得到的 GPC 曲线是不同的，如图 6－6 所示。

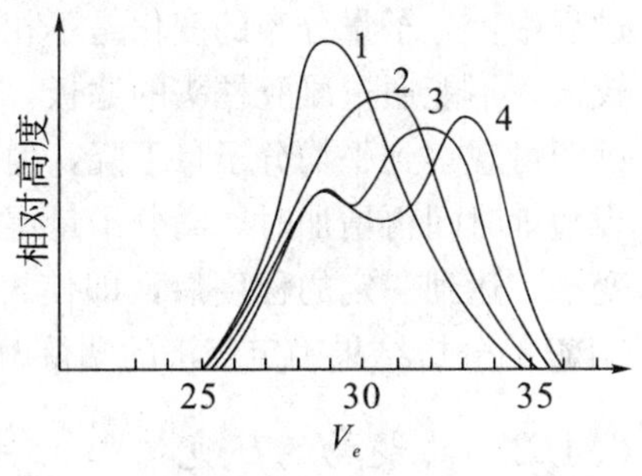

图 6－6　辐射聚合聚苯乙烯的 GPC 曲线

图 6－6 中 GPC 曲线是在水分含量为 5.2×10^{-3} mol/L，辐射剂量率为 8.15×10^{3} Gy/h 下测定的。曲线 1～4 的聚合温度与转化率分别为：曲线 1，30℃、4.98%；曲线 2，15℃、5.47%；曲线 3，0℃、5.30%；曲线 4，－10℃、4.59%。30℃聚合时，产物的 GPC 曲线呈单峰，随聚合温度降低 GPC 曲线出现双峰，至－10℃聚合产物的 GPC 曲线尾部出现的低分子量的峰增至最高。由于自由基聚合在高温进行，离子型聚合在低温进行，因此，先出现的峰可认为是按自由基聚合得到的产物，而后出现的峰即低分子量部分的峰则是由阳离子型聚合得到的产物。由此可推测，低温下苯乙烯辐射聚合过程可能同时存在两种聚合机理，即自由基和阳离子型聚合以及两种机理的过渡状态。

一般情况下，在获得合成高聚物的原料后，还须进一步加工成型得到所需的高分子材料。在加工过程中由于加热和机械挤压等作用，高聚物的分子量会发生变化，直接影响到材料的性能。

例 2　表 6－4 列出了四种不同牌号的聚碳酸酯样品在加工前后分子量的变化情况。从表中可看出，不同牌号的样品在加工前后分子量降解的情况是不同的。其中 PC－D 样品加工后重均分子量最大，其冲击韧性相对应该最好，但这与实际测定的情况不相符。这主要是因为当聚碳酸酯分子量低于 2×10^4 以下时，其各项性能指标急剧下降，因此 2×10^4 以下的低分子量部分含量越小，冲击韧性越好。PC－D 样品尽管重均分子量大，但在 2×10^4 以下的低分子量部分所占的重量分数也大，因此导致其冲击韧性降低。但低分子量部分多，可改善其加工流动性。

表 6－4　不同聚碳酸酯样品在加工前后分子量的变化

聚碳酸酯样品	PC－C		PC－T		PC－S		PC－D	
	前	后	前	后	前	后	前	后
分子量（10^4）								
$\overline{M}_w$	3.30	3.22	3.64	3.06	2.58	2.50	3.58	3.24
$\overline{M}_n$	1.40	1.40	1.45	1.21	1.18	1.14	1.15	1.03
$\overline{M}_z$	4.87	4.79	3.48	3.06	3.91	3.83	7.27	6.52
$\overline{M}_\eta$	3.16	3.08	3.49	3.06	2.46	2.39	3.32	3.02
$\overline{M}_w$ 分子量分布								
4×10^4 以上	31.3%	29.9%	36.2%	27.5%	19.3%	18.1%	30.5%	28.8%
$2\times10^4\sim4\times10^4$	36.3%	36.2%	32.9%	34.2%	35.2%	34.7%	26.7%	28.5%
2×10^4 以下	32.4%	33.9%	30.9%	38.3%	45.5%	47.2%	42.8%	44.7%

用 GPC 研究高聚物的加工过程时，可以在加工过程中不断地取样分析，以确定最佳的加工条件。例如，在橡胶制品的生产过程中，一般要进行塑炼。不同种类的橡胶原料在塑炼过程中，分子量分布的变化是不相同的。如天然橡胶在塑炼开始时，由于有凝胶存在，颗粒较大，不能通过凝胶柱头的滤板，在 GPC 谱图上反映不出来。随着塑炼时间增加，在 GPC 谱图可观察到平均分子量下降，但在高分子量尾端出现小峰，说明天然橡胶的凝胶被破坏。当塑炼时间再增加时，高分子量尾端的小峰逐渐消失，平均分子量进一步下降，分子量分布变窄。达到一定的程度后，即使再延长塑炼时间，分子量分布也无明显变化，因此可依照 GPC 的分析结果确定经济的塑炼时间。

6.4.2　共聚物的研究

在共聚物中不仅存在分子量分布，而且共聚组成也具有一定的分布，这两者之间是相互关联的。GPC 可以同时测定共聚物的分子量分布和组成分布，既可研究共聚反应过程，也可测定共聚物组成。一般利用 GPC 测定共聚组成有两类方法。

一类方法是利用凝胶色谱与其他分析手段联用，如 GPC－FTIR，GPC－PGC 等联用技术，同时测定分子量分布和组成分布。

例 3　图 6－7 和图 6－8 是端羧基液体丁腈橡胶（CTBN）的分子量和组成分布图，采用裂解色谱法测定 GPC 柱后流出物高分子链中的丙烯腈（AN）含量比较准确，可快速地得到 CTBN 组成随分子量变化的分布曲线。图中的两种样品所采用的共聚工艺不同，图 6－7 的两种单体采用一步法投料，AN 分布不均匀；而图 6－8 的样品在共聚时，第二单体是分步加入的，因此 AN 分布较均匀，这一结果有助于共聚理论的研究。

另一类方法是利用双检测器，一般采用紫外检测器与示差折光检测器串联，后者对共聚组成变化不敏感，得到的是共聚物浓度随分子量变化的曲线，即分子量分布曲线；而前者对共聚物中某一组分有选择性吸收，可用于监测共聚物组成的变化，能得到共聚物组成随分子量变化的曲线。

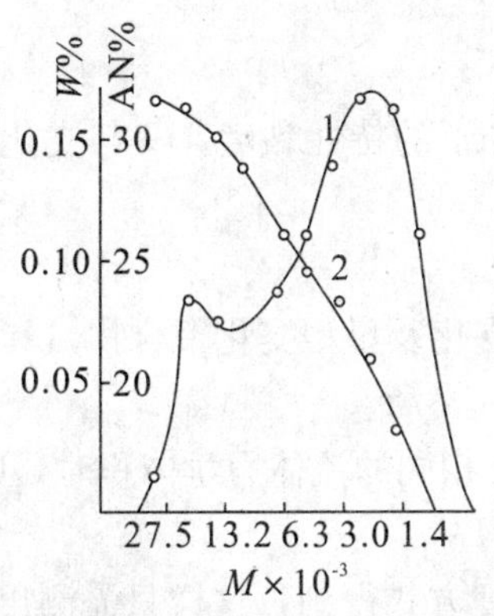

图 6-7　一步法 CTBN 分子量及组成分布曲线

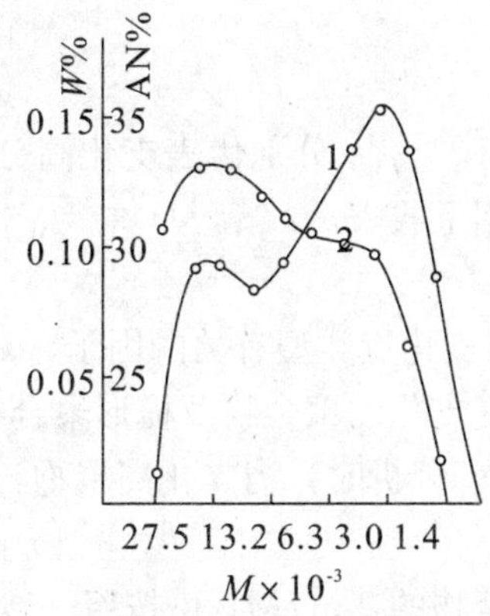

图 6-8　分步法 CTBN 分子量及组成分布曲线

如果把示差折光检测器（RI）和小角激光光散射检测器（LALLS）串联使用，由于 LALLS 对高分子量部分检测敏感，可用于检测具有轻度交联的聚合物。

例 4　图 6-9 是用 RI 和 LALLS 串联测得的 GPC 曲线，其中，(a) 是乙烯/丙烯二元共聚物的谱图；(b) 是加入第三单体 5-亚乙基-2 降冰片烯后的谱图，聚合物产生轻度交联，在 RI 检测的谱线中观察不到，但在 LALLS 检测的谱图中则可明显地观察到。

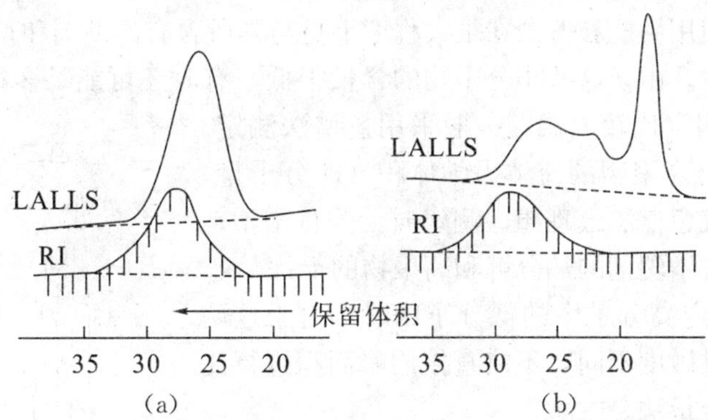

图 6-9　乙烯/丙烯二元与三元共聚物的 RI 和 LALLS 凝胶色谱图

例 5　三嵌段共聚物聚苯乙烯-聚 β-羟基丁酸酯-聚苯乙烯（PS-PHB-PS）共聚物的链结构利用 ^{1}H-NMR 和 ^{13}C-NMR 进行表征，分子量特性和链段组成利用 GPC 方法进行测定。聚合物的分子量随单体转化率的增加而线性增加，分子量分布指数相对较窄。分析条件为聚合物的分子量及其分布采用 Waters 244 型 SEC 仪测试，配用 R401 型示差折光检测器。流动相为四氢呋喃（THF），流速为 1 mL/min，用窄分布聚苯乙烯标样作色谱柱的校准。

6.4.3　支化聚合物的研究

高分子材料在聚合过程中，如果产生支化，会使其一系列参数都发生变化，也是影响高分子材料性能的因素之一。支化链一般分为长支链和短支链，前者的支链长度与主链相当，后者的支链长度只相当于较长的侧基。短支链的存在破坏了高分子链的规整性，使材料结晶困难；长支链的存在影响了材料的流动性，对加工性能有影响。

用 GPC 研究支化聚合物是依据高分子支化后 $[\eta]$ 等一系列参数的变化，与线性聚合物相比，支化后的聚合物在给定的溶剂中具有较低的特性黏度和较小的流体力学体积。可以把支化因子 G 定义为

$$G=\frac{[\eta]_B}{[\eta]_L} \tag{6-50}$$

式中，$[\eta]_B$ 和 $[\eta]_L$ 分别代表支化高分子和线性高分子的特性黏度。G 与支化点数目 g 之间的关系可用下式表示：

$$G=g^{\varepsilon} \tag{6-51}$$

式中，ε 是与支化点类型有关的因子，对于轻度无规支化及星型支化聚合物，其值接近 1/2；对于高度无规支化的聚合物及梳形聚合物，其值则接近 3/2。

在用 GPC 分析时，当支化高聚物与线性高聚物有相同的流体力学体积时，则下式成立：

$$[\eta]_B M_B=[\eta]_L M_L \tag{6-52}$$

线型高聚物的 $[\eta]_L M_L$ 可按照一般 GPC 数据处理方式得到，这样只需测出支化聚合物中 $[\eta]_B$ 和 M_B 中任一数值就可按（6−52）式求出另一数值。因此，最简便的方法是采用自动黏度计或小角激光光散射仪作为 GPC 的检测器，直接测出支化聚合物的 $[\eta]_B$ 或 M_B，依据式（6−50）算出支化因子 G，当与支化点类型有关的因子 ε 已知时，即可测出支化点数目 g。

6.4.4 聚合物中低分子物的测定

高分子材料的使用性能和寿命在很大程度上是与其所含有的助剂和是否残存有未聚合的单体等小分子物有关。由于这些小分子物的含量很低，有时还可能是多种化合物的混合物，因此采用光谱方法测定比较困难，一般采用色谱法测定。这些小分子添加剂与高聚物的流体力学体积（即分子量）相差较大，采用凝胶色谱法最理想。测定时无需将增塑剂分离出，也不必考虑增塑剂的热分解和高聚物的干扰。

在用 GPC 法测定高分子中的低分子物时，由于这两部分在检测器上的灵敏度不同，不能直接用峰面积进行比较，需要采用内标定量法。

例 6　测定苯乙烯中增塑剂三乙撑二醇二苯甲酸酯（TEGDB）的含量，可选用二苯基乙二酮为内标物，测定 TEGDB 与内标物峰面积之比，其谱图如图 6−10 所示。只要先用一系列已知增塑剂含量的样品作标准，求出增塑剂与内标物峰面积之比与增塑剂含量的关系，即可用内标法测出未知样品中增塑剂的含量。

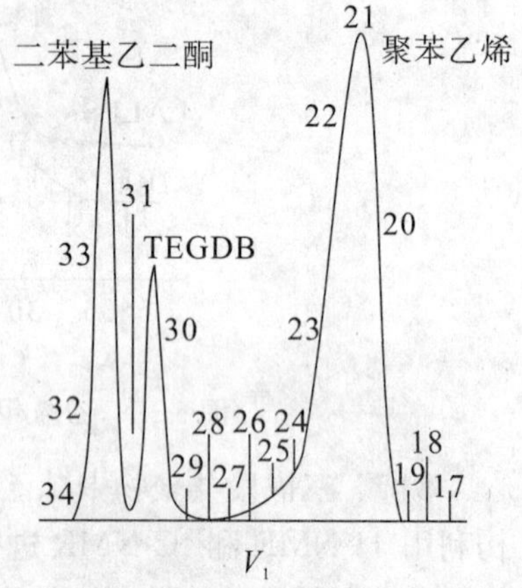

图 6−10　PS 的 GPC 曲线

6.4.5 高分子材料老化过程的研究

高分子材料在使用过程中，由于光、热、氧及微生物等的作用会引起高分子链的降解，使高分子材料老化而影响材料的性能和使用寿命，凝胶色谱是研究这种降解过程的很好方法。用凝胶色谱可以观察材料在使用过程中分子链的断裂、耦合与交联，可以为老化机理的研究提供必要的数据。

例 7　聚碳酸酯（PC）是一种性能优异的工程塑料，但其耐热水老化性能很差，因此使它在许多领域中的应用受到限制。用共混的方法制备高聚物合金材料，可以改善其耐热水老化的性能，其中最突出的是聚碳酸酯/聚乙烯（PC/PE）合金材料。表 6−5 列出了用 GPC

方法测定的 PC 和 PC/PE 合金在 100℃和 80℃的水中处理后，分子量的变化值。$\overline{M}_w$ 随水处理天数变化曲线如图 6−11 所示。

表 6−5　PC 和 PC/PE 合金在 100℃和 80℃水中处理后分子量的变化值

水解时间/d	纯 PC				PC/PE			
	100℃		80℃		100℃		80℃	
	$\overline{M}_w$	$\overline{M}_w/\overline{M}_n$	$\overline{M}_w$	$\overline{M}_w/\overline{M}_n$	$\overline{M}_w$	$\overline{M}_w/\overline{M}_n$	$\overline{M}_w$	$\overline{M}_w/\overline{M}_n$
0	37000	2.28	37000	2.28	33300	2.12	33300	2.12
1	35200	2.26	36400	2.25	32900	2.19	33300	2.19
2	33500	2.27	38700	2.27	32100	2.35	33000	2.31
4	32000	2.29	35700	2.27	32200	2.32	33100	2.32
7	29500	2.24	34700	2.28	31200	2.40	32600	2.32
12	26800	2.32	34500	2.25	30400	2.31	32400	2.32
15	—	—	—	—	29700	2.39	32200	2.24
16	22600	2.28	—	—	—	—	—	—
21	20200	2.29	31600	2.27	28600	2.39	32000	2.30
24	19200	2.30	31100	2.29	28200	2.41	31800	2.32
30	17500	2.22	29900	2.24	27800	2.41	31400	2.30

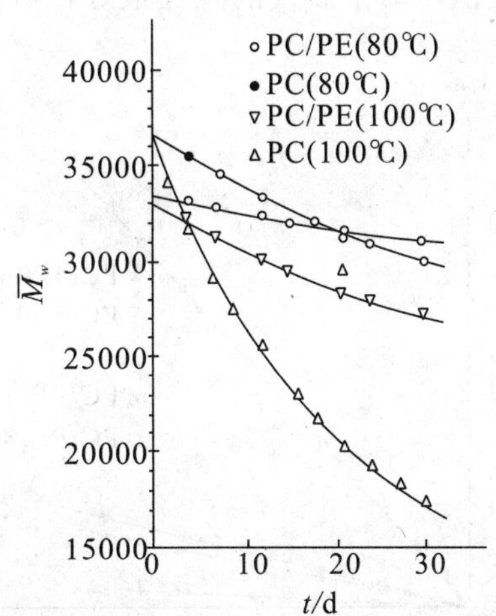

图 6−11　PS 和 PC/PE 合金在 100℃和 80℃水中处理过的 $\overline{M}_w-t$ 曲线

由表 6−5 和图 6−11 可见，在 100℃沸水中，纯 PC 的分子量下降最快，大约在 20 天左右，平均分子量降到 2 万以下，失去了工程材料的性能，而 PC/PE 合金在同样条件下降解速率慢很多。从表 6−5 中还观察到它们的分子量分布宽度指数基本不变。

由上述分子量分布随水处理时间的变化规律还可计算出这两种样品在热水中的降解速率 K 和水解活化能 E。当某高聚物分子发生随机断键时，其断键数 S 为

$$S=\frac{\overline{DP}_0}{\overline{DP}_t}-1 \tag{6-53}$$

式中，$\overline{DP}_0$ 和 $\overline{DP}_t$ 分别为初始和 t 时刻的聚合度。在 t 时间内，一根化学键发生断裂的几率 α 为

$$\alpha=\frac{S}{\overline{DP}_0-1} \tag{6-54}$$

当$\overline{DP}_0>1$时，有

$$\alpha=\frac{S}{\overline{DP}_0} \tag{6-55}$$

将式（6-53）代入式（6-55）：

$$\alpha=\frac{1}{\overline{DP}_t}-\frac{1}{\overline{DP}_0} \tag{6-56}$$

则降解速率常数 K 为

$$K=\mathrm{d}\alpha/\mathrm{d}t \tag{6-57}$$

当水解转化率比较低，断键数比原有键数小得多时，下式成立：

$$Kt=\frac{1}{\overline{DP}_t}-\frac{1}{\overline{DP}_0} \tag{6-58}$$

考虑到凝胶色谱中 $\overline{M}_w$ 的测定精度较好，而 PC 在水解时，分子量分布宽度指数 d 基本不变，因此式（6-58）可用下式表示：

$$\frac{1}{\overline{M}_{wt}}-\frac{1}{\overline{M}_{w0}}=\frac{K}{254d}t \tag{6-59}$$

式中，254 为 PC 重复单元的分子量。作（$1/\overline{M}_{wt}-1/\overline{M}_{w0}$）$-t$ 图，如图 6-12 所示。由曲线的斜率可求出降解速率常数 K 值。由于曲线的线性很好，可以推定 PC 的分子量降解反应符合一级反应动力学规律。

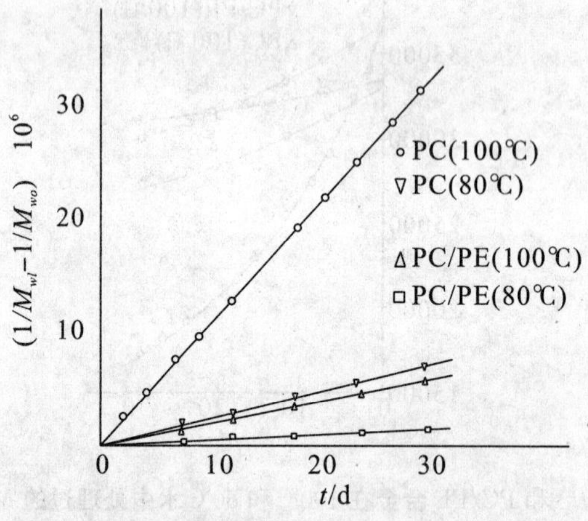

图 6-12 PC 和 PC/PE 合金中的 PC 在热水里的降解速率

采用 GPC 研究 PC 的水解不仅可测定分子量的变化规律、计算水解速率常数和活化能，还可进一步提供 PC 水解的方式。在用 GPC 测定过程中，发现纯 PC 和 PC/PE 合金中的 PC 的 GPC 谱图的尾峰是不相同的。将尾峰部分收集后，用气相色谱和傅里叶变换红外光谱进行测定，证实在纯 PC 中尾峰主要是苯酚，而在 PC/PE 合金的 PC 中，尾峰除苯酚外还存在双酚 A。因此，可推测纯 PC 的水解主要是大分子部分产生键的无规断裂；而在 PC/PE 合金中，PC 的水解除上述过程外，主要在端基附近水解，因而可以发现双酚 A 的尾峰。

参考文献

[1] 卢佩章. 色谱理论基础 [M]. 北京：科学出版社，1989.

[2] 郑昌仁. 高聚物分子量及其分布 [M]. 北京：化学工业出版社，1986.

[3] 施良和. 凝胶色谱法 [M]. 北京：科学出版社，1980.

[4] Wu T Y. GPC observations of branching effects in anionic polymerization of methylmet hacrylate：A preliminarystudy [J]. Journal of Applied Polymer Science，2009，111 (4).

[5] Young S，Amirkhanian S N，Kim K W. Analysis of unbalanced binder oxidation level in recycled asphaltmixture using GPC [J]. Const ruction and Building Materials，2008，22 (6).

[6] Moore J C，Altgelt K H，Segal Y L，et al. Gel permeation chromatography [M]. New York：Marcel Dekker Inc，1971.

[7] 崔英，胡才仲，宋同江，等. GPC 在溶聚丁苯橡胶（SSBR）合成中的应用弹性体 [J]. 2009，19 (6)：56－59.

思考题

1. 试比较经典液相色谱与高效液相色谱的异同点。
2. 凝胶色谱的分离机理有哪些？
3. 用凝胶色谱测定分子量及其分布时，为什么要进行分子量的校正？
4. 分子量校正方法有哪几种？比较其优缺点。
5. 凝胶色谱法的固定相分几种类型？如何进行选择？
6. 举例说明凝胶色谱在高分子分析中的应用。

第7章 电子显微镜

在高分子材料科学中，电子显微分析已成为一种重要的分析研究手段，可以分析高分子晶体的形貌结构、多相体系的微观相分离结构、泡沫聚合物的孔径和微孔分布、黏合剂的黏结效果以及聚合物涂料的成膜特性等。特别是近年来电子显微镜分析技术的迅速发展，开辟了多功能的分析电镜，为人类获得更丰富的微观世界信息起着积极的促进作用。

7.1 电子显微镜的诞生

人的眼睛可以观察 0.1 mm 左右的物体结构细节，也就是人的眼睛的分辨本领为 0.1 mm。为了研究更小的物体或物体的微细结构，人类发明了光学显微镜。由于受到光的衍射限制，光学显微镜的极限分辨本领是以可见光的下限 0.4 μm 为准，极限分辨率大约为 0.2 μm，可把 0.2 μm 的物体放大到 0.2 mm，也就是说，现代光学显微镜的放大率可达到 1500 倍左右，这也是光学显微镜的极限分辨本领。为了得到分辨率更高的显微镜，必须采用波长更短的波。

7.1.1 电子束的波粒二象性

德布罗意的波粒二象性认为，运动的微观粒子的性质与光的性质相似。因此，匀速直线运动的电子束，其电子波长 λ 与电子运动速度 v 和电子质量 m 存在以下关系：

$$\lambda = \frac{h}{mv} \tag{7-1}$$

式中，h 为普朗克常数；m 为电子质量。

一个初速度为零的电子，在电场中从电位为零的点开始运动，因受加速电压 V 的作用，获得的运动速度 v 可表示为

$$v = \sqrt{\frac{2eV}{m}} \tag{7-2}$$

式中，e 为电子电荷。

电子波长：

$$\lambda = \frac{h}{\sqrt{2emV}} \tag{7-3}$$

上式说明，电子波长与电压的平方根成反比。加速电压越高，电子波长越短。但是，当加速电压高时，电子质量随运动速度增大而增大，必须引入相对论校正。经校正后的电子波长可表示为

$$\lambda = \frac{h}{\sqrt{2em_0V(1+\frac{eV}{2m_0c^2})}} \tag{7-4}$$

将 $h=6.62\times10^{-34}\,\mathrm{J\cdot s}$，$e=1.60\times10^{-19}\,\mathrm{C}$，电子静止质量 $m_0=9.11\times10^{-31}\,\mathrm{kg}$ 代入式(7−4)，可得

$$\lambda=\frac{12.25}{\sqrt{V(1+0.9788\times10^{-6}V)}} \tag{7-5}$$

由此而求得的电子波长如表 7−1 所示。由表可知，电子波长比可见光的波长小几十万倍，这样利用电子束有可能制造出高分辨本领的显微镜，其关键在于能否制造出电子束用的电子透镜。

表 7−1　不同加速电压下的电子波长

加速电压/kV	20	30	50	100	200	500	1000
电子波长/nm	8.59×10^{-3}	6.98×10^{-3}	5.36×10^{-3}	3.7×10^{-3}	2.51×10^{-3}	1.42×10^{-3}	6.87×10^{-4}

7.1.2　电子显微镜的诞生历程

1926 年，法国科学家蒲许提出了关于电子在磁场中运动的理论。他认为：“对称的磁场具有汇聚电子束的作用。”随后，物理学家们利用电子在磁场中的运动与光线在介质中的传播相似的性质，研究出电子透镜。

1928 年，法国柏林工科大学高压实验室鲁斯卡（Ruska）等研制出世界上第一台放大率只有 12 倍的电子显微镜，它表明电子束可以用于显微镜，从而为电子显微镜的发展开辟了新的方向。

1933 年底，鲁斯卡（Ruska）获得了金属箔和纤维的一万倍的放大镜。此时，电子显微镜的放大率已远远超过了光学显微镜，但分辨本领还只是刚刚达到光学显微镜的水平。

1939 年，德国西门子公司生产出世界上第一台商品透射电子显微镜，其分辨本领优于 10 nm，放大倍数大于 4 万倍。

1942 年，英国研制成功了分辨本领为 50 nm 的第一台扫描电镜。但第一台商品扫描电子显微镜一直到 1965 年才生产出来。目前，已有十多个国家生产了上万台各种类型的电子显微镜。

我国从 1958 年开始制造电子显微镜，现在已经能生产性能较好的透射电镜和扫描电镜。20 世纪 50 年代末，电子显微镜的分辨本领已达到 1 nm，已能直接观察一些结晶的晶格图像，甚至某些单个原子。电子显微镜已经作为观察微观世界的科学之眼，成为自然科学不可缺少的一种大型分析仪器。

7.2　透射电子显微镜

透射电子显微镜（Transmission Electron Microscope，TEM)，是观察和分析材料的形貌、组织和结构的有效工具。TEM 用聚焦电子束作照明源，使用对电子束透明的薄膜试样，以透过试样的透射电子束或衍射电子束所形成的图像来分析试样内部的显微结构。图 7−1是 TEM—2010 透射电镜，其加速电压 200kV、LaB_6 灯丝、点分辨率 0.194 nm，是目前较先进的透射电子显微镜。

图 7-1 TEM—2010 透射电镜

7.2.1 TEM 的结构及成像原理

(1) TEM 的结构

透射电子显微镜 TEM 由电子光学系统、真空系统、电源系统和操作控制系统组成。电子光学系统分为照明、成像及观察记录、辅助系统。

透射电子显微镜的电子光学系统的核心是磁透镜。图 7-2 的上部是由电子枪和聚光镜组成的照明系统。它的作用是提供一个亮度高、尺寸小的电子束；电子束的亮度取决于电子枪，电子束直径的尺寸则取决于聚光镜。电子枪又分为阴极灯丝、栅极、加速阳极三部分，是电镜的照明光源。灯丝通过电流后发射出电子，栅极电压比灯丝负几百伏，作用是使电子汇聚，改变栅压可以改变电子束尺寸。加速阳极具有比灯丝高数十万伏的高压，其作用是使电子加速，从而形成一个高速运动的电子束。

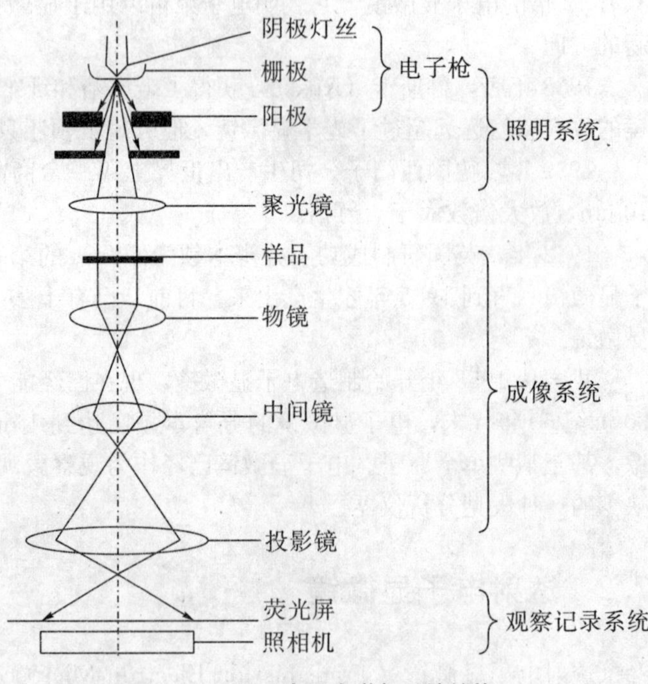

图 7-2 TEM 电子光学部系统结构

聚光镜是使电子束聚焦到所观察的试样上，通过改变聚光镜的激励电流，可以改变聚光镜的磁场强度，从而控制照明强度及照明孔径角大小。现代电镜一般采用两个聚光镜，以便获得尺寸小的电子束。这两个聚光镜都是磁透镜。

样品室在照明系统下面，放置被观察样品，并可使样品沿 x、y、z 三个方向移动。现代电镜在样品室中有防污染装置。此外，为了多方面应用的需要，还配有低温样品台、加热样品台、拉伸样品台等。

样品室下面是成像系统，由物镜、中间镜和投影镜组成。物镜也是电镜的重要部分，它的作用是形成样品的第一级放大像，并对像进行聚焦。物镜中还有一个可变光阑和物镜消像散器，其作用是减少物镜像散，提高其分辨本领。通常用强磁透镜作为物镜，其焦距为 2 mm 左右，放大率为 100 倍～200 倍。试样放在物镜的前焦面附近，可以得到放大倍率高的图像。

中间镜的作用是把物镜形成的第一级放大像再进行二级放大。中间镜一般用弱磁透镜，要求电流的可调范围比较大。改变中间镜的激励电流可以改变中间镜磁场强度，从而改变中间镜的放大倍数，进而改变整个成像系统总的放大倍数。

投影镜的作用是把上述所形成的电子图像进一步放大并投影到荧光屏上。要求投影镜有较高的放大倍数，一般用强磁透镜。

设物镜的放大倍数为 M_0，中间镜的放大倍数为 M_1，投影镜的放大倍数为 M_p，这时成像系统的总放大倍数 M 为

$$M = M_0 M_1 M_p \tag{7-6}$$

可见，电镜的放大倍数可以很大，只要改变一个透镜的放大倍数，总的放大倍数就会改变。在电镜的设计、制造中，常采用改变中间镜的放大倍数来改变总的放大倍数。人眼无法观测电子，TEM 中的电子信息通过荧光屏和照相底版转换为可观察图像。

真空系统对于 TEM 要求较高，一般镜筒内部需处于高真空。因为，空气与运动的电子与气体分子碰撞而散射，使得电子的平均自由路程很小；电子枪中的高压需要处于高真空中，以免引起放电；高真空可以延长阴极灯丝寿命；试样处于高真空中可以减少污染等。

普通透射电镜的真空度要求达到 1.33×10^{-2} Pa～1.33×10^{-3} Pa，加速电压较高的电子枪需要更高的真空度。若试样测试要求高分辨率，真空度需高于 1.33×10^{-4} Pa～1.33×10^{-5} Pa。通常用旋转机械泵抽前级真空 13.33 Pa～1.33 Pa，再用扩散泵抽到高真空约 1.33×10^{-3} Pa，如图 7－3 所示。若要更高的真空度，需采用液氮冷却系统或者离子吸附泵。此外，还有空气干燥器、冷却装置、真空指示器等。现代电镜的真空系统都是自动控制的，带有保护装置，可防止由于突然停水、停电所造成的事故。

图 7－3　真空泵系统

TEM 的电源系统分为电子枪高压电源、磁透镜激磁电流电源、消像散器电源、自动照相及其自动控制系统电源等。

电子枪的高压电源是为了减小色差而设计的。要求加速电压有很高的稳定度，如要达到 0.2 nm～0.3 nm 的分辨本领，高压的稳定度必须优于 2×10^{-6}/min。例如，电压为 100 kV，则在一分钟之内其波动量约在 0.2 V 之内。

磁透镜激磁电流电源提供磁透镜激励电流。但是激励电流易使磁透镜焦距变化，图像变得模糊。因此，一台分辨本领为 0.3 nm 的电镜要求物镜电流的稳定度为 1×10^{-6}/min，中间镜和投影镜的电流的稳定度为 5×10^{-6}/min。

近年来，TEM 采用了集成电路新技术，大大提高了电源的稳定性和自动化程度，更利于电子显微分析技术的广泛应用。

（2）**TEM 的成像原理**

TEM 是利用电磁透镜成像，由物镜、中间镜和投影镜成像。它的成像原理如图 7-4 所示，样品在物镜的物平面上，物镜的像平面是中间镜的物平面，中间镜的像平面是投影镜的物平面，荧光屏在投影镜的像平面上。

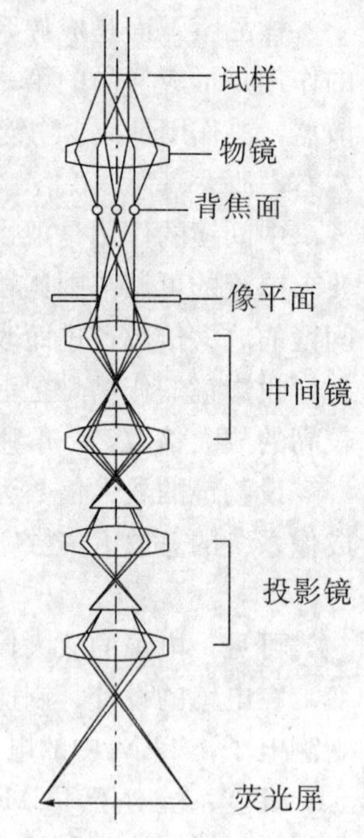

图 7-4 TEM 的成像原理

物镜和投影镜的放大倍数固定，通过改变中间镜的电流来调节电镜总放大倍 M。M 越大，成像亮度越低，成像亮度与 M^2 成反比。

高性能 TEM 大都采用 5 级透镜放大，中间镜和投影镜有两级。中间镜的物平面和物镜的像平面重合，荧光屏上得到放大像。中间镜的物平面和物镜的后焦面重合，得到电子衍射花样。

7.2.2 TEM 的主要性能指标

分辨本领：在电子图像上相邻两点的距离称为电镜的分辨本领。它是表征电镜观察物质微观细节的能力，近代高分辨电镜的点分辨本领可达 3Å，线分辨本领为 1.44Å。

放大倍数：电镜的放大倍数是指电子图像相对于试样的线性放大倍数。一台点分辨本领为 3Å 的电镜应具有的最高放大倍数必须在 330000 倍以上，一般最高放大倍数在 600000 倍～800000 倍是适宜的。

加速电压：是指电子枪中阳极相对于阴极灯丝的电压，它决定电子束的能量。加速电压高时，电子束对试样的穿透能力强，能直接观察较厚的试样。观察复型试样常用 100 kV 左右的加速电压。一般电镜的加速电压在 50 kV～200 kV，加速电压在 1000 kV 以上的电镜称高压电镜。

相机长度：是指电镜作电子衍射时的一个仪器常数。

7.2.3 TEM 图像的衬度原理

电子显微镜照片的反差称为衬度。当电子束通过薄样品时，电子与样品相互作用产生电子散射、衍射和干涉等物理现象。为了避免电子被样品吸收，必须采用很薄的样品。因此，TEM 图像的衬度有散射衬度、衍射衬度和位相衬度三种形式。

（1）**散射衬度**

因样品对入射电子的散射而引起，它是非晶态物质形成衬度的主要原因。当一束电子通过样品时，由于受到样品中元素的原子核和核外的电场的作用，使入射电子运动的速度和方向都发生变化，这就是电子散射。如果样品的厚度不同，或者元素组成不同，那么电子在这一区域受到散射的几率大小也不同。假如，某个微小区域较厚，原子密度大，散射掉的电子多，散射的角度也较大，因此，通过样品的电子数目较少；反之，某一微小区域较薄，原子密度小，散射掉的电子少，散射角也小，电子数目较多。总的散射率与样品的厚度和密度的乘积成正比，称为质量厚度。由于样品各部位质量厚度不同，在底片上所形成的衬度叫散射衬度。如图 7-5 所示。入射电子在样品上受到散射后，凡散射角大的，均不能通过物镜光阑孔，即散射电子被光阑挡住；而只有散射角很小的电子才能通过光阑孔。样品中质量厚度大的部分透过光阑孔的电子较少；而质量厚度较小的部分透过光阑孔的电子较多。因此，这两部分透过的电子密度不同，透射到荧光屏上或照片底片上形成衬度。

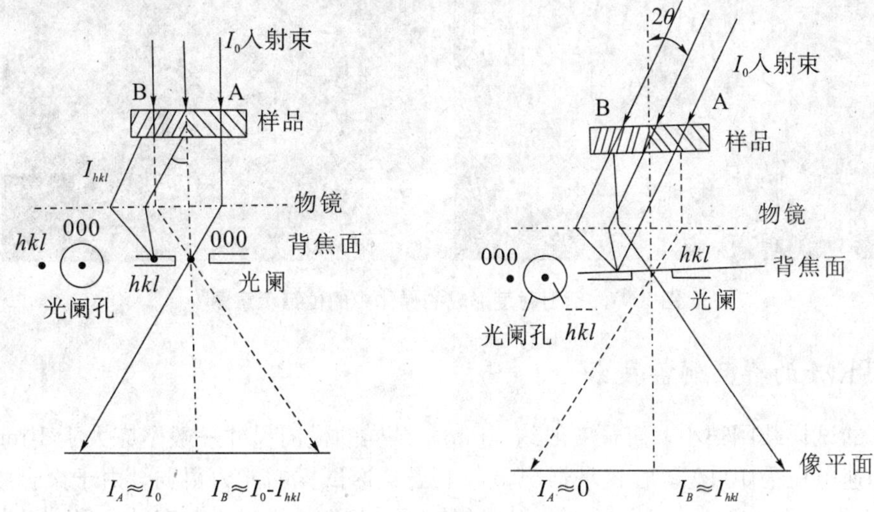

图 7－5　散射衬度的形成示意图

(2) **衍射衬度**

衍射衬度是样品对电子的衍射引起的，是晶体样品的主要衬度。衍射衬度理论比较复杂，当入射电子束通过一个厚度均匀的样品之后，由于晶体样品中包括有不同方向的晶粒，或者存在有缺陷，入射电子束对一个晶粒的某一组晶面满足布拉格衍射条件，电子将和晶面按一定角度发生反射，这样就使发生反射的晶粒的透射电子较少；而另外一个晶粒不满足布拉格衍射条件，没有反射电子，因而透射电子较多。假设样品由颗粒 A、B 组成，入射电子 I_0 照射样品时，B 的 (hkl) 面与入射电子束满足布拉格方程，产生衍射束 I，如果忽略了吸收效应：晶粒 A 与入射束不满足布拉格方程，其衍射束 $I=0$，透射束 $I_A=I_0$。若形成明亮场像，因 $I_B<I_A$ ($I_0-I<I_0$)，所以图像中 A 亮、B 暗；若形成暗场像，因 $I_B>I_A$ ($I>0$)，所以图像中 B 亮、A 暗。图 7－6 即衍射衬度形成示意图。

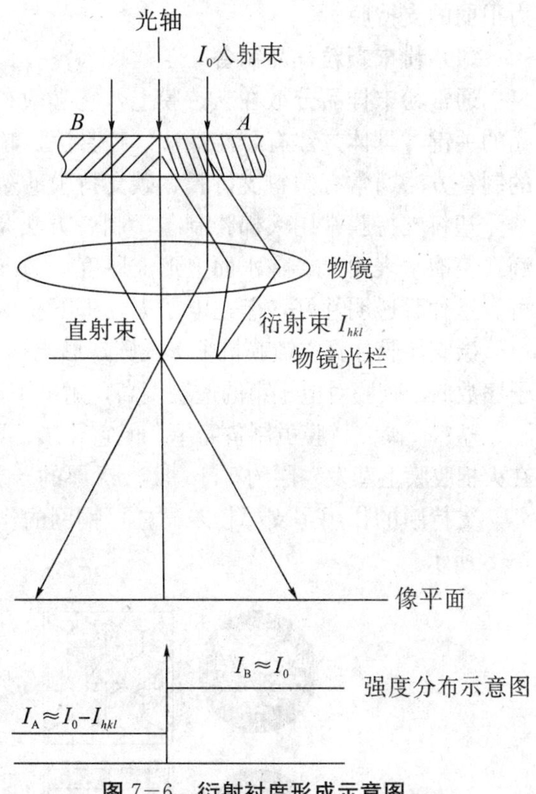

图 7－6　衍射衬度形成示意图

根据衍射衬度原理形成的电子图像称为衍衬像。衍射衬度成像技术可对晶体中的位错、层错、空位团等晶体缺陷进行直接观察。如图 7－7 是衍射衬度形成的晶体中的位错像。

晶体厚度均匀、无缺陷，(I_{hkl}) 满足布拉格条件，晶面组在各处满足条件的程度相同，无论明亮场像还是暗场像，均看不到衬度。若存在缺陷，周围晶面发生畸变，晶面在样品的不同部位满足布拉格条件的程度不同，会产生衬度，得到衍衬像。

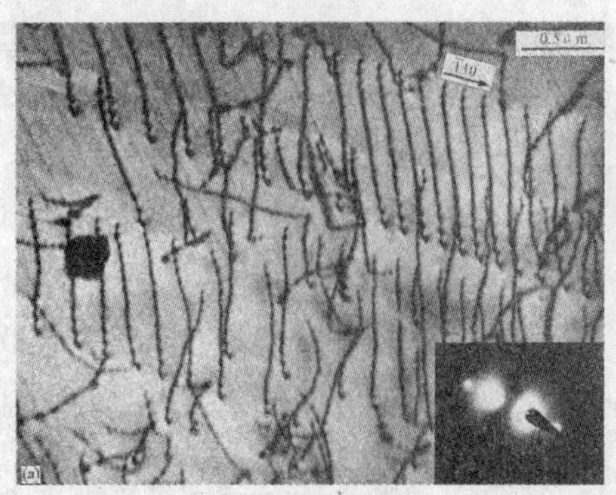
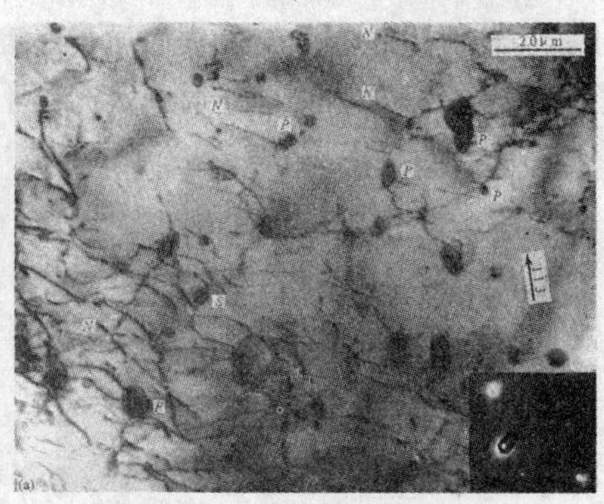

图 7-7 衍射衬度形成的晶体中的位错示意图

7.2.4 TEM 的样品制备技术

TEM 的试样载网很小，直径一般约 3 mm，试样的横向尺寸一般不应大于 1 mm。常规 TEM 的加速电压为 10 kV。在这种情况下，电子穿透试样的能力很弱。由于聚合物试样很薄，最厚不得超过 200 nm，因此，薄的试样放在一个多孔的载网上容易变形，尤其是当试样横向尺寸只有微米数量级时，试样比网眼还小很多，这时必须在载网上再覆盖一层散射能力很弱的支持膜。

(1) **粉末颗粒样品制备**

通常粉末样品分散在支持膜上，它必须有良好的分散但又不过分稀疏，这是制备粉末样品的关键。具体方法有悬浮液法、喷雾法、超声波振荡分散法等，可根据需要选用。支持膜的制备方法通常有塑料支持膜、碳支持膜、塑料-碳支持膜和微栅膜四种。

塑料支持膜常用火棉胶制备。制备方法是将一滴火棉胶的醋酸异戊酯溶液（1%～2%）滴在蒸馏水表面上，在水面上形成厚度约 20 nm～30 nm 的薄膜，再将膜捞在载样铜网上即可。这种膜透明性好，但在电子束轰击下易损坏。

碳支持膜在真空镀膜机中蒸发碳，形成约 20 nm 厚的膜，再设法捞在铜网上。因为碳的原子序数低，碳膜对电子束的透明度高，耐电子轰击，其强度、导电、导热和迁移性都很好。

塑料-碳支持膜虽制备简单，但它导热、导电性差。因此将火棉胶膜捞在铜网上，然后再在火棉胶膜上蒸发一层约 5 nm～10 nm 厚的碳层。这种支持膜性能好，应用最多、最方便。

支持膜的作用是支撑粉末试样，铜网的作用是加强支持膜。铜网结构的形状各异，如图 7-8 所示。

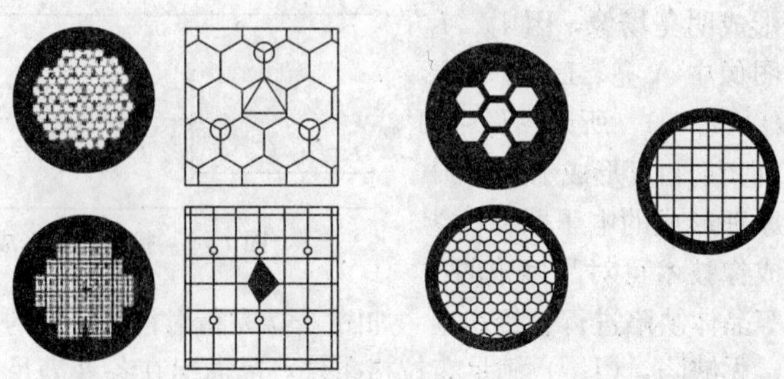

图 7-8 铜网的结构

有机高分子样品对电子的散射能力较差。这是因为组成这些化合物的元素的原子序数较小，在电子图像上形成衬度很小，且不易分辨。采用重金属投影的方法来提高衬度，是 TEM 中常采用的一种制样技术。投影工作在真空镀膜机上进行。选用某种重金属材料，如 Ag、Cr、Ge、Au 或 Pt 等作为蒸发源，金属受热形成原子状态蒸发至样品表面，由于样品表面凹凸不平，形成了与表面起伏状况有关的重金属投影层。由于重金属的散射能力，投影层与未蒸发重金属部分形成明显衬度，增加了立体感。制备高分子的薄膜样品或粉末样品均可采用重金属投影的方法来提高衬度。

（2）**直接薄膜样品的制备**

有些试样制成电子束能穿透的薄膜样品，可直接在电镜中进行观察。薄膜的厚度与试样的材料及电镜的加速电压有关。对于 100 kV 的加速电压，有机物或聚合物材料的厚度在 1 μm以内，可对薄膜样品内部的结构、形貌、结晶性质及微区成分进行综合分析。样品在加热、冷却、拉伸等变化过程中进行动态研究。制备薄膜样品的方法有真空蒸发法、溶液凝固法、离子轰击减薄法、超薄切片法等，使用时应根据样品的性质和研究的要求选用不同的方法。

离子轰击减薄是等离子束将试样逐层剥离，最后得到适于透射电镜观察的薄膜，这种方法很适用于聚合物材料。超薄切片法是用超薄切片机获得 50 nm 左右的薄试样。对于研究聚合物大块试样的内部结构，可采用此法制样。但往往将切好的小薄片从刀刃上取下时会发生变形或弯曲，为克服这一困难，可以先把样品在液氮或液态空气中冷冻，或者把样品包埋在一种可以固化的介质中，如环氧树脂等。可选择不同的配方来调节介质的硬度，使之与样品的硬度相匹配，经包埋后的样品切削不会引起超微结构的变化。

超薄切片是等厚样品，其在电镜中形成的衬度一般很小，因此需要采用“染色”的办法来增加衬度，即将某种重金属原子选择性地引入试样的不同部位，利用重金属散射能力大的特点，提高超薄切片样品图像的衬度。常用的重金属有锇、钨、银、铝等盐类，不同聚合物可用不同的染色方法。

如含有双键的橡胶，可用四氧化锇 OsO_4 或溴 Br 染色。OsO_4 与双键发生作用可以在没有脱氢的情况下进行。因此，选择适当的 OsO_4 染色条件是必须注意的。此外，对橡胶试样，OsO_4 不仅是染色以增加其反差的作用，而且还可作为化学固定剂，用包埋法制超薄切片时，可增加橡胶硬度并保持其原有的结构。对于一些含有 NH_2 的高分子化合物，如多胺类，其多肽链上或多肽链间的 NH_2 基同样可被 OsO_4 染色固定，从而有利于包埋超薄切片和提高其图像的反差。

对于一些饱和聚合物可用醋酸铀或其他金属盐，如聚丙烯腈纤维试样可用 H_2S-$AgNO_3$ 染色以增加其反差。

对一些软的聚合物材料，可采用冷冻超薄切片法。冷冻温度可低于试样材料的 T_g 20℃左右。

（3）**表面复型制样技术**

TEM 观察用的试样又薄又小，这就大大限制了它的应用领域。利用表面复型制样技术，将大块物体表面的形态制得复制品，用复制品在电镜中进行观察。这种方法一般只能研究物体表面的形貌特征。

若需了解块状聚合物的内部结构及成分分布，可以采用冷冻脆断或刻蚀技术把样品的内部结构显露出来，然后用复型和投影相结合的技术，把这种结构转移到复型膜上，再进行观察。但它不能对聚合物晶体的点阵结构进行电子衍射研究，这是它的不足之处。

复型有一级复型和二级复型之分。一级复型依据制膜材料的不同，又分为塑料膜一级复型和碳膜一级复型。火棉胶、聚乙烯醇缩甲醛、聚苯乙烯或聚乙烯醇等均可用于制塑料膜一级复型。具体做法是将某种塑料的较浓溶液滴在清洁的样品表面、断面或刻蚀面上，干燥后将其剥离下来待用。这种复型是负复型，如图 7-9 所示。

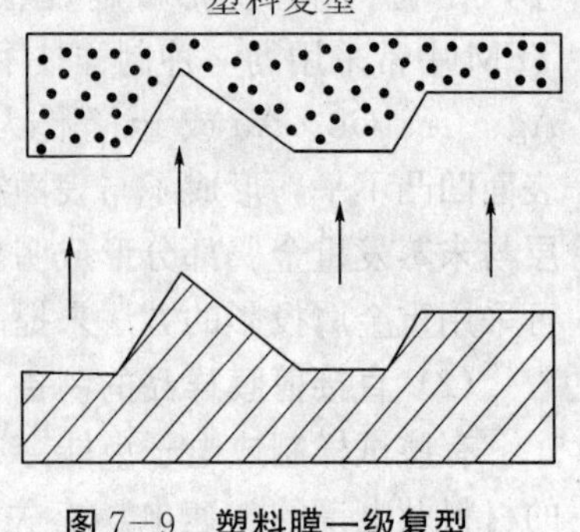

图 7-9 **塑料膜一级复型**

电子像的衬度因复型膜各部位的厚薄程度引起。照片上亮的部分对应着复型膜上薄的部位和样品上凸起的部分；照片上暗的地方则对应于样品上凹下的地方。

碳膜一级复型的制作有两种不同的操作顺序。一种是先用重金属在样品表面投影，再蒸发上一层20 nm～30 nm 的碳膜；另一种则是蒸碳后投影重金属。由于碳颗粒的迁移性很好，所以蒸上去的碳膜基本上是等厚的。如果样品的表面或断面相当粗糙，应在蒸碳时让样品不断旋转，使样品表面上各部位都能均匀地蒸上一层碳膜。由图 7-10 可知，碳膜一级复型是正复型。为剥离这种复型膜，一般需要将样品浸到适当的溶剂里，使之轻微溶解但又不要产生气泡，否则会冲破碳膜。这种复型膜所记录的表面形貌的分辨率较高，操作也不复杂，但在剥离样品时要损坏原样品的表面形貌。

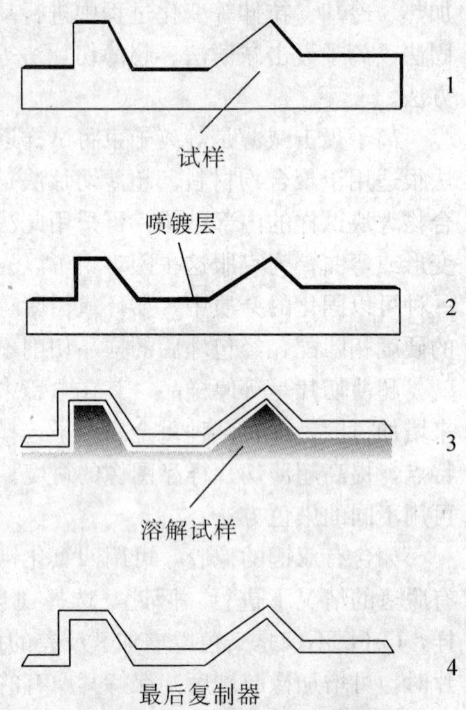

图 7-10 **碳膜一级复型**

二级复型有塑料-碳膜和碳-塑料膜之分。塑料-碳膜二级复型可用醋酸纤维素膜（AC 纸）；也可用火棉胶等其他塑料制成一级复型，剥下后在内侧制碳膜二级复型，再将其置于电镜用铜网上，塑料面朝下，放入溶剂的蒸汽中把 AC 纸慢慢溶掉，最终只剩下碳复型膜或经投影后蒸碳的碳复型膜。制备碳-塑料膜二级复型的方法是先在样品表面上蒸一层碳膜，并用重金属投影，再将聚合物溶液（如 10%聚丙烯酸）滴在上述一级复型上，制成二级复型，待溶剂挥发后将复型膜揭下，把碳膜朝上塑料膜朝下置于 45℃的蒸馏水面上，将聚丙烯酸膜溶去，剩下碳膜，捞在电镜用载网上备用。溶去聚丙烯酸膜的水温要适当，水温过高聚丙烯酸会交联，水温过低又不能将其全部溶解掉。图 7-11 为制成二级复型的示意图。

为了增加衬度，可在倾斜 15°～45°的方向上喷镀一层重金属，如 Cr、Au 等。

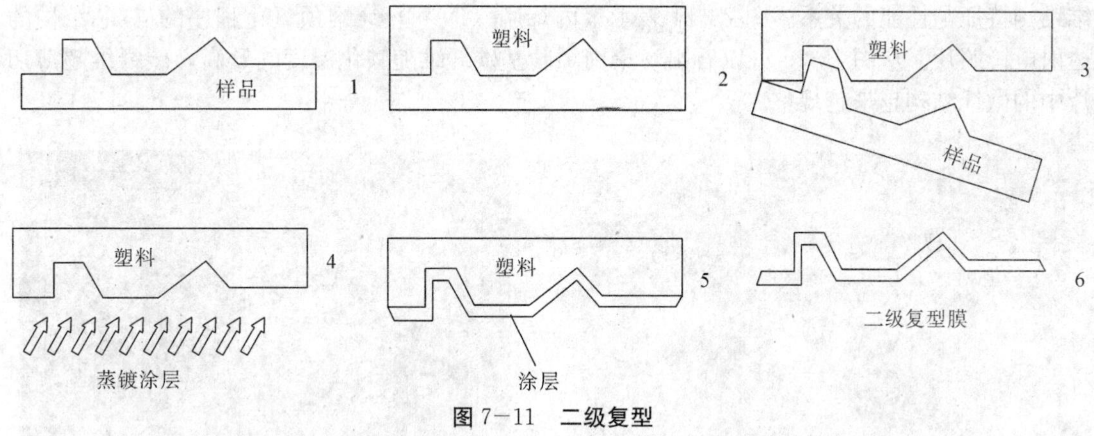

图 7－11　二级复型

7.3　TEM 在聚合物研究中的应用

TEM 的应用极为广泛，金属材料、高分子材料、陶瓷、半导体材料、建筑材料等科学领域都有应用，近几十年来已获得大量卓越的研究成果。随着仪器水平的进一步提高和样品制备方法的不断改进，透射电镜的应用领域将会不断扩大，研究的问题将更加深入。这里主要简单介绍透射电镜在聚合物研究中的应用。

7.3.1　聚合物表面起伏的微观结构

材料的某些微结构特征能由表面的起伏现象表现出来，或者通过某种化学腐蚀和离子刻蚀，将材料内部的结构特征转化为表面起伏的差异，然后用复型的方法在透射电镜中显示试样表面的浮雕特征。将组织结构和加工工艺联系起来，可以研究材料性质、工艺条件与性能的关系。图 7－12 是一种芳香聚酰胺纤维的电镜照片，图 7－13 是为研究这种纤维而制作的芳香聚酰胺取向薄膜的结构。可以看出，这些试样内部存在高度取向并由微纤构成的特殊结构。通过拉伸试样的观察，分析了该种纤维的力学性能与结构之间的关系。

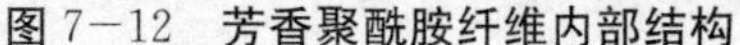

图 7－12　芳香聚酰胺纤维内部结构

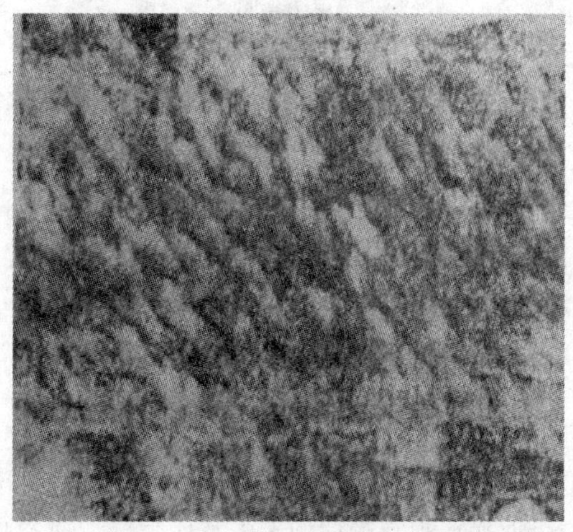

图 7－13　芳香聚酰胺薄膜的结构

同理，用透射电镜可以研究各种纤维的结构和缺陷等。如从各种聚合物纤维（聚丙烯腈、黏合剂、酚醛等）转化为各种碳纤维过程结构的变化与工艺条件的关系，以及各种碳纤维结构特征与性能的关系。图 7－14 表示聚丙烯腈（PAN）纤维预氧化程序的皮/芯结构的透射电镜照片。从图 7－15 可以看出，聚丙烯腈基碳纤维随碳化温度的升高，碳纤维超薄切片中的微纤结构越来越规整。

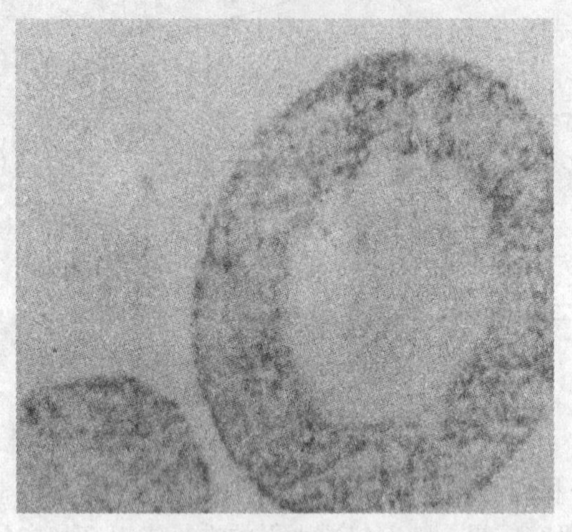

图 7－14　PAN 纤维预氧化皮/芯结构 TEM 像

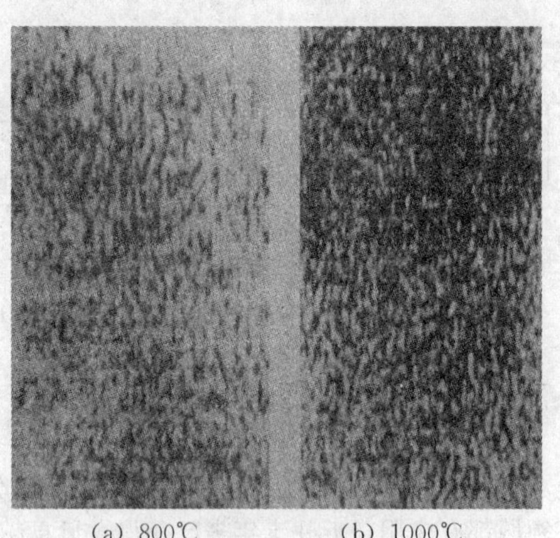

(a) 800℃　　(b) 1000℃

图 7－15　PAN 碳纤维超薄切片 TEM 像

7.3.2　多相组分的聚合物微观织态结构

苯乙烯－丁二烯－苯乙烯（SBS）嵌段共聚物甲苯作溶剂铸膜的透射电镜照片，如图 7－16所示，(a) 垂直于铸膜面切片是球形结构，(b) 是平行铸膜面切片共聚物 SBS 呈微观指纹形态结构。

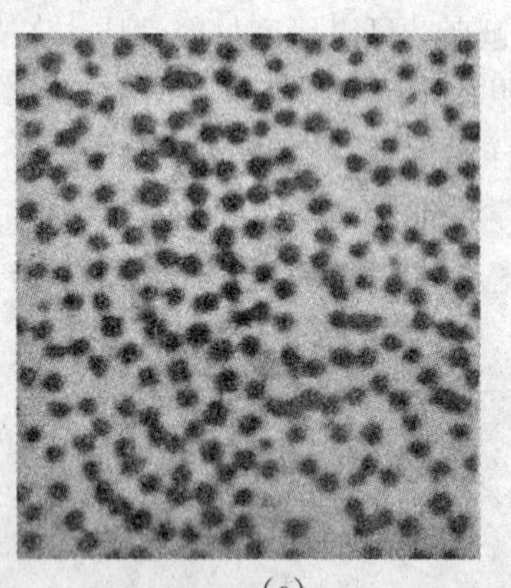

(a)

(b)

图 7－16　SBS 嵌段共聚物 TEM 像

7.3.3　颗粒的聚合物形状、大小、粒度分布

凡是粒度在透射电镜观察范围内的粉末颗粒样品，均可用透射电镜对其颗粒形状、大小、粒度分布等进行观察。图 7－17 是聚合物乳胶粒子的透射电镜照片。可以在聚合的不同阶段取样，观察颗粒的大小及均匀度，研究聚合工艺条件及聚合机理。

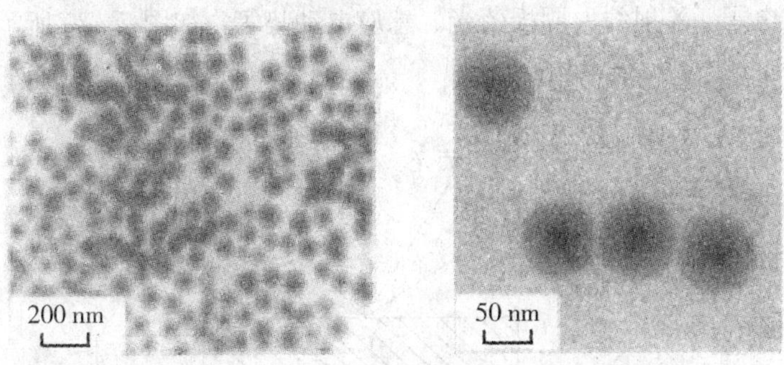

图 7－17　**聚合物乳胶粒子 TEM 像**

7.3.4　聚合物的增韧机理问题

例如，橡胶增韧塑料体系包含有软链和硬链聚合物的多相复合体系，使分散相“抛锚固定”在连续相基体中，强化了两相界面区域内大分子之间的相互作用，得到均匀、稳定的多相复合体系。应用增韧机理，使橡胶具有良好的物理力学性能，起到有效的增韧作用。图 7－18 是增韧塑料 HIPS 的多相复合结构形态。进一步研究表明，橡胶粒子在脆性机体中促进裂纹体的形成而吸收和分散能量，同时相邻的橡胶粒子又终止裂纹而不致发展成破坏性的裂纹，这就是所谓的裂纹增韧理论。从图 7－19 可看到，增韧塑料 HIPS 破坏时橡胶粒子间形成裂纹体。

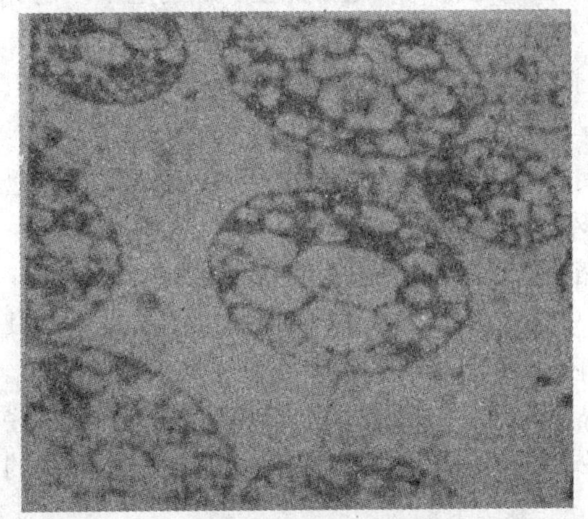

图 7－18　**增韧塑料 HIPS 多相复合结构像**

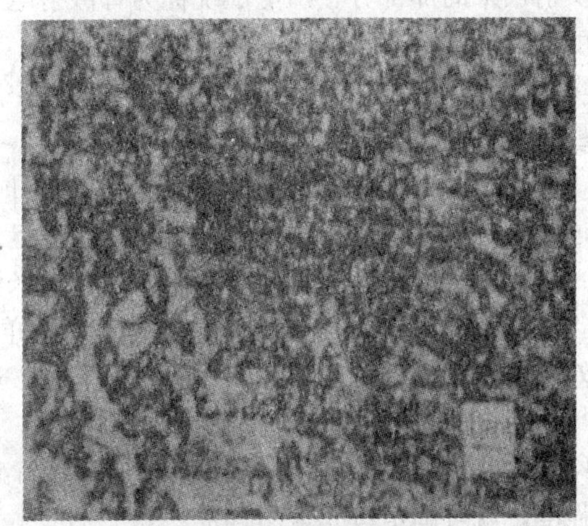

图 7－19　**增韧塑料 HIPS 破坏时形成裂纹体**

7.4　扫描电子显微镜

7.4.1　SEM 的成像原理

（1）**电子束与物质的相互作用**

电子束与固体物质的相互作用是一个很复杂的过程，是扫描电镜（Scanning Electron Microscope）能显示各种图像的依据。当高能入射电子束轰击固体试样表面时，由于入射电子束与样品表面的相互作用，将有 99%以上的入射电子能量转变为样品热能，而余下约 1%的入射电子能量将从样品中激发出各种有用的信息，如二次电子、背散射电子、吸收电子、透射电子、俄歇电子、X 射线、阴极荧光、感应电动势等，如图 7−20 所示。

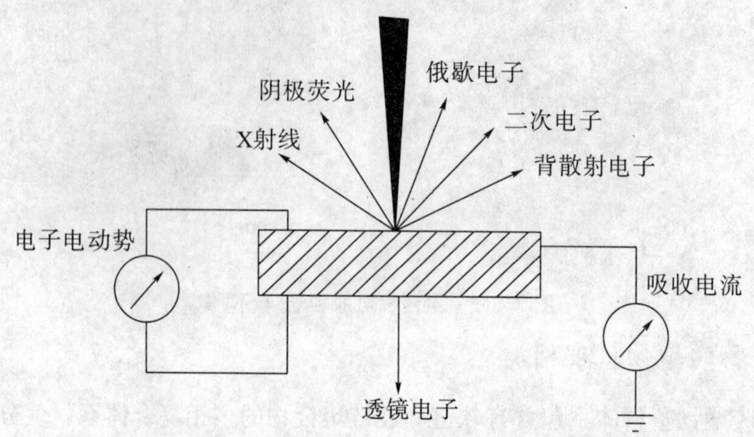

图 7−20　入射电子束轰击样品产生的信号

①二次电子——从距样品表面 10 nm 左右深度范围内激发出来的低能电子。二次电子能量约为 0 eV～50 eV，大部分只有 2 eV～3 eV。二次电子的发射与试样表面的形貌及物理、化学性质有关，所以二次电子成像能显示出试样表面丰富的微细结构。

②背散射电子——入射电子中与试样表层原子碰撞发生弹性和非弹性散射后从试样表面反射回来的那部分一次电子统称为背散射电子，其能量近似入射电子能量。散射电子发射深度约为 50 nm～1 μm。

③吸收电子——随着入射电子在试样中发生非弹性散射次数的增多，其能量不断下降，最后被样品吸收。

④透射电子——当试样薄至 1 μm 以下时，便有相当数量的入射电子可以穿透样品。透过样品的入射电子称为透射电子，其能量近似于入射电子能量。

⑤俄歇电子——从距样品表面几个纳米深度范围内发射的并具有特征能量的二次电子。

⑥特征 X 射线——部分入射电子将试样原子中内层 K、L 或 M 层上的电子激发后，其外层电子就会补充到这些剩下的空位上去，这时它们的多余能量便以 X 射线形式释放出来。每一元素的核外电子轨道的能级是特定的，因此，其产生的 X 射线波长也有特征值。这些 K、L、M 系 X 射线的波长一经测定，就可确定发出这种 X 射线的元素；测定了 X 射线的强度，就可确定该元素的含量。

⑦阴极荧光——入射电子束轰击发光材料表面时，从样品中激发出来的可见光或红外引起的电动势。

⑧感应电动势——入射电子束照射半导体材料器件的 PN 结时，将产生由于电子束照射而引起的电动势。

（2）**扫描电镜的成像原理**

扫描电镜成像过程与电视显像过程很相似，而与透射电镜的成像原理完全不同。透射电镜是利用电磁透镜成像，并一次成像，而扫描电镜成像则不需要透镜成像，其图像是按一定时间空间顺序逐点形成，并在镜体外显像管上显示。

二次电子像是用扫描电子显微镜所获得各种图像中应用最广泛、分辨本领最高的一种图像。以下以二次电子像为例，说明扫描电镜的成像原理。

图 7−21 是扫描电镜成像原理示意图。由电子枪发射的能量最高可达30 keV的电子束，

经会聚镜和物镜缩小、聚焦，在样品表面形成一个具有一定能量、强度、斑点直径的电子束。在扫描线圈的磁场作用下，入射电子束在样品表面上将按一定时间、空间顺序进行光栅式逐点扫描。由于入射电子与样品表面之间相互作用，将从样品中激发出二次电子。由于二次电子收集极的作用，可将向各方向发射的二次电子汇集起来，再经加速极加速射到闪烁体上转变成光信号，经过光导管到达光电倍增管，使光信号再转变成电信号。这个信号又经视频放大器放大，并将其输出送至显像管的栅极，调制显像管的亮度。因而，在荧光屏上便呈现一幅亮暗程度不同、反映样品表面起伏程度（形貌）的二次电子像。

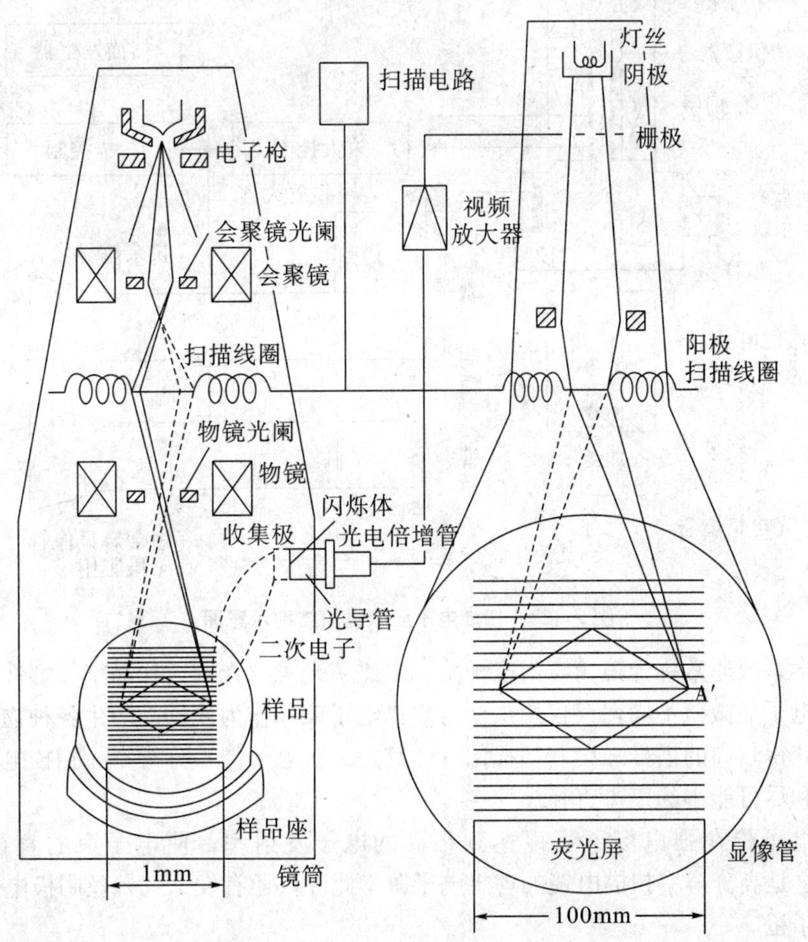

图 7－21　**扫描电镜成像示意图**

对于扫描电镜，入射电子束在样品上的扫描和显像管中电子束在荧光屏上的扫描是用一个扫描发生器控制的，这样就保证了入射电子束的扫描和显像管中电子束的扫描完全同步，保证了样品台上的“物点”与荧光屏上的“像点”在时间与空间上一一对应。

7.4.2　SEM 的结构及主要性能指标

（1）**扫描电镜的结构**

常用的扫描电子显微镜的结构系统如图 7－22 所示，主要由五部分组成：电子光学系统、扫描系统、信号检测系统、显示系统、电源和真空系统。

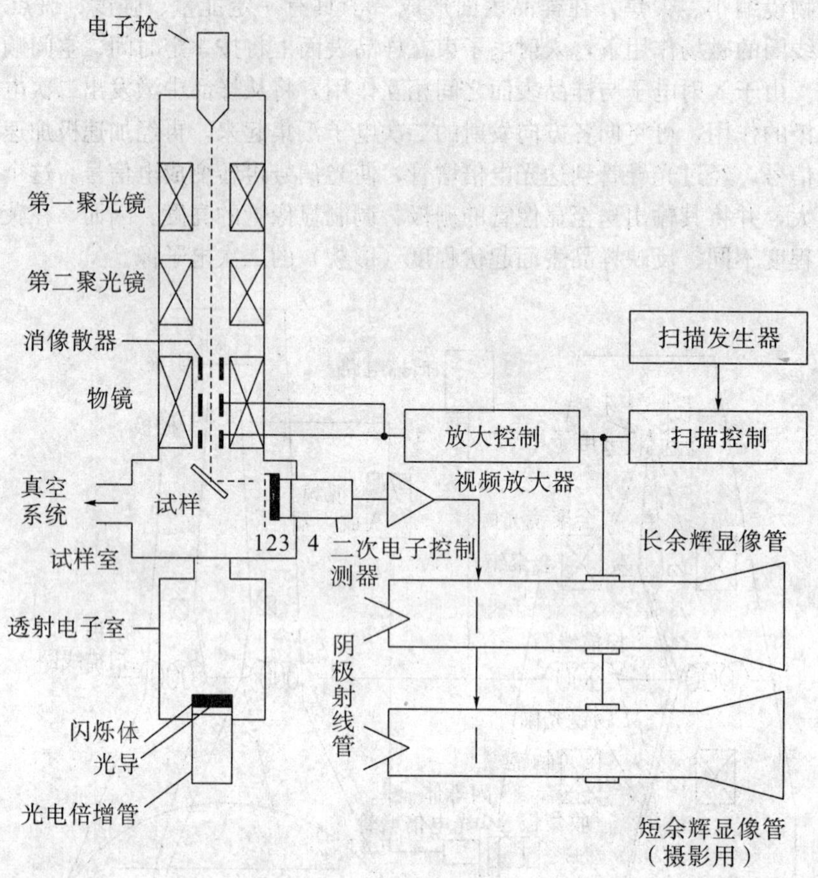

图 7－22 扫描电子显微镜的结构示意图

电子光学系统通常称为镜筒，由电子枪、电磁聚光镜、光阑、样品室等部件组成。它的作用与透射电子显微镜不同，仅仅用来获得扫描电子束，作为使样品产生各种物理信号的激发源。为了获得较高的信号强度和扫描像（尤其是二次电子像）分辨率，扫描电子束应具有较高的亮度和尽可能小的束斑直径。

场发射电子枪在强电场下可以达到很高的电子发射率，使电子束的直径可缩小至3～10 nm，这是高分辨率扫描电镜的理想电子源。此外，还有发叉式钨丝阴极电子枪、六硼化镧阴极电子枪。

会聚镜光阑的作用是挡掉无用的杂散电子以保证获得微细的扫描电子束，又不致明显地减弱其亮度，还可以降低噪声本底并防止绝缘物带电。第二聚光镜还可用来控制选区衍射时电子束的发散角。物镜光阑的作用是限制扫描电子束入射试样时的发散度（它是物镜光阑的半径和光阑到试样表面的距离之比）。减小物镜光阑的孔径，可以减小物镜的球差，提高分辨本领，从而提高图像的质量并增强图像的立体感。

扫描系统的作用是驱使电子束以不同的速度和不同的方式在试样表面扫描，以适应各种观察方式的需要。快速扫描在调整成像时使用，或在进行动态观察时使用，图像质量较差。慢扫描一般用于记录图像。它在高倍工作时，由于束流很小，有了足够长的信号收集时间便可以提高信噪比，从而改善图像质量。扫描电镜的扫描方式有光栅扫描和角光栅扫描。一般根据操作需要，用双偏转线圈来控制电子束在样品表面上的扫描。当上、下偏转线圈同时作用时，电子束在样品表面上进行光栅扫描，即面扫描，常用于观察试样的表面形貌或某元素在试样表面的分布。若下偏转线圈不起作用，而末级聚光起着第二次偏转作用时，则使电子束在试样表面进行角光栅扫描，即点扫描或线扫描。点扫描用于对试样表面的特定部位进行X射线元素分析。线扫描可以在元素分析时用来观察沿某一直线的分布状况。

信号检测系统是对入射电子束和试样作用产生的各种不同的信号，采用各种相应的信号探测器，把这些信号转换成电信号加以放大，最后在显像管上成像或用记录仪记录下来。常用的有二次电子探测器和背散射电子探测器。

二次电子探测器一般都采用闪烁体－光导－光电倍增管系统。闪烁体是受电子轰击后可发光的物体，其作用是把电子的动能转换成光能。由于二次电子的能量很低，为了提高收集效率，通常在闪烁体上加 10 kV～12 kV 的高压来吸引二次电子。若再加上一个收集罩，则可进一步提高被加速的二次电子的收集效率。闪烁体发出的光信号通过光导耦合到光电倍增管阴极，把光信号转换成电信号。经光电倍增管多级倍增放大，得到较大的输出信号，再经视频放大器放大后，用以调制显像管成像。背散射电子探测器是在收集罩上加了负偏压的二次电子探测器。这时二次电子被排斥，只有高能的背散射电子才能穿过收集罩进入闪烁体，其收集效率比二次电子低得多。

显示系统的作用是把已放大的备检信号显示成相应的图像，并加以记录。一般扫描电镜都用两个显像管来显示图像和记录图像。

电源和真空系统由稳压、稳流及相应的安全保护电路所组成，提供扫描电子显微镜各部分所需的电源。真空系统的作用是建立能确保电子光学系统正常工作、防止样品污染所必需的真空度。

（2）**扫描电镜的主要性能指标**

放大倍数和分辨本领是扫描电子显微镜的主要性能指标。在扫描电子显微镜中，电子束在试样表面上扫描与阴极射线管电子束在荧光屏上扫描保持精确的同步。扫描区域一般都是方形的，由大约 1000 条扫描线所组成。如果入射电子束在试样表面上扫描振幅为 A_s，阴极射线管电子束在荧光屏上扫描振幅为 A_e，那么在荧光屏上扫描像的放大倍数等于 A_e/A_s。电子束在试样表面上的扫描振幅 A_s 可根据需要通过扫描放大控制器来调节。荧光屏上扫描像放大倍数随 A_s 的缩小而增大。目前，大多数商品扫描电子显微镜的放大倍数，一般可以从 20 倍连续调节到 20 万倍左右，介于光学显微镜和透射电镜之间。

分辨本领是 SEM 主要性能指标之一。SEM 的分辨本领与以下因素有关：入射电子束束斑直径是扫描电镜分辨本领的极限。热阴极电子枪的最小束斑直径 6 nm，场发射电子枪可使束斑直径小于 3 nm；另外，入射电子束在样品中的扩展效应使电子束打到样品上，会发生散射，扩散范围如同梨状或半球状。入射电子束能量越大，样品原子序数越小，则电子束作用体积越大。由图 7－23 可以看出，只有在离样品表面深度 50 nm～1 μm 区产生的背散射电子有可能逸出样品表面，二次电子信号在 5 nm～10 nm 的深度逸出，特征 X 射线来自整个梨状体。这就是说，不同的物理信号来自不同的深度和广度。入射束有效束斑直径随物理信号不同而不同，分别等于或大于入射斑的尺寸。因此，用不同的物理信号调制的扫描象有不同的分辨本领。二次电子扫描象的分辨本领最高，约等于入射电子束直径，一般为 5 nm～10 nm。影响分辨本领的因素还有信噪比、杂散电磁场和机械震动等。

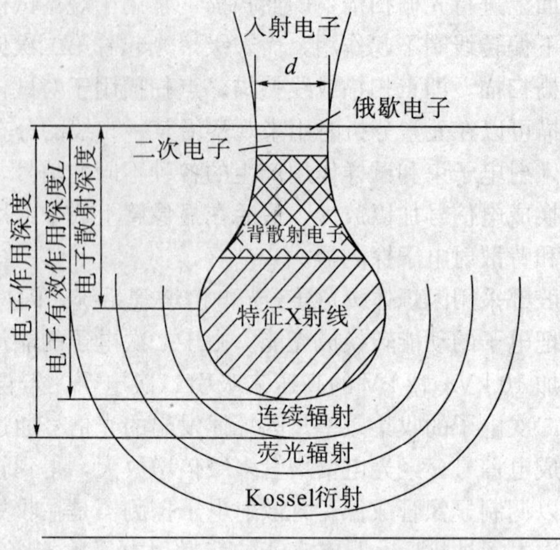

图 7-23 入射电子束在样品中的扩展状态

7.4.3 SEM 的衬度及其调节

扫描电镜的衬度原理明显不同于透射电镜的衬度原理。扫描电镜的衬度不仅强烈依赖于试样表面微区的形貌、原子序数、晶体结构等，而且还十分容易利用对检测信号的不同处理技术进行控制和调节。

(1) **二次电子衬度像**

聚合物试样表面的实际形貌是十分复杂的，由大小刻面、曲面、尖棱、小粒子和沟槽等表面形貌基本组合而成，可根据扫描电子显微镜衬度来解释试样实际表面的复杂形貌，如图 7-24 所示，通常选用二次电子信号来显示试样表面形貌。二次电子产额 δ 与二次电子束与试样表面法向夹角 α 有关，如图 7-25 所示，$\delta \propto 1/\cos\alpha$。因为随着 α 角增大，入射电子束作用体积更靠近表面层，作用体积内产生的大量自由电子离开表层的机会增多；随 α 角的增大，总轨迹增长，引起价电子电离的机会增多。

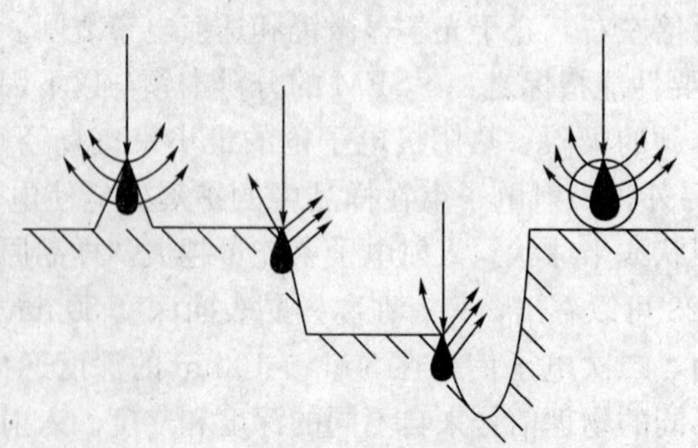

图 7-24 尖棱、小粒子和沟槽的影响

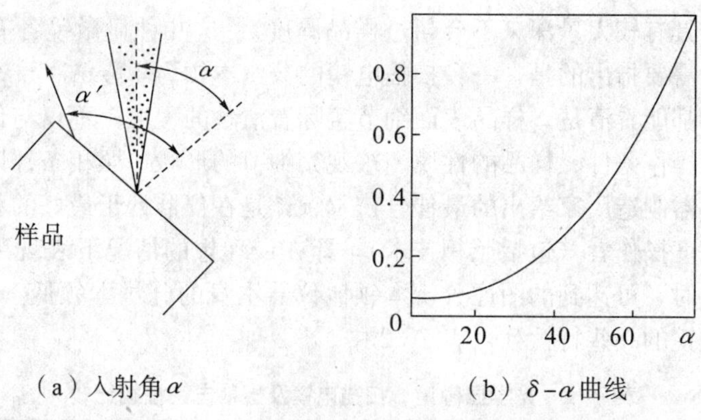

（a）入射角α　　（b）δ-α曲线

图7-25　二次电子产额δ与夹角α的关系

（2）**背散射电子衬度像**

扫描电子束入射试样产生的背散射电子、吸收电子、特征X射线等信号对试样表层微区的原子序数或化学成分的差异相当敏感。利用背散射电子的原子序数衬度成像时，要把样品表面抛光，并在电子检测器的收集罩上加−50 V的偏压，突出原子序数衬度效应，排除表面形貌衬度的干扰。背散射电子既可以用来显示形貌衬度，也可以用来显示成分衬度。

形貌衬度用背散射信号进行形貌分析时，其分辨率远比二次电子低，因为背散射电子来自一个较大的作用体积。此外，背散射电子能量较高，它们以直线轨迹逸出样品表面，由于样品表面背向检测器，因此检测器无法收集到背散射电子，而掩盖了许多有用的细节。

对于成分衬度，背散射电子在样品中重元素区域图像上是亮区，而轻元素在图像上是暗区。利用原子序数造成的衬度变化可以对样品进行定性分析。背散射电子信号强度要比二次电子低得多，所以粗糙表面的原子序数衬度往往被形貌衬度所掩盖。

对有些既要进行形貌观察又要进行成分分析的样品，将左右两个检测器各自得到的电信号进行电路上的加减处理，便能得到单一信息，对原子序数信息来说，进入左右两个检测器的信号，其大小和极性相同；而对于形貌信息，左右两个检测器得到的信号绝对值相同，其极性恰恰相反。将两个检测器得到的信号相加，能得到反映样品原子序数的信息；相减能得到形貌信息。

7.4.4　SEM用聚合物试样的制备技术

扫描电镜的试样制备方法非常简单。对于导电性材料，要求尺寸不得超过仪器规定的范围，用导电胶将它黏贴在铜或铝质的样品座上，即可放到扫描电镜中直接观察。

对于导电性差或绝缘的材料，由于在电子束作用下会产生电荷堆积，影响入射电子束斑形状和样品表面发射的二次电子运动轨迹，使图像质量下降。因此，这类试样黏贴到样品座之后要进行喷镀导电层处理。通常采用二次电子发射系数比较高的金、银或真空蒸碳膜作导电层，膜厚控制在10 nm～20 nm左右。形状比较复杂的试样在喷镀过程中要不断旋转，才能获得较完整和均匀的导电层。

7.4.5　光学显微镜、扫描电镜和透射电镜的性能的比较

放大倍数和分辨本领是电子显微镜的两大重要技术指标。当谈到分辨本领时，往往还要提到景深（即在样品深度方向可能观察的程度）。扫描电镜观察样品的景深最大，光学显微

镜最小，透射电镜具有较大景深（不会超过样品厚度）。这几种显微镜各有其特点，是互相补充的分析仪器。需要指出的是，一台扫描电镜的分辨本领为 10 nm，并不表明样品表面所有约 10 nm 的细节都能看清楚。样品表面细节实际看清楚的程度，不仅与仪器本身的分辨本领有关，同时还与操作条件、样品的性质、被观察细节的形状、照相条件以及操作人员的熟练程度等有关。仪器制造厂家给出的最佳分辨本领，是在仪器处于最好的状态下，用特殊制备的样品，由熟练度操作者（包括照相技术），即在最理想的情况下表现出来的。而一般工作条件下观察样品时，可达到的图像分辨本领比仪器本身的分辨本领低。现将光学显微镜、透射电镜和扫描电镜的一些特性列入表 7－2 中。

表 7－2　光学显微镜、扫描电镜及透射电镜性能比较

项目	光学显微镜	扫描电镜	透射电镜
分辨本领： 最高 一般产品熟练操作容易达到	0.1 μm（紫外光显微镜） 0.2 μm 5μm	0.5 nm（超高真空场发射扫描电镜） 10 nm 100 nm	0.1～0.2 nm（特殊试样） 0.5～0.7 nm 5～7 nm
放大倍数	1～2000 倍	10～15000 倍	100～800000 倍
景深（与分辨本领及放大倍数有关）	短： 0.1 mm（约 10 倍时） 1 μm（约 100 倍时）	长： 10 mm（约 10 倍时） 1 mm（约 100 倍时） 10 μm（约 1000 倍时） 1 μm（约 10000 倍时）	接近扫描电镜，但实际上由样品厚度所限制，一般小于 100 nm

7.5　扫描电镜在聚合物研究中的应用

7.5.1　纤维的结构及缺陷特征

纤维状聚合物由高度取向的大分子所组成，具有高度各向异性的物理力学性能。它们的基本结构单元是多重原纤、微纤束或微纤，这些基本结构单元沿纤维轴择优取向。大分子链在三维空间的排列及其结晶的微观形态，对纤维的性能有很大影响。应用电镜研究纤维的各级超分子结构形态及其结晶的微观形态，对弄清楚纺丝工艺与所得纤维的结构和性能关系有着重要意义。

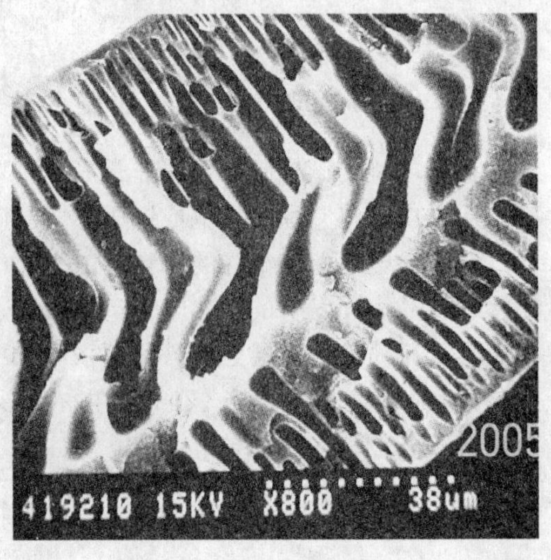

图 7－26　PES 中空纤维剖面 SEM 像

例 1　高倍拉伸的湿纺聚醚砜（PES）纤维的表面呈现纤维轴向高度取向的沟槽，如图 7－26是 PES 中空纤维剖面的显露形貌，而沟槽表征在纤维表面上存在许多沿纤维轴向取向的楔形裂隙。这是在湿纺的凝固－拉伸过程中，

聚集态骤变化形成超分子结构在纤维表面的形态特征。

除此之外，当纤维拉伸断裂后，其端口形态很容易出现一种典型的轴向劈开的断裂。因此，研究纤维的断裂特征，有助于进一步弄清楚各种纤维的断裂机理以及纤维在应用或成型工艺过程中断裂的原因，以便改进工艺和加工条件，提高产品性能。

扫描电镜曾用于研究纤维接枝改性前后纤维表面形态及其断裂特征变化。例如，黏胶纤维接枝聚丙烯腈可以明显改变纤维的表面形态和断裂特征。接枝后黏胶纤维的表面出现聚丙烯腈链的聚集体分布形态，而且在纤维表面折叠处有被接枝“缝合”的迹象。从接枝后纤维的端口可看到，接枝的聚丙烯腈链填充在多重原纤之间，其断口形态与熔纺纤维类似。

7.5.2　聚合物共混及多相复合体

聚合物共混是聚合物改性和制备崭新性能高分子材料的重要手段。聚合物共混过程极大地影响材料的力学性质，对于聚合物共混体系而言，图样实质上就是浓度或取向等物理量在空间上的分布及其时间演化。共混过程中，高分子的图样形成和选择对应于高分子材料形态的形成与控制。由于高分子材料的物理、机械性能与体系中的形态有着十分密切的关系，因此，高分子体系中的图样已引起广泛重视。

例 2　以连续共混过程间歇出料法研究聚苯乙烯/顺丁橡胶（PS/ PcBR）非相容体系共混过程中的扫描电子显微镜图样演化过程，并以分形理论对共混过程进行了探讨。如图 7－27所示，SEM 分析 PS/PcBR（70/30）非相容体系熔体动态过程，1 min～2.5 min 黑色分散相（PcBR）大小不一，非均匀地分散在白色连续相（PS）中，在这一时间段内分散相颗粒尺寸急剧减小。这一阶段是共混初期，分散相处于破碎分离过程，是分散相粒径变化的主要阶段。4 min 时，粒径稍有增大，表现为不规则的小块由于碰撞而聚结的过程。共混时间超过6 min，分散相平均粒径较小，粒径分布趋于均匀。

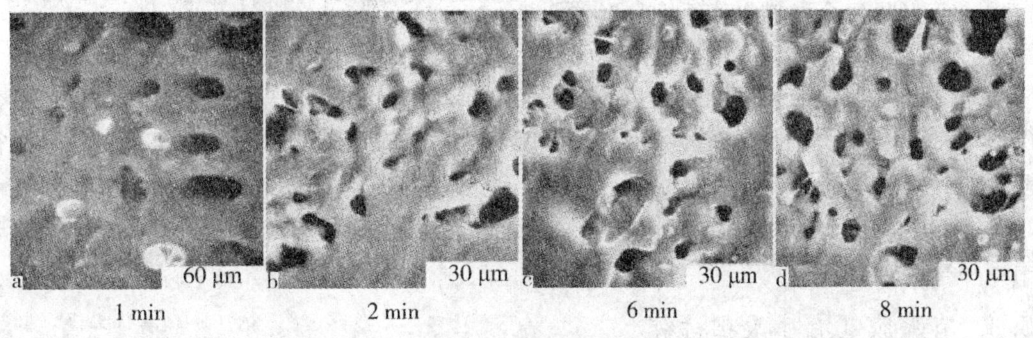

图 7－27　PS/PcBR（70/30）非相容体系熔体动态过程 SEM 图样

图 7－28 为 PS/ PcBR（50/50）非相容体系熔体动态过程的 SEM 图样。由图可以看出，对于双连续相体系 PcBR 仍以分散相形式存在，在共混初期 PcBR 相尺寸不仅不变小，反而增大。到共混 3 min 时，PcBR 相已连结并形成双连续相结构，以较粗大的互连网络结构存在。随着时间的延长，PcBR 连续相变得更加细致，结构尺寸减小，表现出连续相的细化过程。

以连续共混过程间歇出料法可以研究 PS/PcBR 非相容体系共混过程的结构变化，平均特征长度与平均粒径具有相似的变化趋势，与特征长度及其分布相结合可以反映聚合物共混过程中熔体的动态过程，并可解决相逆转附近双连续相的结构计算问题。

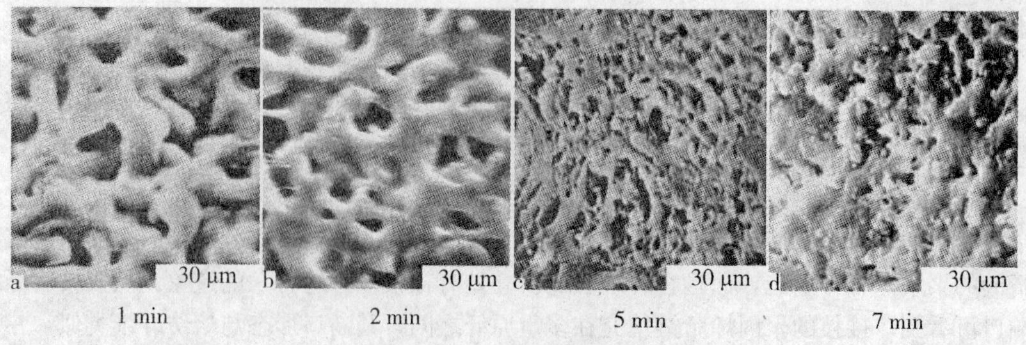

图 7-28 PS/PcBR（50/50）非相容体系熔体动态过程 SEM 图样

然而，实际应用聚合物材料大多是一种多相复合体系。为了使聚合物材料增韧、增强或功能化，常常添加各种添加剂或填料，或用不同聚合物间的共混或共聚（嵌段、接枝），或形成互穿网络，或用纤维增强。这些异质异相的复合材料的性能，不仅取决于各组分的结构，而且取决于相的分布特征。

例 3 由软段聚合物和硬段聚合物所组成的多相复合体系——聚合物合金体系取决于体系中不同聚合物的比例、工艺条件，可能具有不同的结构形态。利用 SEM 分析聚苯醚/聚酰胺（PPO/PA）共混物断口形貌，研究 PPO/PA 共混物断口形貌特征如图 7-29 所示。

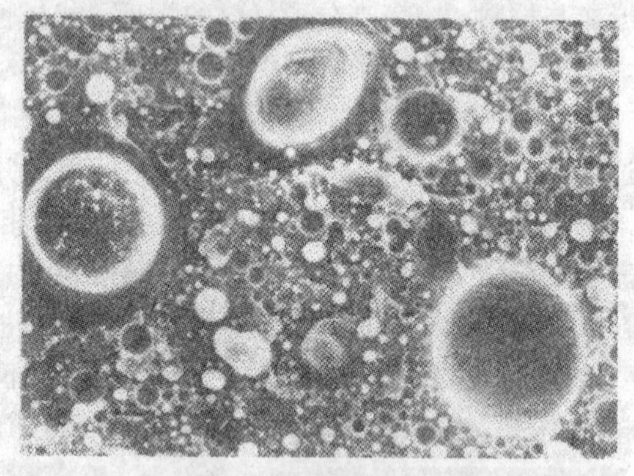

图 7-29 PPO/PA 共混物断口形貌的 SEM 像

例 4 通过观察碳纤维与聚碳酸酯复合材料（CF/PC）断面形态的扫描电镜照片发现，CF/PC 复合材料中碳纤维与聚碳酸酯之间的界面有很好的黏结，致使碳纤维周围的树脂被拉伸或空洞化，而且在断裂过程中，碳酸脂基体所出现的裂纹或裂缝可被黏结得很好的碳纤维所终止。这样，可以分散和吸收更大的能量，使 CF/PC 复合材料具有很好的物理力学性能。

此外，扫描电镜还广泛用于研究聚合物材料作为涂层、黏合剂、薄膜等，形成聚合物膜的结构及其黏结状态等领域。

7.5.3 有序膜及有序微孔材料

单分散聚合物乳液中的乳胶微粒具有基本相同的粒径以及表面物理与化学性质。在一定条件下，单分散聚合物乳液可以形成胶体晶结构。当去除乳液中的介质时，规则排列的乳胶微粒可以形成正六边形或四方形密堆积结构，即所谓的有序膜结构。利用该结构作为模板，可以制备纳米或微米级有序微孔材料。这种有序膜及微孔材料在化学、化工、生物和医学等领域中具有广泛的应用前景。

与传统的钨灯丝热发射电子源相比，场发射电子源具有亮度高和相干性好等特点。因此，场发射扫描电镜（FE-SEM）不仅在高加速电压下具有高分辨率，而且在低加速电压（小于 5 kV）下的图像质量也大为改善。目前，FE-SEM 在低加速电压或减速方式下的二次电子像分辨率可达到甚至优于 2 nm。减速方式指电子束在高能量条件下通过镜筒，然后在反向电场的作用下以低能量入射样品，其入射能量通常小于或等于 1 keV。与加速电压等于入射电压的情形相比，在入射电压相同的条件下，由于在减速时采用了较高的加速电压，所以减速方式具有较高的像分辨率。此外，使用该方式可获得样品及表面的形貌信息。减速方式的应用有力地促进了低电压扫描电镜技术（Low Voltage SEM，LVSEM）的发展。利用 FE−SEM 在低加速电压或减速方式下可以直接观察某些非导体样品，而无需对其进行导电处理。

例 5　利用 FE−SEM 在高真空条件下观察苯丙聚合物乳液有序膜模板和二氧化硅有序微孔材料。单分散苯丙聚合物乳液在室温下干燥形成有序膜，该有序膜作为模板经溶胶−凝胶过程制备二氧化硅凝胶。在高温作用下，去除苯丙聚合物模板等有机物，可以获得二氧化硅微孔材料。块状模板和微孔材料样品厚度均为 1 mm~2 mm，且未作任何导电处理，仅利用导电胶将样品黏贴在样品台上。

在低加速电压（加速电压为 3kV）和减速方式（样品入射电压为 1kV）下分别观察了模板和微孔材料的表面，其结果见图 7−30。图 7−30（a）、（b）分别表示未进行凝胶化处理的模板和二氧化硅凝胶化处理的模板表面（非断面）。对于两种模板，乳胶微粒均呈正六边形规则排列。单个乳胶粒微球可能受此种几何密堆积等因素影响亦显现正六边形，其直径约为 600 nm。

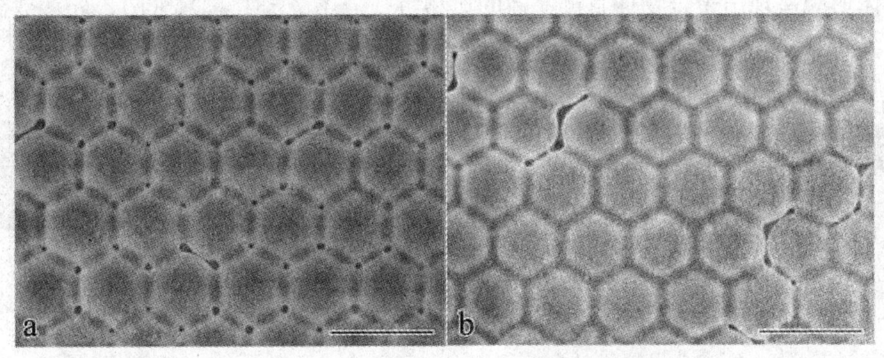

（a）未作凝胶化处理模板　　（b）二氧化硅凝胶化处理模板

图 7−30　苯丙乳液有序膜表面呈正六边形规则排列（Bar＝1μm）

在图 7−30（a）中，模板表面乳胶微粒之间存在着孔洞，且孔洞基本分布在正六边形乳胶微粒的顶点，其直径约为 100 nm。这些孔洞是外界液体进入模板的通道。在图 7−30（b）中，未见分布在正六边形乳胶微粒顶点的孔洞，这缘于二氧化硅凝胶的形成。由此推知，二氧化硅在模板表面和内部可能形成网络结构。

以上结果表明，FE−SEM 在低加速电压和减速方式下可以研究未进行导电处理的聚合物乳液有序膜模板和微孔材料，从而避免由于喷镀金层而产生的表面假象。

7.5.4　聚合物高压下的结晶行为

扫描电镜可以观察到聚合物的各种结晶形态，也可以观察到相邻晶片间存在许多微纤状的分子链相互连接。从微纤的尺寸知道，所观察到的不是单个的分子链，而是形成伸直链的聚集体，这些连接链将折叠链的晶片连接起来。这说明在聚合物的球晶中，一条分子链可以贯穿几个晶片，即在一个晶片中折叠一部分后伸出晶片，再在另一个晶片中折叠，构成了连接晶片的连接链段。这种聚合物的结晶形态研究报道较多。

随着对聚合物晶体材料研究的不断发展和完善，凝聚态已由研究具有规则点阵排列的晶体转向研究二维及一维规则排列或完全无规的聚集体，从有序到无序已成为凝聚态发展的主流。分子链沿轴规整排列的聚合物伸直链晶体既不同于溶液中或熔体中生长的较大尺寸折叠链晶体，又不同于拉伸导致的分子链取向，作为一种具备热力学稳定结构的平衡晶体，它在低维体系的研究中具有不可替代的重要作用。这对聚合物伸直链晶体的深入研究会大大推进低维体系的发展。

将高压极限手段运用于聚合物研究领域，不仅可以获得在常压下得不到的有关材料的结构、形态和性能方面的信息，而且对航天、国防等尖端领域所需的超高强度、超高模量材料的研制具有重要的理论和实践意义。Wunderlich 等利用高压条件合成聚合物伸直链晶体的发现以来，众多材料研究者相继对聚乙烯（PE)、聚酰胺（PA)、聚三氟氯乙烯(PCTFE)、聚偏二氟乙烯（PVDF)、聚对苯二甲酸乙二醇酯（PET)、聚对萘二甲酸乙二醇酯(PEN)等结晶性聚合物在高压下的结晶行为进行了广泛而深入的研究，并都获得了这些聚合物的伸直链晶体。

例 6　聚对苯二甲酸乙二醇酯（PET）/双酚 A 型聚碳酸酯（PC）共混体系在高压下的结晶行为，通过扫描电子显微镜（SEM）对其进行分析，提供高压结晶 PET/ PC 共混体系中大尺寸聚合物伸直链晶体的典型形态，高压结晶 PET/ PC 样品断面上的大尺寸伸直链晶体多数具备较完善的形貌。图 7−31 给出了这些晶体的典型二次电子像（SEI)，平行条纹状分布的晶体形貌呈现出聚合物伸直链晶体的典型特征。图 7−31（a)、(b)、(c）是在结晶时间为 6 h 条件下获得的，其伸直链晶体生长厚度分别约为 130 μm、135 μm 及 180 μm。图 7−31（d)中晶体的生长时间为 12 h，其伸直链晶体生长厚度约为 130 μm。

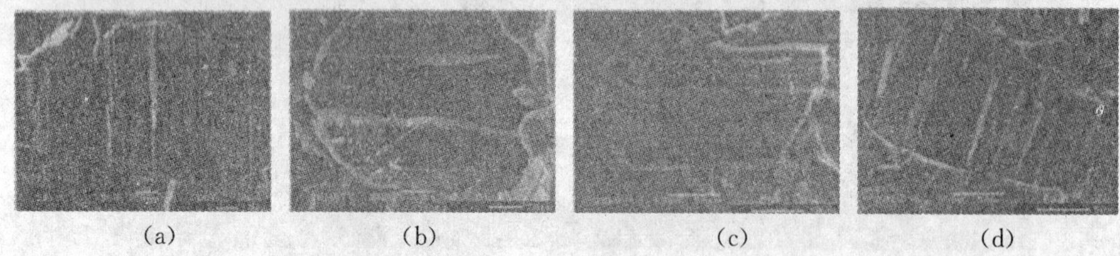

(a)　(b)　(c)　(d)

图 7−31　高压结晶 PET/ PC 样品中完善伸直链晶体的二次电子像

在压力 200 MPa、温度 896.16K 的条件下，实验获得了大量生长厚度超过 100 μm 的聚合物伸直链单晶体，其组成为 PET 或 PET/ PC 嵌段共聚物。可以认为聚合物晶体的快速增厚是酯交换反应、链段成核以及链滑移扩散三种机理共同作用的结果，属于典型的聚合物多相体系在化学反应诱导下进行的高压自组装过程。共混物中的 PC 类似于生物系统中的酶，在晶体生长中起到大分子催化剂的作用。聚合物高压下的结晶行为以期能对其深入研究有所贡献。

7.6　原子力显微镜

1983 年，IBM 公司苏黎世实验室的两位科学家 Gerd Binnig 和 Heinrich Rohrer 发明了扫描隧道显微镜（STM)，应用电子的“隧道效应”这一原理，只能对导体或半导体进行观测。1985 年，IBM 公司的 Binning 和 Stanford 大学的 Quate 研发出了原子力显微镜(Atomic Force Microscopy，AFM)，弥补了 STM 的不足。

7.6.1　原子力显微镜的结构与原理

原子力显微镜（AFM）的结构由三个部分组成：力检测系统、位置检测系统和反馈系统，如图 7−32 所示。

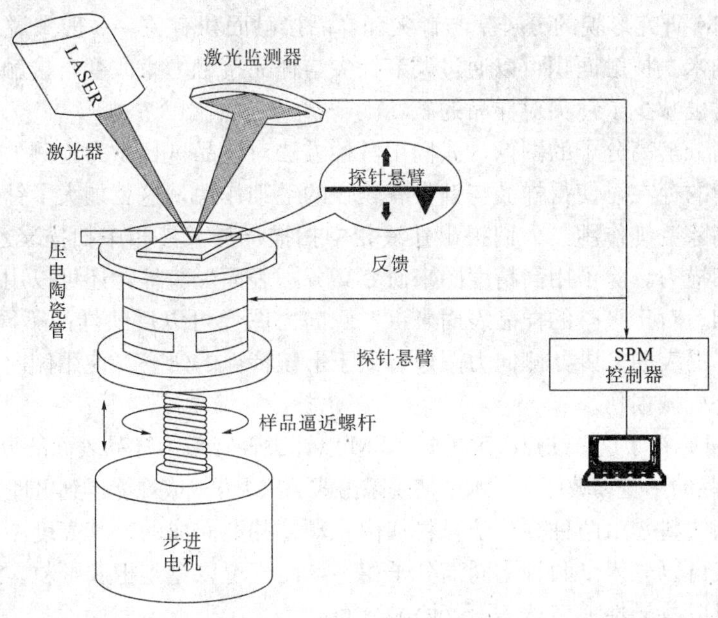

图 7−32　原子力显微镜的结构

力检测系统：在 AFM 系统中，所要检测的力是原子与原子之间的范德华力，所以在本系统中使用微小悬臂来检测原子之间力的变化量。这种微小悬臂有一定的规格，例如长度、宽度、弹性系数以及针尖的形状，而这些规格的选择是依照样品的特性以及操作模式的不同，而选择不同类型的探针。

位置检测系统：当针尖与样品之间有了相互作用之后，会使悬臂摆动。所以，当激光照射在悬臂的末端时，其反射光的位置也会因为悬臂摆动而有所改变，这就造成偏移量的产生。在整个系统中，依靠激光光斑位置检测器将偏移量记录下并转换成电的信号，以供控制器进行信号处理。

反馈系统：将信号经由激光检测器取入之后，在反馈系统中会将此信号当作反馈信号，作为内部的调整信号，并驱使通常由压电陶瓷管制作的扫描器做适当的移动，以保持样品与针尖合适的作用力。

原子力显微镜是结合以上三个部分，将样品的表面特性呈现出来，使用微小悬臂来感测针尖与样品之间的交互作用，并测得作用力。这个作用力会使悬臂摆动，再利用激光将光照射在悬臂的末端，当摆动形成时，会使反射光的位置改变而造成偏移，此时激光检测器会记录偏移量，把信号反馈回系统，以利于系统进行适当的调整，最后将样品表面特性以影像的方式呈现出来。

AFM 的成像模式有四种基本类型，即接触式、非接触式、敲击式和升降式。

7.6.2　原子力显微镜在高分子中的应用

AFM 的应用起源于 1988 年，AFM 对高分子的研究发展十分迅速，如今已经成为高分子科学的一个重要研究手段。主要应用于高分子表面形态、纳米结构、链堆砌(chain packing)和构像的研究；微观尺寸下材料性质的研究；多组分样品的相分布研究；亚表面结构的研究。

高分子的形貌可以通过接触式 AFM、敲击式 AFM 来研究。

接触式 AFM 研究形貌的分辨率与针尖和样品接触面积有关。一般来说，针尖与样品接触的尺寸为几纳米。接触面积可以通过调节针尖与样品接触力来改变，接触力越小，接触面积就越小；同时也减少了针尖对样品的破坏。

为了获得高分辨高分子的图像，人们用各种方法对样品进行微力检测。在空气中扫描样品时，由于水膜的存在，使得样品与针尖有较强的毛细作用，这就加大了针尖与样品的表面作用力。为了消除毛细作用，人们提出在液相中扫描样品。液相中扫描聚乙烯（PE）时可得到几纳米的扫描力。除了用高精度图来研究高分子表面形貌外，还可以用侧向力图像来获得样品精细结构。对于平整的样品表面来讲，侧向力图像可以反映样品不同区域的摩擦力；而对于起伏不平的表面来讲，侧向力图像有助于形貌特征的研究。使用侧向力成像的缺点是它对样品表面有机械损伤。

敲击式 AFM 弥补了这一缺点。敲击式 AFM 以针尖轻轻敲击样品表面的方式成像，这大大减少了针尖对样品的形变和破坏。在水中使用敲击式 AFM 方式成像能得到更理想的图像效果。

例如，增韧塑料是由两种高分子材料和橡胶颗粒共混而成的，其高度图和相图有明显不同。相图中不仅可以分辨出两种不同高分子相态，而且可以见到橡胶颗粒。通过在针尖上修饰性质不同，可以特异性地表达表面基团的分布。

聚合物水凝胶结构的 AFM 和 SEM 的联合表征不断有人提出。例如，一种基于高分子疏水纳米粒子（PMMA 和 PEMA 等）的物理水凝胶（Nano-sized physical hydrogel 或 Nanogel)，其结构特殊，纳米尺寸约 20 nm，含水量达 90%以上。采用原子力显微镜(AFM)和扫描电子显微镜（SEM）方法对纳米粒子的物理水凝胶结构进行网络结构表征，探讨凝胶形成机理。图7－33为一张典型的 PMMA 水凝胶的 AFM 图及其三维图，其水含量为 71%左右。从图中可见清晰的纳米粒子，它们保持着粒子的球状形貌并聚集成为一些初级聚集体，这些聚集体结构之间又彼此相连接而形成了贯穿的网络结构，水被固定在大小不一的网络孔隙中。PMMA 纳米粒子在此图中标记约为 34 nm ，这是由于 AFM 的探针对于极小的纳米粒子存在着针尖效应，探针的形状和尖端曲率半径的影响不可忽视，因此实际的粒径应更小些。由粒径仪测试的数均粒径（D_n）为 14.7 nm，粒径分布（D_v/D_n）为 1.5。

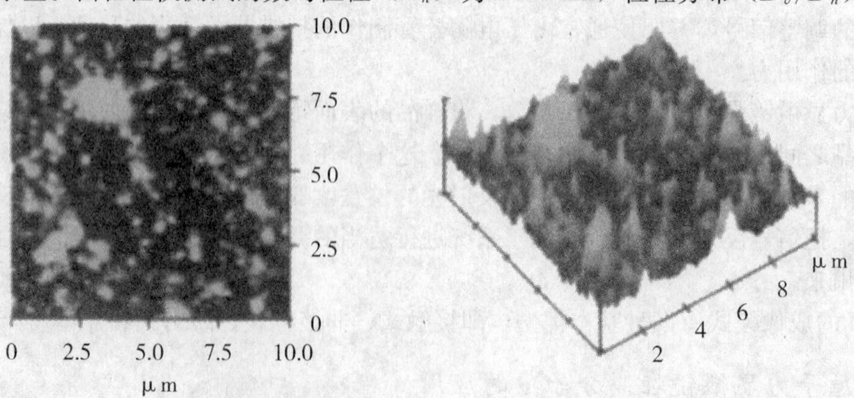

图 7－33 PMMA 水凝胶的 AFM 图和三维图

图7-34为同一样品水凝胶断面的扫描电镜（SEM）照片。在SEM测试的真空条件下，这种水凝胶脱水收缩，对应于其中较大区域自由水的抽提，凝胶断面上依然留下了尺寸不一的微米级塌缩凹孔结构。这同样支持了以上AFM图显示的凝胶结构。AFM和SEM结果显示，这种新型的纳米级水凝胶具有特殊的纳米粒子聚集态网络结构。其形成过程可解释为：纳米粒子在乳化剂/聚合物粒子的临界浓度比例下，首先聚集成不同大小的初级聚集体，然后聚集体之间又相互连接形成网络结构，水被固定在尺寸大小不一的网络孔隙中，体系成为一种水凝胶结构。粒子的纳米级尺寸、浓度和疏水特性是形成这种水凝胶的关键所在。聚合物水凝胶结构的研究在生物医学和特种涂料方面有积极的推动作用。

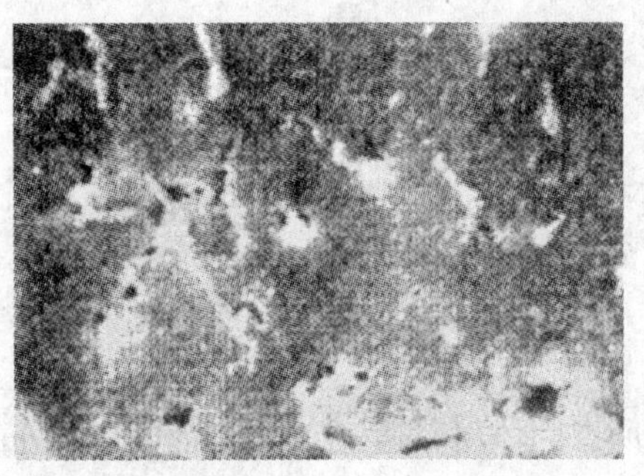

图7-34　水凝胶断面扫描电镜（SEM）的照片

参考文献

[1] 高家武. 高分子材料近代测试技术［M］. 北京：北京航空航天大学出版社，1994.

[2] 吴人洁. 现代分析技术［M］. 上海：上海科技出版社，1987.

[3] 原续波，盛京，李晓战，等. PS/PcBR非相溶体的SEM图样分析［J］. 高分子学报，2001（2）：219－223.

[4] 吕军，何阳，李良彬，等. 高压结晶PET/PC共混体系中大尺寸聚合物的形态观察［J］. 高压物理学报，2006（20）：439－443.

[5] 赵艺强，明伟华，胡建华，等. 聚合物纳米粒子的制备及其新型物理水凝胶结构的AFM和SEM研究［J］. 高等学校化学学报，1999，20（6）：984－986.

[6] 郑东，贺昌城，武英. 聚合物乳液有序膜模板及微孔的FE－SEM观察［J］. 电子显微学报（增刊），2006（25）：148－149.

[7] Goldstein J I. Scanning electron microscopy and X-ray microanalysis［M］. 3rd ed. New York：Plenum Press，1992.

[8] 张权. 聚合物显微学［M］. 北京：化学工业出版社，1993.

[9] 董炎明. 高分子材料实用剖析技术［M］. 北京：中国石化出版社，1996.

思考题

1. 试说明透射电镜的成像原理及仪器的组成结构。
2. 透射电镜的样品制备方法有哪些？各有何特点？
3. 电子束与固体样品作用时产生的信号有哪些？简述扫描电镜的成像原理。
4. 扫描电镜和透射电镜的成像、制样技术有何异同点？
5. 扫描电镜衬度像有哪些？二次电子产额δ与样品表面有何关系？
6. 说明原子力显微镜（AFM）的构造组成，试举例说明其在高分子中的应用。

第8章　表面分析

所有固体材料通过它们表面与其所处的环境发生相互作用。物体表面的物理和化学组成决定着界面的性质。在高分子材料研究中，聚合物黏接的表面处理；染色印刷、老化、复合材料的界面；增强纤维的表面处理；功能高分子催化剂和高聚物药物等，都需要了解表面的情况，检测、评价表面处理的程度和效果。近年来，有大量报道聚合物表面的研究成果，显示出表面分析技术在高分子研究中的重要性。

表面分析是指对物体几百埃以内的表面层结构组成的检测，有时甚至只有几个单分子层厚度的检测。例如，$1cm^3$ 的过渡金属镍大约含有 10^{23} 个原子，其中 10^{16} 个原子在表面，所以表面原子的比例大约为 10^{-7}。表面上原子的精确比例依赖于材料形状和表面粗糙度及其成分，表面分析技术有很高的灵敏度且能有效地从样品中分辨出原子的信息。

涉及聚合物表面分析的技术较多，见表 8-1。基于仪器的性能及谱图的解析，本章将重点介绍电子能谱中的 X 射线能谱 XPS、紫外光电子能谱 UPS 和俄歇电子能谱 AES 的基本原理、仪器结构、X 射线能谱 XPS 的样品制备、荷电效应以及在高分子材料方面的应用，其他表面分析技术可参考相关专著。

表 8-1　聚合物表面分析技术

技术	简称	探测深度(nm)	分辨深度(nm)	横向分辨率(nm)	检测信息
扫描电子显微镜	SEM	10	10	5	表面形貌直接成像
透射电子显微镜	TEM	∞	—	3	二维抛面图
扫描隧道显微镜	STM	—	0.1	0	分子成像及表面形貌
原子力显微镜	AFM	—	0.1	0.5	分子成像及表面形貌
X 射线反射	XR	∞	1	—	组成分布和粗糙度
中子反射	NR	∞	1	—	组成分布
紫外光电子能谱	UPS	10 μm	—	—	原子、分子的外层价电子，电子光谱
X 射线电子能谱	XPS/ESCA	0.1	1	10 μm	表面组成，振动光谱
俄歇电子能谱	AES	0.1	1	1 μm	表面组成，振动光谱
二次离子质谱	SIMS	1	0.6	1 μm	表面组成，质谱
红外衰减全反射光谱	IR-ATR	10 μm	—	—	与 ATR 晶体表面邻接的聚合物表面的振动光谱
核反应分析	NMR	1 μm	1	—	氢与氘的组成分布
前散射反冲核谱	FRES	0.2 μm	0.1	—	组成分布
Rutherford 背散射谱	RBS	3 μm	0.3	—	标记物的组成分布

8.1　电子能谱的基本概念

电子能谱是采用单色光源（如X射线、紫外光）或电子束去照射样品，使样品中电子受到激发而发射出来，然后测量这些电子的产额（强度）对其能量的分布，从中获得有关信息的一类分析方法。

根据激发源的不同，电子能谱可分为X射线光电子能谱（X-Ray Photoelectron Spectrometer，XPS）、紫外光电子能谱（Ultraviolet Photoelectron Spectrometer，UPS）和俄歇电子能谱（Auger Electron Spectrometer，AES）。

XPS是瑞典Uppsala大学Siegbahn K及其同事经过近20年的潜心研究而建立的一种分析方法。他们发现了内层电子结合能的位移现象，解决了电子能量分析等技术问题，测定了元素周期表中各元素轨道结合能，并成功地将这些应用于许多实际的化学体系。Tunner等人所发展的紫外光电子能谱，主要用于研究价电子的电离电能。

1925年，法国的物理学家俄歇（Auger P）在用X射线研究光电效应时发现了俄歇电子，并对这一现象给予了正确的解释。1968年，Harris L A采用微分电子线路，使俄歇电子能谱开始进入实用阶段。

表8-1中，聚合物表面分析能谱中最常用的有XPS、UPS、AES、SIMS等。XPS是表面分析能谱中获得化学信息最多的一种方法，它除了能进行元素定性分析外，还能测定该元素在物质中所处的化学价态，能得到该元素受周围其他元素影响所产生的化学位移，它是表面分析最有力的方法。UPS因紫外线的能量比较低，所以它只能研究原子和分子的价电子及固体的价电子，不能深入原子的内层区域。但是紫外线的单色性比X射线好得多，因此，紫外光电子能谱的分辨率比X射线光电子能谱要高得多。这两方面获得的信息既有相似处，也有不同之处，因此，在材料表面研究可以互相补充。AES俄歇电子能谱的优点是元素分辨能力最强，原子序数相邻的元素都能区别开，此外，它的分析速度快，但由于电子轰击表面时的破坏力大，一般不能用于有机物质的表面分析。SIMS二次离子质谱的优点在于能获得最外表层的信息，同时能进行同位素的分析。

8.2　电子能谱的基本原理

8.2.1　XPS的基本原理

由于各种原子轨道中电子的结合能是一定的，因此XPS可用来测定固体表面的化学成分，一般又称为化学分析光电子能谱法（Electron Spectroscopy for Chemical Analysis，ESCA）。

（1）**电子结合能**

用一定能量$h\nu$的电子轰击样品表面，在原子内层产生一空穴，内层上的空穴被外层电子以辐射跃迁的形式填补时，将以特征X射线的形式释放出多余的能量。电子能量分析仪的作用是通过对来自发射表面的光电子能量的分析，以获得样品表面的各种信息，电子检测系统中的光电倍增管用以放大光电子的动能信号。

XPS的基本原理是基于爱因斯坦的光电效应。光电效应是指当一种具有一定能量的光照射到物质表面上时，入射光子会把能量全部转换给物质中原子的某一个束缚电子，光子湮灭，若该能量足够克服该束缚电子的结合能，剩下的能量将作为该电子逃离原子的动能。这种被光子直接激发出来的电子称为光电子，这个过程称为光电效应，如图 8-1 所示。

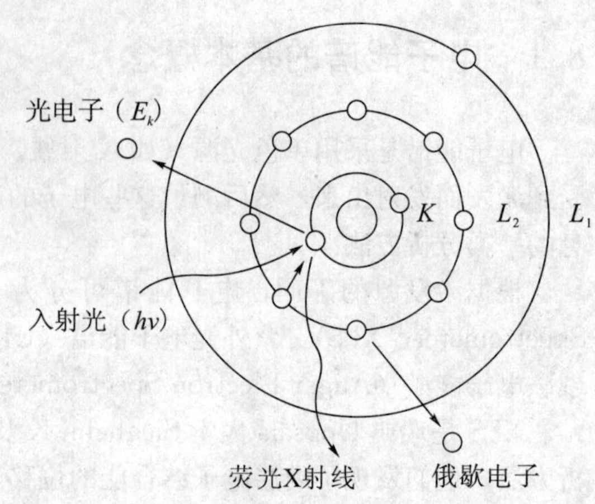

图 8-1 光电效应

原子的电子层分布可分为两个区域：第一个区域是外层的价电子层，第二个区域是内层。激发内层电子时，需要用高能的 X 射线作激发源，激发价电子时，需要用低能的紫外线作为激发源。X 射线与紫外光源相比，射线的线宽在 0.7eV 以上，因此不能分辨出分子、离子的振动能级。

根据爱因斯坦光电效应方程，原子中的电子结合能 E_b 应服从下列关系：

$$E_b = h\nu - E_k \tag{8-1}$$

式中，E_k 为光电子动能，可以通过电子分析器来测定；$h\nu$ 为激发光能量；E_b 为样品中电子结合能。因为 $h\nu$ 是已知的，原子的内层电子结合能具有固定值，为此，可进行表面元素组成的定性分析。

XPS 测定内层电子结合能与理论计算结果进行比较时，必须有一共同的结合能参照基准。对于孤立原子，轨道结合能的定义是把一个电子从轨道移到核势场以外所需的能量，即以“自由电子能级”为基准的。在 XPS 中这一基准称为“真空能级”，它同理论计算的参照基准是一致的。将相关常见元素的自由电子结合能 E_b 的数据列在表 8-2 中，以供分析时参考。

表 8-2 常见元素的自由原子电子结合能 E_b（eV）

元素	原子序	K $1s_{1/2}$	L_1 $2s_{1/2}$	L_2 $2p_{1/2}$	L_3 $2p_{3/2}$	M_1 $3s_{1/2}$	M_2 $3p_{1/2}$	M_3 $3p_{3/2}$	M_4 $3d_{3/2}$	N_1 $4s_{1/2}$	N_2 $4p_{1/2}$	N_3 $4p_{3/2}$	N_4 $4d_{3/2}$	N_5 $4d_{5/2}$	N_6 $4f_{5/2}$	N_7 $4f_{7/2}$	O_1 $5s_{1/2}$	O_2 $5p_{1/2}$	O_3 $5p_{3/2}$
H	1	13.6																	
He	2	24.6																	
Li	3	58.0	5.39																
Be	4	115	9.32																
B	5	192	12.9		8.30														
C	6	288	16.6		11.3														
N	7	403	20.3		14.5														
O	8	538	28.5		13.6														
F	9	694	37.9		17.4														
Ne	10	870	48.5	21.7	21.6														
Na	11	1075	66	34	34	5.14													
Mg	12	1308	92	54	54	7.65													
Al	13	1564	121	77	77	10.6	5.99												
Si	14	1844	154	104	104	13.5	8.52												
P	15	2148	191	135	134	46.2	10.5												
S	16	2476	232	170	168	20.2	10.4												

续表8-2

元素	原子序	K 1s1/2	L1 2s1/2	L2 2p1/2	L3 2p3/2	M1 3s1/2	M2 3p1/2	M3 3p3/2	M4 3d3/2	N1 4s1/2	N2 4p1/2	N3 4p3/2	N4 4d3/2	N5 4d3/2	N6 4f3/2	N7 4f3/2	O1 5s1/2	O2 5p1/2	O3 5p3/2
Cl	17	2829	277	208	206	24.5	13.0												
Ar	18	3206	327	251	249	29.2	15.9	15.8				—							
K	19	3610	381	299	296	37.0	19	18.7				4.34							
Ca	20	4041	441	353	349	46.0	28.0	28.0				6.11							
Ti	22	4970	567	463	459	64.0	39	38		8		6.82							
V	23	5470	635	636	518	72	44	43		8		6.74							

元素	原子序	K 1s1/2	L1 2s1/2	L2 2p1/2	L3 2p3/2	M1 3s1/2	M2 3p1/2	M3 3p3/2	M4 3d3/2	M5 3d3/2	N1 4s1/2	N2 4p1/2	N3 4p3/2	N4 4d3/2	N5 4d3/2	N6 4f3/2	N7 4f3/2	O1 5s1/2	O2 5p1/2	O3 5p3/2
Cr	24	5995	702	589	580	80	49	48		8.25	6.77									
Mo	25	6566	755	656	645	89	55	83		9	7.43									
Fe	26	7117	851	726	713	98	61	59		9	7.87									
Co	27	7715	931	800	785	107	69	66		9	7.86									
Ni	28	8338	1015	877	860	117	75	73	10	10	7.64									
Cu	29	8986	1103	958	938	127	82	80	11	10.4	7.64									
Zn	30	9663	1196	1047	1024	141	94	91	12	11.2	9.36									
Ca	31	10371	1302	1146	1119	162	111	107	21	20	11	6.00								
Ge	32	11107	1413	1251	1220	189	130	125	33	32	14.3	7.90								
As	33	11871	1531	1352	1327	208	151	145	46	45	17	9.71								
Se	34	12662	1656	1479	1439	23	173	166	61	60	20.2	9.75								
Br	35	13471	1787	1605	1556	262	197	189	77	76	23.8	11.9								
Mo	42	20006	2872	2527	511	416	399	237	234	68	45	42	8.56					7.10		
Ag	47	25520	3812	3530	3357	724	608	577	379	373	101	69	93	11	10			7.58		
Sn	50	29204	4069	4160	3933	888	761	719	497	489	141	102	93	29	28			12	7.34	
I	53	33176	5195	4858	4563	1078	937	881	638	626	193	141	131	59	56			20.6	10.5	
W	74	69539	12103	11546	10209	2823	2577	2283	4874	1811	599	495	427	264	248	38	36	80	31	40
Pt	78	78399	13883	13277	11567	3300	3030	2699	2206	2126	727	612	522	355	318	78	75	106	71	51
Au	79	80729	14356	13738	11923	3430	3153	2748	2295	2210	764	645	548	357	339	91	87	114	76	61
Ag	80	83168	14845	14214	12258	3567	3283	2852	2390	2300	806	683	579	352	363	107	103	125	85	68
Pb	82	88011	15867	15706	13641	3857	3560	3272	2592	2490	899	769	651	491	419	148	144	153	111	90
U	92	115611	21762	20953	17171	5553	5187	4308	3733	3557	1446	1278	1050	785	743	396	386	329	261	203

对固体样品，必须考虑晶体势场和表面势场对光电子的束缚作用，通常选取费米(Fermi)能级为 E_b 的参考点。费米能级是固体能量带中充满电子的最高能级。如图 8-2 是 XPS 激发过程，为防止样品上正电荷积累，固体样品必须保持与能谱仪的良好电接触，两者费米能级一致。实际测到的电子动能为

$$E'_k = E_k - (\varphi_{sp} - \varphi_s) \approx E_k - \varphi_{sp}$$

$$E'_k = h\nu - E_b - \varphi_{sp} \tag{8-2}$$

所以实际测到的电子结合能为

$$E_b = h\nu - E'_k - \varphi_{sp} \tag{8-3}$$

式中，$\varphi_{sp} - \varphi_s$ 可近似看成 φ_{sp}，φ_{sp} 为仪器功函数。

任何核外电荷分布的变化都会影响对内层电子的屏蔽作用：当外层电子密度减小时，屏蔽作用减弱，内层电子的结合能增加，反之结合能降低，故在 X 光电子能谱图上可以看到谱峰位置的移动。通常，把原子的内层电子结合能随原子周围电荷分布的变化称为化学位移，它是原子内层电子结合能随原子周围化学环境改变的一种现象。

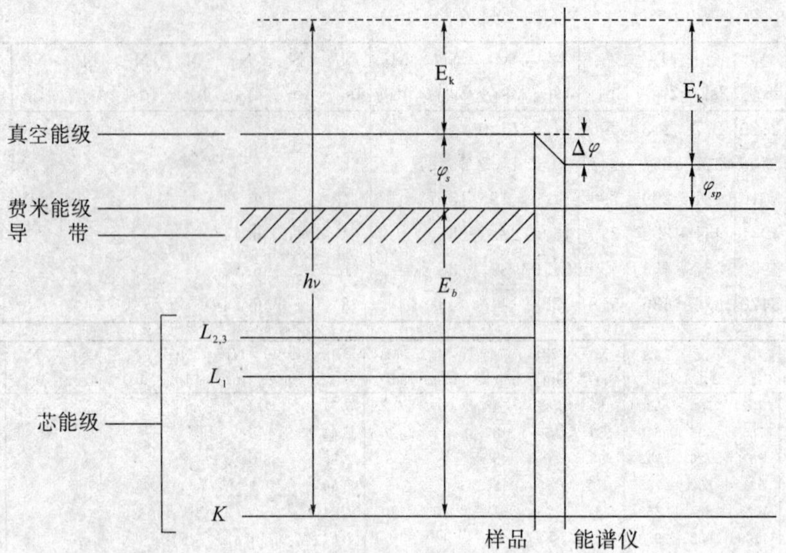

图 8-2　XPS 激发过程的能级示意图

(2) **化学位移**

化学位移也可以通过图 8-3 加以说明。从一个原子的某一内层能级 E_b 打出一个光电子，其动能为 E_k，如果原子的化学环境变化引起能级位移，结合能变为 E_b'，则用同样光源从这种原子的同一内层能级打出一个光电子，其动能为 E_k'。那么所测得的动能之差（$E_k'-E_k$）就对应于化学位移（E_b-E_b'），即

$$\Delta E_b=\Delta E_k \tag{8-4}$$

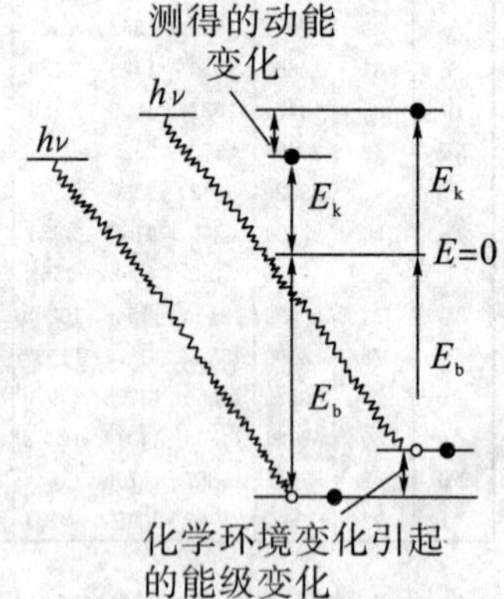

图 8-3　化学位移

由于原子的电负性表示原子吸引电子能力的大小，因而电负性的大小与原子的电荷密度紧密相关。当一种原子与另一种原子结合时，相连接的原子电负性不同，导致原子处于不同的电荷密度环境，从而影响了内层电子结合能，即产生化学位移。例如，三氟乙酸乙酯中三个碳原子处在不同的化学环境下，各碳原子 C_{1s} 电子的 XPS 谱发生了明显的化学位移。如图 8-4 所示，由于与碳相连的氟、氧、碳、氢四个元素的电负性依次递减，所以也相应地出现四个化学位移的峰。因氟原子的电负性最大，所以碳原子周围负电荷的密度较低，C_{1s} 电子受到的屏蔽作用较小，使结合能增大。同理，按电负性大小依次推理，其结合能最大差别为 8.2 eV。因此，在高分辨 XPS 谱中能明显区分开。

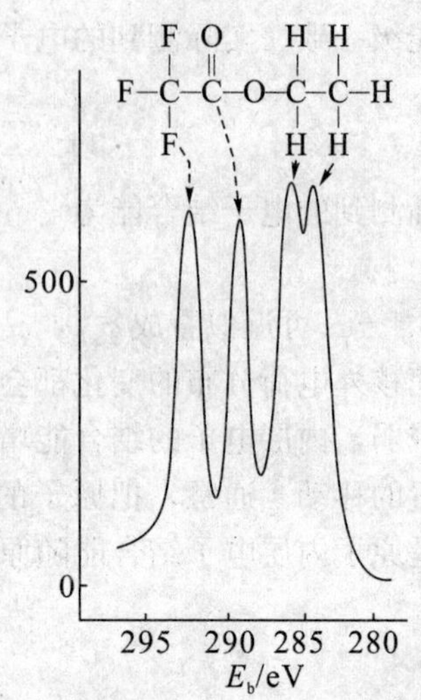

图 8-4　三氟乙酸乙酯的 C_{1s} 电子的化学位移

化学位移可以通过严格的计算获得数据。这种计算涉及量子化学基础，计算程序比较复杂，只有一部分数据，最直接的方法是采用模型化合物的测定结果与未知物对比来进行判定。也可以利用基团化合物的化学位移值，分析表面元素的

化学结合状态，表 8−3 列出了测定的聚合物的化学位移值。

表 8−3　聚合物的化学位移

692 690 688 535 533 531 408 406 404 402 400 398 295 293 291 289 287 285 283 205 203 201 199 170 168 166 164 104 102 100 98 72 70 68

F1s　O1s　N1s　C1s　Cl2p1/2,3/2　S2p1/2,3/2　Si2p1/2,3/2　Br3d3/2,5/2

C-C-C-C-C-C　C-Cl　Si-C　Si　Br　Cl　S　So2　C=N　C−O　C=O　C-C≡N　-C=O　N　O-C-O　Si−C　S−C　Cl−C　Br−C　C−C　F

(3) XPS 仪的结构组成

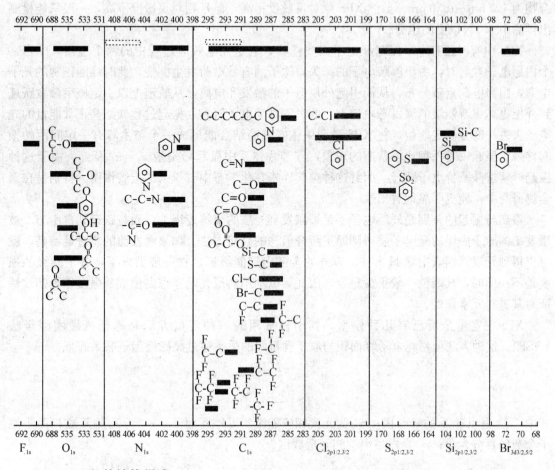

X 光电子能谱（XPS）仪结构示意图如图 8−5 所示。XPS 仪由以下几部分组成：真空室及相应的抽气系统、样品引进和操纵系统、X 射线源、电子能量分析器及输入电子光电放大系统、记录显示系统。

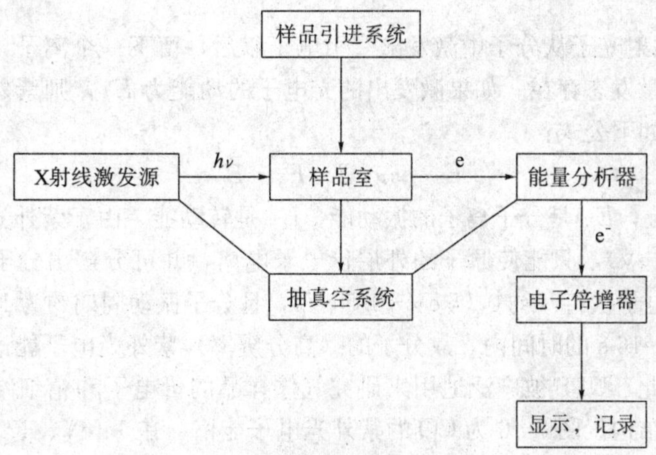

图 8−5　XPS 电子能谱仪结构示意图

（4）**探测深度与伴峰**

XPS的有效探测深度：金属为0.5 nm～2.0 nm；氧化物为2.0 nm～40 nm；有机物和聚合物为4.0 nm～10.0 nm。虽然XPS绝对灵敏度很高，但是相对灵敏度不高，一般只能检测出样品中0.1%以上的组分。

XPS中有时还有电子振起和电子振离伴峰，它是光电效应过程中的两个过程，即当一个内层电子发射时，由于屏蔽电子的损失，原子的有效电荷发生突变，此时伴随正常的光子电离，因为电荷重新分布，从而引起外层电子的激发和电离，从轨道上以一定概率激发跃迁到外层更高束缚能级的激发态轨道上，此过程称为电子振起。振起过程使某些正常能量的光电子失去一部分固定能量，在XPS谱图中主峰的高结合能形成一个与主峰有一定间距的振起伴峰。振起峰是一种比较普遍的现象，在芳香体系中振起峰是指 $\pi-\pi^*$ 跃迁。由于这种振起峰常常涉及价电子跃迁，因此这种振起伴峰在化学态中有很强的指纹作用。特别是在聚合物研究中，能更明显地看出这一点。

振离与振起的差别是外层电子不是被激发到外层的束缚能级上，而是跃迁到自由态。被激发出的原子内层的光电子是得到原子特征信息的直接方法。如果激发源的能量足够高，就可以得到元素周期表中除H和He以外的全部内层能级谱。在一般情况下，各个能级的强度是不一样的，其峰位一般很少重合，因此可以利用内层光电子峰的位置和强度作为指纹特征对其进行元素定性。

XPS的定量分析已有几种模型，其中较常用的一种定量方法是原子灵敏度因子法（ASF）。这种方法是将光电子峰面积与原子含量间的关系通过灵敏度因子联系起来。

$$n_x=\frac{I_x/S_x}{\sum_j^N I_j/S_j} \tag{8-5}$$

式中，I_x 为元素 X 的峰面积；S_x 为元素相应能级的灵敏度因子；n_x 为元素 X 在样品中原子个数的百分含量；N 为样品中总的元素数目。

8.2.2 UPS的基本原理

紫外光电子能谱（UPS）是利用能量小于100 eV的真空紫外光（常用He、Ne等气体放电中的共振射线）照射被测样品，测量由此引起的光电子能量分布的一种能谱学方法。

（1）**电子能量**

能量为 $h\nu$ 的入射光子从分子中激发出一个电子以后，留下一个离子，这个离子可以振动、转动或以其他激发态存在。如果激发出的光电子的动能为 E_k，则紫外光激发的光电子动能（能量）满足如下公式：

$$E_k=h\nu-I-E_\nu-E_r \tag{8-6}$$

式中，I 是电离电位，E_ν 是分子离子的振动能，E_r 是转动能。由于紫外光源能量较低，线宽较窄（约为0.01 eV），只能使原子的外层价电子电离，并可分辨出分子的振动能级 E_ν。而 E_ν 可达数百毫电子伏特（约0.05 eV～0.5 eV），且分子振动周期约为10 s～13 s，而光电离过程发生在10 s～16 s的时间内，故分子的（高分辨率）紫外光电子能谱可以显示振动状态的精细结构。因此，UPS被广泛地用来研究气体样品的价电子和精细结构以及固体样品表面的原子、电子结构。图8-6为CO的紫外光电子能谱，在14 eV、17 eV和20 eV处出现3个振动谱带，其中17 eV的谱带清楚地显示了振动精细结构。

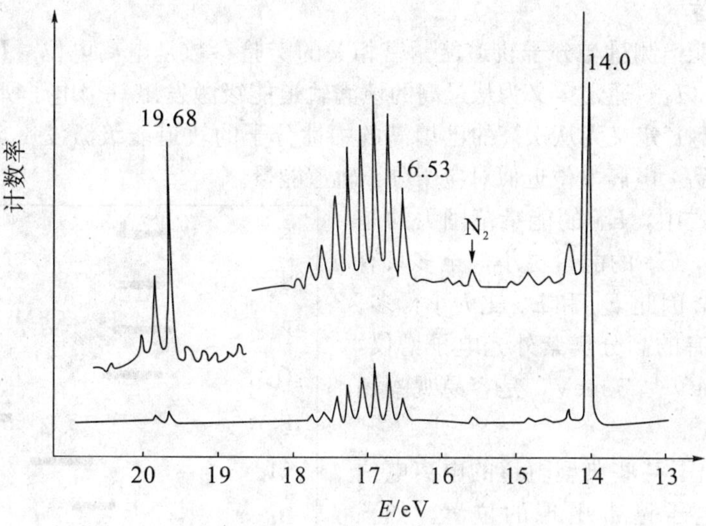

图 8−6　CO **的紫外光电子能谱**

在 XPS 中，气体分子中原子的内层电子能激发出来以后，留下的离子也存在振动和转动激发态，但是内层电子的结合能比离子的振动能和转动能要大得多，加之 X 射线的自然宽度比紫外线也大得多，所以通常它不能分辨出振动精细结构，更无法分辨出转动精细结构。XPS 中当原子的化学环境改变时，一般都可以观察到内层电子峰的化学位移；UPS 主要涉及分子的价层电子能级，成键轨道上的电子往往属于整个分子，它们的谱峰很宽，在实验上测量化学位移很困难。因此，对于原子化学位移进行理论计算比内层电子的计算要复杂得多。在 XPS 电子能谱仪中，采用紫外光源即为紫外光电子能谱 UPS 仪。

由于 UPS 提供分子振动能级结构特征信息，因而与红外光谱相似，具有分子“指纹”性质，可用于一些化合物的结构定性分析。通常采用未知物谱图与已知化合物谱图进行比较的方法鉴定未知物。UPS 图还可用于鉴定某些同分异构体，确定取代作用和配位作用的程序和性质，检测简单混合物中各种组分等。紫外光电子能谱的位置和形状与分子轨道结构及成键情况密切相关。紫外光电子能谱中一些典型的谱带形状如图 8−7 所示。

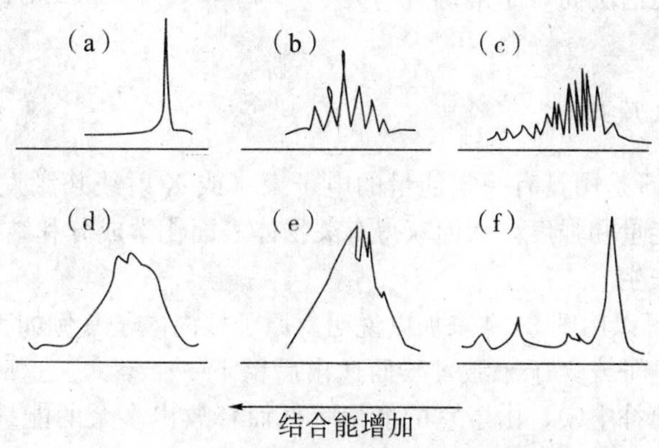

图 8−7　UPS **中典型的谱带形状**

(a) 非键或弱键轨道；(b) (c) 成键或反键轨道；(d) 非常强的成键或反键轨道；(e) 振动叠加在离子的连续谱上；(f) 组合谱带

(2) **电离电位**

紫外光电子能谱测量与分子轨道能紧密相关的实验参数是电离电位（I）。原子或分子的第一电离电位（I_1）通常定义为从最高的填满轨道能级激发出一个电子所需的最小能量。第二电离电位（I_2）定义为从次高的已填满的中性分子的轨道能级激发一个电子所需的能量。对于气体样品，电离电位近似对应于分子轨道能量。

在（8－6）式中，E_v 的能量范围大约是 0.05 eV～0.5 eV，E_r 的能量更小，至多只有千分之几电子伏，因此 E_v 和 E_r 比 I 小得多。但是，用目前已有的高分辨紫外光电子谱仪，分辨能力约 10 meV～25 meV，是容易观察到振动精细结构的。

图 8－8 列出了某些典型轨道的电离电位及对应紫外光电子谱带出现的位置。如 π（键）轨道，其电离电位在 10 eV 左右，此图有助于分析谱峰所对应轨道的性质。

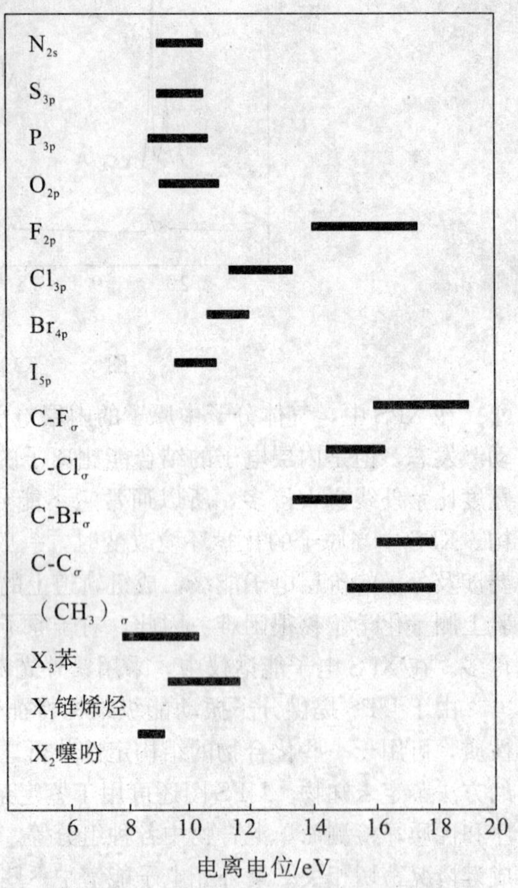

图 8－8　一些典型的轨道电离电位范围

综上可知，紫外光电子能谱可以进行有关分子轨道和化学键性质分析，测定分子轨道能级顺序（高低），区分成键轨道、反键轨道与非键轨道等，因而为解释分子结构、验证分子轨道理论的结果等工作提供依据。

UPS 特别适于固体物质的表面状态分析，可应用于表面结构分析，如聚合物价电结构分析、表面原子排列与电子结构分析及表面化学研究（如表面吸附性质、表面催化机理研究）等方面。显然，紫外光电子能谱法不适于进行元素定性分析。由于谱峰强度的影响因素太多，因而紫外光电子能谱法尚难于准确进行元素定量分析。

8.2.3　AES 的基本原理

俄歇电子能谱 AES 是用具有一定能量的电子束（或 X 射线）激发样品产生俄歇效应，通过检测俄歇电子的能量和强度，从而获得有关物体表面化学成分和结构信息的方法。

(1) **俄歇电子的产生**

AES 的基本原理可以用图 8－9 来加以说明。原子核内电子（例如 K 层）的某一个电子受到激发（可用高能电子或光子来激发）而逸出后留下一个空穴。这时外层（例如 L_2 层）的一个电子进入内层填补空穴，由于它的能量降低而释放出多余的能量，这一能量若被 L_1 层上的某一个电子所接受，而又使之获得足够的动能而逸出，此逸出的电子称为俄歇电子。由于这种能量传递关系是由各种原子特征所决定的，因此俄歇电子带有所属原子的特征，根据其能量大小可以识别。其中的能量关系可表示为

$$E_A = E_K - (E_{L_1} + E_{L_2}) \tag{8-7}$$

式中，E_A 为俄歇电子的动能，E_K、E_{L_1}、E_{L_2} 分别表示 K、L_1、L_2 层的电子结合能。一般用 KL_1L_2 等形式的下标（注在某元素的下标处）来表示该元素在 AES 谱上俄歇电子的峰，以说明其能量关系，例如 $S_{KL_1L_2}$。检测俄歇电子的能量和强度，可以定性定量分析表面层的化学元素。

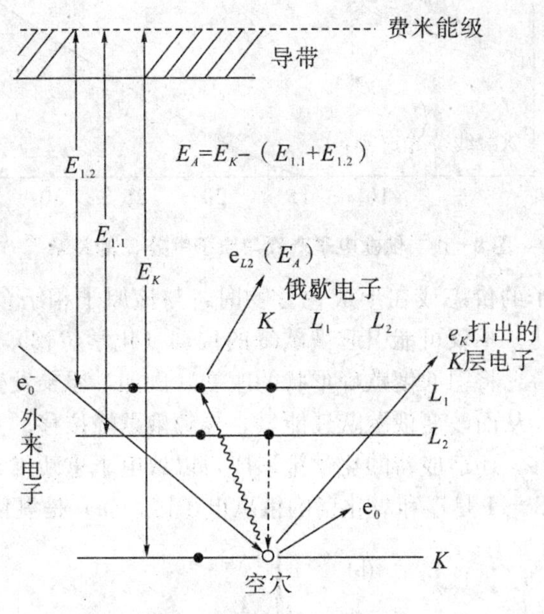

图 8-9　俄歇电子的产生

如果外层电子跃迁填补内层电子空穴过程中释放出的多余的能量以光辐射形式发射，它也是各个原子的特征线，当用 X 射线源去激发电子时，这种光辐射就是 X 射线荧光分析所用的分析线。俄歇电子的激发方式虽然有多种（如 X 射线、电子束等)，但通常主要采用一次电子激发。因为电子便于产生高束流，容易聚焦和偏转。俄歇电子的能量和入射电子的能量无关，只依赖于原子的能级结构和俄歇电子发射前它所处的能级位置。

（2）**俄歇电子产额与化学位移**

ω_{KA}俄歇电子产额或俄歇跃迁几率决定俄歇谱峰强度，直接关系到元素的定量分析。俄歇电子与特征 X 射线是两个互相关联和竞争的发射过程。对同一 K 层空穴，退激发过程中荧光 X 射线与俄歇电子的相对发射概率，即荧光产额（ω_{KX}）和俄歇电子产额ω_{KA}满足：

$$\omega_{KX}+\omega_{KA}=1 \tag{8-8}$$

由图 8-10 可知，对于 K 层空穴 $Z<19$，发射俄歇电子的几率在 90%以上；随 Z 的增加，X 射线荧光产额增加，而俄歇电子产额下降。$Z<33$ 时，俄歇发射占优势。通常，对于 $Z\leqslant14$ 的元素，采用 KLL 俄歇电子分析；对于 $14<Z<32$ 的元素，采用 LMM 俄歇电子较合适；Z>32 时，拟采用 LNN 和 MNO 俄歇电子为佳。

大多数元素在 50 eV～1000 eV 能量范围内都有产额较高的俄歇电子，它们的有效激发空间、分辨率取决于入射电子束的束斑直径和俄歇电子的发射深度。

能够保持特征能量而逸出表面的俄歇电子，发射深度仅限于表面以下大约 2 nm 以内，约相当于表面几个原子层，且发射深度与俄歇电子的能量以及样品材料有关。在这样浅的表层内逸出俄歇电子时，入射电子束的侧向扩展几乎尚未开始，故其空间分辨率直接由入射电子束的直径决定。

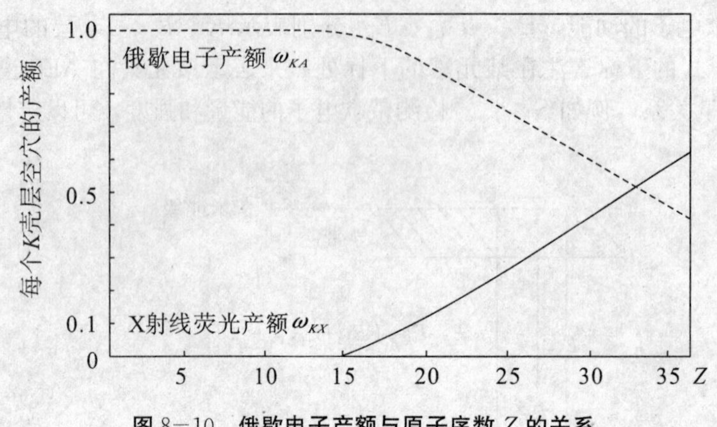

图 8－10 俄歇电子产额与原子序数 Z 的关系

原子化学环境指原子的价态或在形成化合物时，与该原子相结合的其他原子的电负性等。原子的化学环境变化，不仅可能引起俄歇峰的位移（化学位移），也可能引起其强度的变化，这两种变化的交叠，将引起俄歇峰形状的改变。例如，原子发生电荷转移（如价态变化）引起内层能级变化，从而改变俄歇跃迁能量，导致俄歇峰位移。又如，不仅引起价电子的变化，导致俄歇峰位移，还造成新的化学键形成，以致电子重新排布的化学环境改变，导致谱图形状改变等。图 8－11 是锰和氧化锰的俄歇电子谱，(a) 是氧化锰，(b) 是锰。

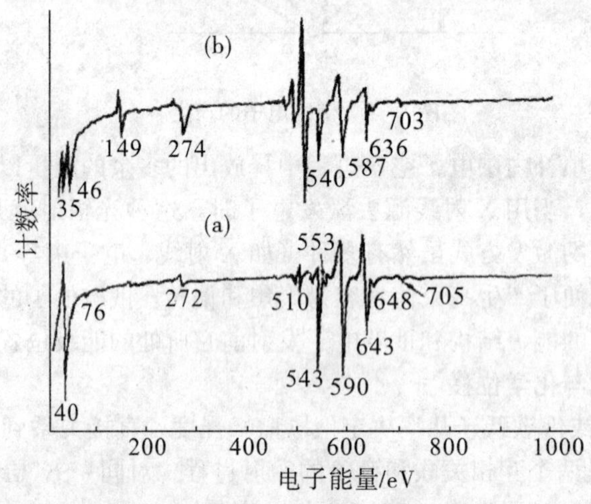

图 8－11 锰和氧化锰的俄歇电子谱

(3) **俄歇电子能谱仪的结构**

俄歇电子能谱仪的主要组成部分如图 8－12 所示，包括电子枪、能量分析器、二次电子探测器、样品分析室、溅射离子枪和信号处理与记录系统等。样品和电子枪装置需置于 10^{-7} Pa～10^{-8} Pa 的超高真空分析室中。现在已能把细聚焦扫描入射电子束与俄歇能谱仪结合构成扫描俄歇微探针（SAM），实现样品成分的点、线、面分析和深度剖面分析。由于配备二次电子和吸收电子检测器及能谱探头，使这种仪器兼有扫描电镜和电子探针的功能。

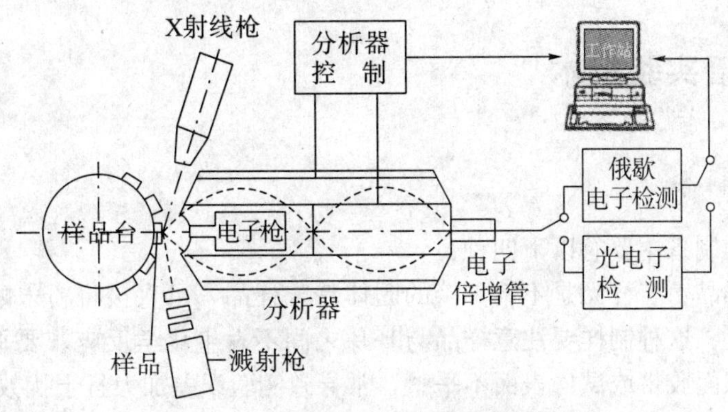

图 8－12　俄歇电子能谱仪结构示意图

(4) **元素的俄歇电子能量**

对于俄歇电子能谱分析，根据实测的直接谱（俄歇峰）或微分谱上负峰的位置识别元素。与标准谱进行对比，由于电子轨道之间可实现不同的俄歇跃迁过程，所以每种元素都有丰富的俄歇谱，由此出现不同元素俄歇峰的干扰。对于原子序数为 3～14 的元素，最显著的俄歇峰是由 *KLL* 跃迁形成的；对于原子序数为 14～40 的元素，最显著的俄歇峰则是由 *LMM* 跃迁形成的。图 8－13 是俄歇电子能量图。

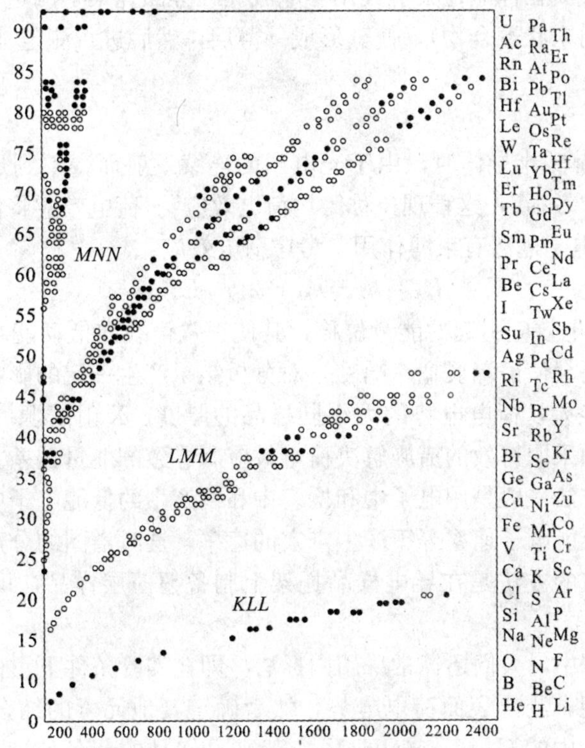

图 8－13　俄歇电子能量图

主要俄歇峰的能量用空心圆圈表示，实心圆圈代表每个元素的强峰。定量分析方面，基本上是半定量的水平（常规情况下，相对精度仅为 30％左右），常用的定量分析方法是相对灵敏度因子法，该法准确性较低，但不需标样，因而应用较广。

8.3 电子能谱实验技术

8.3.1 样品的制备

聚合物样品的制备主要有以下四种：

聚合物粉末样品：若样品是不熔不溶的固体粉末样品，可直接将粉末贴于双面胶带上，安装在样品托架上。这种制样要注意样品与基片之间不发生化学反应，要平整且完全覆盖；如果不完全覆盖双面胶带或试样表面不平整，常导致实验误差加大且干扰数据分析。

溶液成膜：如果聚合物能完全溶解，可用浸渍法、涂层法或浇铸法等在金属片上形成聚合物膜进行测试。由于XPS是一种灵敏的表面分析技术，要求使用的装置干净无污染；制膜用的溶剂要纯；样品中的溶剂必须彻底清除，被研究的体系若易于氧化，或者与环境水形成氢键等，制样过程则必须保持在一种惰性气体中，让溶剂慢慢地挥发干净。

加压或挤出成膜：为消除溶剂成膜的污染问题，许多聚合物采用加压或挤出成膜。如将聚合物粉末夹在两块清洁铝片之间，以热压法成膜。成膜过程中，要注意防止样品发生表面污染、表面化学反应或发生热分解等。

块状样品：可直接夹在样品托架上或用导电胶黏在样品托架上测定，也可将少量样品研磨在金箔上（块状或粉末状聚合物），使其形成一薄层，然后进行测定。

8.3.2 荷电效应

用XPS测定绝缘体或半导体时，由于光电子的连续发射而得不到足够的电子补充，使得样品表面出现电子“亏损”，这种现象称为“荷电效应”。荷电效应将使样品出现一稳定的表面电势V_s，它对光电子逃离有束缚作用。考虑荷电效应：

$$E_k = h\nu - E_b - \varphi_{sp} - E_s \quad (8-9)$$

式中，$E_s = V_s e$，为荷电效应引起的能量位移，其使正常谱线向低动能端偏移，即所测结合能值偏高。荷电效应还会使谱锋展宽、畸变，对分析结果产生一定的影响。荷电效应的来源主要是样品的导电性能差，荷电电势的大小同样品的厚度、X射线源的工作参数等因素有关。实际工作中，必须采取有效的措施解决荷电效应所导致的能量偏差。

消除荷电效应的方法一般是用电子中和枪。中和枪产生的低能电子中和样品表面上的正电荷，直至样品捕获低能电子速率等于产生空穴的速率，这时谱图的分辨率将显著提高。另一种消除样品荷电效应的方法是在导电样品托架上制备超薄层样品，可使表面电荷减少到0.1 eV以下。

在荷电效应的过程中，人们还经常采用内标法。即在实验条件下，根据试样表面吸附或沉积元素谱线的结合能，测出表面荷电电势，然后确定其他元素的结合能。在实际的工作中，一般选用$(CH_2)_n$中的C_{1s}峰，$(CH_2)_n$一般来自样品的制备处理及机械泵油的污染。也有人将金镀到样品表面一部分，利用$Au4_{f7/2}$谱线修正。这种方法的缺点是对溅射处理后的样品不适用。另外，金可能会与某些材料反应，与公布的C_{1s}谱线的结合能也有一定的差异。向样品注入Ar作内标物有良好的效果，Ar具有极好的化学稳定性，适合于溅射后和深度剖面分析，且操作简便易行，选用$Ar_{2p3/2}$谱线对荷电能量位移进行校正的效果较好。这时，标准$Ar_{2p3/2}$谱线的结合能为±0.2 eV。

8.4　电子能谱在高分子中的应用

在表面分析中，以高识别能力来探测表面化学是非常重要的，而 XPS 是表面化学分析中最有效的分析方法。鉴于高聚物体系的特点，在对它的表面结构进行分析时，从大量的研究工作中已经证实 XPS 最为合适。它不但可以研究均聚物和共聚物，还可以研究交联聚合物和共混聚合物。此外，它在高分子金属络合物、聚合物表面改性、等离子体表面的改性等工艺方面的应用，以及改性效果、过程和机理等方面的应用也日益重要。

8.4.1　高分子金属络合物

近几年来，由于高分子催化剂研究的进展，对高分子金属络合物的表征显得非常重要。对聚乙烯吡咯烷酮和聚丙烯酸与某些金属或稀土元素的氯化物形成的三元络合物结构进行 XPS 研究。通过对金属离子的三元络合物及氯化物和高分子配体的 XPS 分析，各金属络合物中金属离子的结合能较其在氯化物中的结合能低，例如，Er^{2+} 络合物较在 $ErCl_2$ 中 $d_{3/2}$ 的结合能低 1.0 eV，如图 8－14所示。

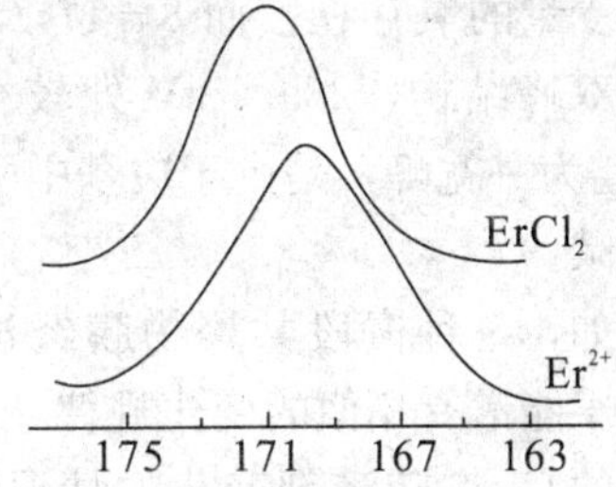

图 8－14　Er^{2+} 络合物及 $ErCl_2$ 的 $d_{3/2}$ 光电子峰

金属络合物中的 N_{1s} 显示双峰结构，如图 8－15 所示。低结合能的峰与聚乙烯吡咯烷酮中的 N_{1s} 结合能相近（399.3 eV），高结合能的峰比聚乙烯吡咯烷酮中的 N_{1s} 结合能高 1.0 eV 以上。这说明金属氯化物与聚丙烯酸和聚乙烯吡咯烷酮反应形成的络合物中，金属离子（M）与 N 原子形成了 M←N 配位键。络合物中金属离子结合能的降低说明金属离子得到了电子；而 N_{1s} 高结合能的峰是对电荷转移 N 的表征，低结合能的峰是未参与络合的聚乙烯吡咯烷酮中的 N_{1s} 体现。N 原子有孤对电子以及各金属有空轨道，这为 M←N 配位键的形成在理论上提供了合理的解释。

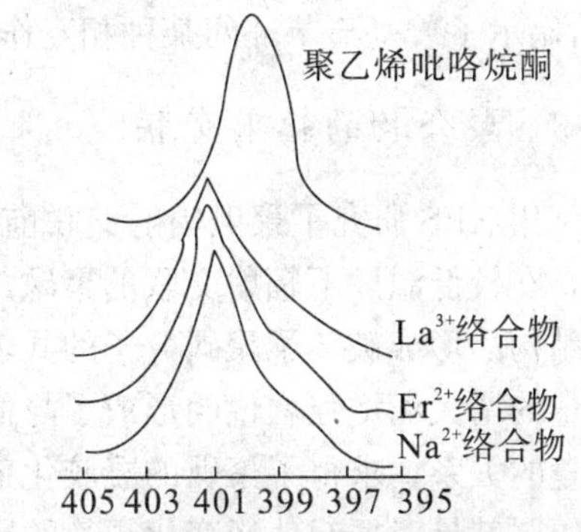

图 8－15　聚乙烯吡咯烷酮及部分金属络合物的 N_{1s} 光电子

另外，从 O_{1s} 的 XPS 谱图也明显看出羰基氧与金属间形成了配位键，也可以从聚丙烯酸与各络合物的 C_{1s} 的 XPS 谱图中得到反映。由 XPS 测量得到的结果，在聚丙烯酸中羧基的 C_{1s} 比本体 C_{1s} 高 4.2 eV，而在络合物中相应的差值在 3.5 eV 左右，同时由前者的分离峰变成后者的肩峰，如图 8－16 所示。

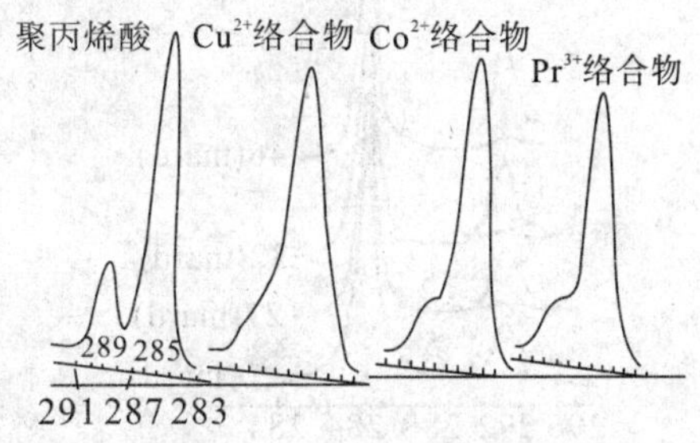

图 8－16　聚丙烯酸与各络合物的 C_{1s} 的光电峰

8.4.2 共聚物表面的测定

例如，聚甲基丙烯酸－苯乙烯嵌段共聚物，其组成之一甲基丙烯酸（MAA）是强极性的，而另一种组成则是非极性的。共聚物表面若有 PMAA 的富集，则表面具有强的亲水性；若表面富集聚苯乙烯（PS），则具有疏水性。为了便于共聚物的研究，首先对均聚物 PS 和 PMAA 进行 XPS 测定，从图8－17（b）可以看到在 PS 的 C_{1s} 谱中，主峰较窄，在主峰高结合能端 286.7 eV 处有一振起伴峰，记为 C_{su}。同时看到 PS 表面只有少量的氧存在。而 8－17（a）中 PMAA 的 C_{1s} 谱中为双峰结构，289.1 eV 处较小的峰来自羧基碳，其 O_{1s} 谱为一宽峰，是由于羧基中两个不同化学环境中氧的贡献。

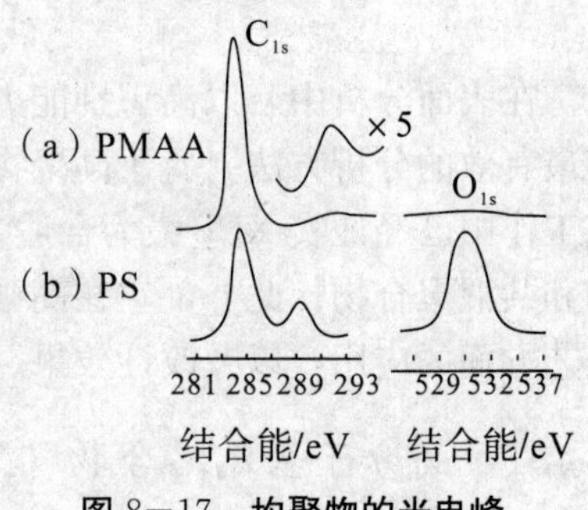

图 8－17 均聚物的光电峰

又如，三种嵌段共聚物膜经过不同溶剂处理后，其光电子能谱有相似的变化规律，图8－18仅给出一种共聚物的 C_{1s} 谱随溶剂变化的情况。可以看出，C_{1s} 谱的变化主要反映在主峰和振动半峰的相对强度变化上。C_{su} 相同强度的降低以及 C_{1s}(COOH)光电子结合能的增加，暗示了羧基与苯环间某种相互作用的可能性。

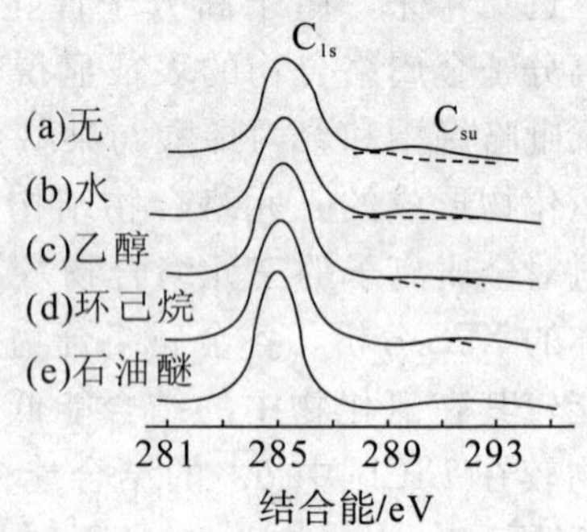

图 8－18 不同溶剂处理的共聚物 C_{1s} 谱

8.4.3 聚合物的辐射交联

利用 XPS 研究了聚砜辐射交联前后结构变化结果表明，在较低温度下辐射交联的聚砜，其表征体系共轭强度的振起伴峰相对强度较低，表明交联结构的形成破坏了聚砜分子的共轭体系。而在高温下辐射交联的聚砜，其振起伴峰随辐照剂量的增大而增强，说明形成了与低温时不同的交联结构。利用振起伴峰的相对强度与辐照剂量的关系，求得了聚砜的凝胶化剂量。

辐照剂量对振起伴峰变化规律的影响如图 8－19 和图 8－20 所示。

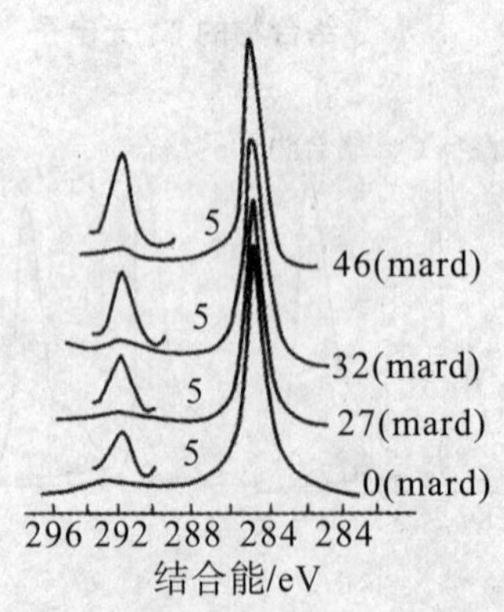

图 8－19 70℃下辐射交联聚砜（PSU）的 C_{1s}的谱

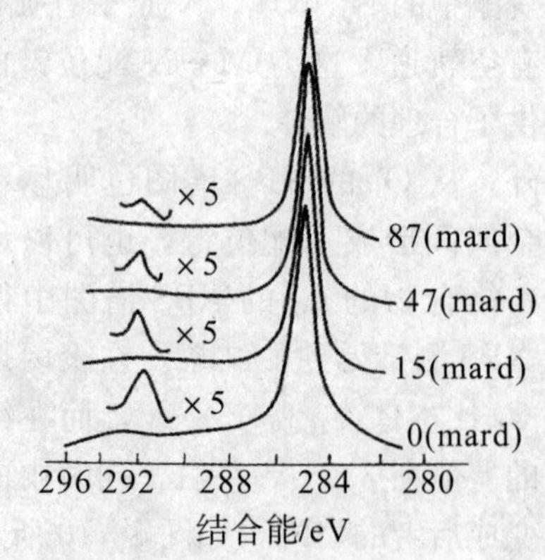

图 8－20 203℃辐射交联聚砜（PSU）的 C_{1s}谱

图8－19是70℃下辐射交联聚砜（PSU）中的C_{1s}谱，图中位于主峰高结合能端振起伴峰的峰位为292.0 eV，辐射交联对振起伴峰的峰位不产生影响。但是随着辐照剂量的增加，PSU振起伴峰的强度逐渐降低。室温下辐射交联聚砜，其振起伴峰相对强度也呈类似的变化规律。这一结果表明，在较低的温度下，PSU分子间所发生的辐射交联反应部分破坏了复杂主链中的苯环的共轭结构，因而，导致振起伴峰相对强度下降。

图8－20是203℃辐射交联PSU的C_{1s}XPS谱。其显然与70℃下辐射交联的PSU不同，在较高温度下辐射交联的PSU随着辐照剂量的增加，振起伴峰的强度也同时增加，170℃下辐射交联系的聚砜PSU也表现出相同的振起伴峰变化规律。由此可见，在较高温度下所发生的辐射交联反应改善了PSU分子结构中苯环的共轭程度。

图8－21是不同温度下辐射交联的聚苯并咪唑（PBI）的P值与辐照剂量的关系，PBI其振起伴峰相对强度在不同的剂量值分别有一明显的增加，而且，辐照温度越高，该剂量值越低。振起伴峰相对强度发生转折时的剂量与用同一样品采用Charlesby-Pinner方程所求得的凝胶化剂量值十分相近。因此，可以认为该剂量就是聚苯并咪唑的凝胶化剂量。

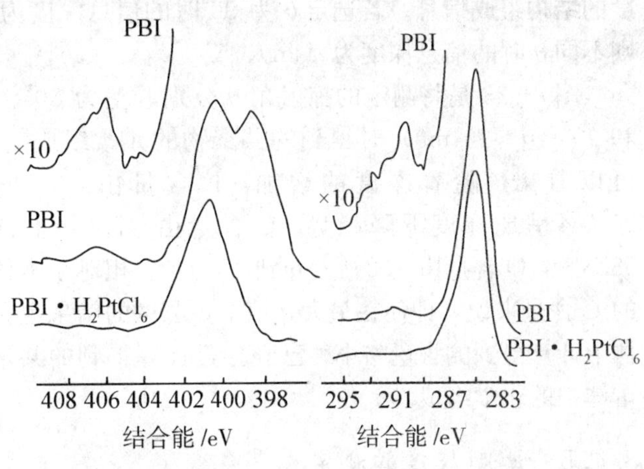

图8－21　PBI和PBI・H_2PtCl_6的C_{1s}谱

通过研究PSU、PBI振起伴峰相对强度随辐照剂量的变化规律，不仅可以帮助我们了解交联程度对体系共轭程度的影响，而且还找到了一种确定PSU、PBI凝胶化剂量的新方法。

8.4.4　化学组成及微相结构

固体材料表面化学组成与结构影响着材料的许多性质，如黏结性、生物相容性、耐腐蚀性、润滑性和润湿性等，聚合物的表面能除了与表面化学组成有关外，还与分子链在表面的排列堆积以及分子链的末端基团等因素有关。

含氟材料具有极低的表面能和优异的表面性能，有人通过微乳液聚合的方法合成了FA/MMA/BMA三元共聚物乳液，发现低含氟量下共聚物依然体现出较强的疏水和疏油性能，这与含氟基团的表面富集排列有关。采用角变换X射线光电子能谱（XPS）表征含氟聚合物的表面微相结构，通过测试可以得到表面元素的组成信息。

共聚物表面组成的XPS分析，通过不同元素的XPS结合能谱图的谱峰面积积分可对表面元素组成进行定量分析。在共聚物XPS能谱图（图8－22）中，元素F所处分子链的化学环境相似，结合能在689.3 eV附近呈单峰分布；酯基上的两个O的结

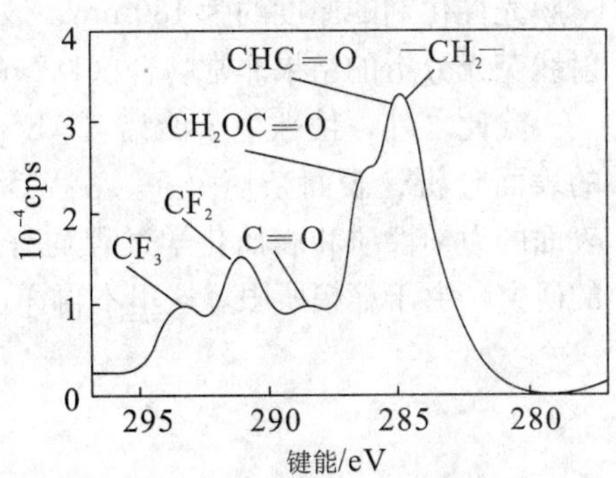

图8－22　共聚物的C_{1s}XPS能谱图

合能谱峰位置距离较近，在 689.3 eV 附近重叠成一个单峰。对于 C_{1s} 而言，主要有 6 种不同的化学环境，在 284 eV～295 eV 范围内呈现宽峰和肩峰。经研究，共聚物涂膜在 120℃退火处理 24 h 后，表面元素组成与本体实际组成差别较大，F 在表面的组成远高于本体组成，而 C 和 O 在表面的含量低于本体组成，当共聚物中 F、C 和 O 的含量分别为 5.8%、71.9%和 13.9%时，表面层含量分别为 25.2%、59.7%和 13.9%。随着本体中氟元素含量的增加，表面氟元素含量也进一步增大，当本体中氟元素含量达到 25.0%时，表面氟元素的含量为 45.7%，聚合物表面能的降低取决于表面氟元素含量的增加，由 XPS 测得的数据证实了共聚物在成膜退火过程中，表面层出现相分离，含氟基团在表面产生明显富集现象。

采用角变换 XPS 测定技术可以获得距离表面不同深度的结构组成信息。若选定 θ 为 90°时的信息深度为 d，则不同 θ 时的信息深度为 $d\sin\theta$。

图 8-23 是将测定的掠射角 θ 分别调整为 30°、50°和 90°（$d\approx10$ nm）时得到的共聚物的元素组成信息。可以看出，随着深度的增加，F 含量由 45.7%到 25.3%呈现梯度下降趋势，C 含量由 47.1%上升为 58.8%，O 含量由 7.2%上升到 15.9%。相对于本体中的 C 含量来说，即使在最大 θ 值下，测试的结果也比本体中计算得到的含量略小，已经接近计算得到的共聚物本体中的化学组成。

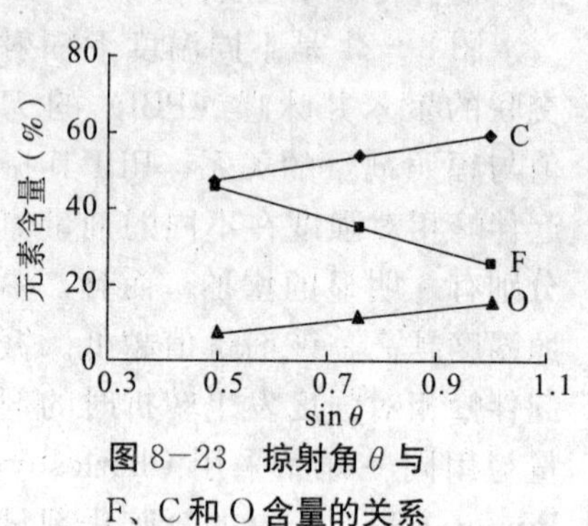

图 8-23　掠射角 θ 与 F、C 和 O 含量的关系

8.4.5　薄膜厚度的测定

通过俄歇电子能谱（AES）的深度剖析，可以获得多层膜的厚度。由于溅射速率与材料的性质有关，这种方法获得的薄膜厚度一般是一种相对厚度。但在实际过程中，大部分物质的溅射速率相差不大，或者通过基准物质的校准，可以获得薄膜层的厚度。这种方法对于薄膜以及多层膜比较有效。对于厚度较厚的薄膜，可以通过横截面的线扫描或通过扫描电镜测量获得。

图 8-24 是在单晶 Si 基底上制备的 TiO_2 薄膜光催化剂的俄歇深度剖析谱。从图上可见，TiO_2 薄膜层的溅射时间约为 6 分钟，由离子枪的溅射速率（30 nm/min）可以获得 TiO_2 薄膜光催化剂的厚度约为 180 nm。该结果与 X 射线荧光分析的结果非常吻合（182 nm）。

除此之外，俄歇电子能谱（AES）在材料的表面分析、表面杂质分布、晶界元素分析、表面的力学性质和表面化学过程均有不同程度的研究，由于篇幅所限，这里不再详述。

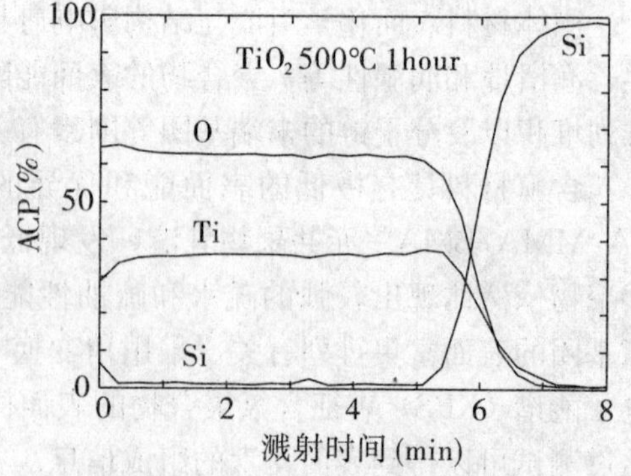

图 8-24　AES 测定 TiO_2 薄膜光催化剂的厚度

参考文献

[1] Brewis D M. Surface analysis and pretreatment of plastics and metals [M]. London: Appl. Sci. Pub., 1999.

[2] Manev E D, Sazdanova S V, Tsrkov R, et al. Absorption of ionic surfactants [J]. Colloids and Surfaces A: physicochem Eng A spects, 2007 (8): 18.

[3] Kakudo M, Kasai N. Xray diffraction by polymers [M]. Tokyo: Kodansha Ltd., 1972.

[4] Briggs D, Hearn M J, Ratner B D. Surface of interface analysis [M]. London: John Wiely & Sons Ltd., 1990.

[5] 张庆华，詹晓力，刘龙孝，等. 采用 XPS 与接触角法研究氟聚合物表面结构与性能 [J]. 高等学校化学学报，2006 (27): 4.

[6] 张权. 聚合物显微学 [M]. 北京：化学工业出版社，1993.

[7] 华中一. 表面分析 [M]. 上海：复旦大学出版社，1990.

思考题

1. 什么是表面分析？试举例说明聚合物表面分析的重要性。

2. 简述电子能谱的类型、基本原理及其结构组成。

3. XPS、UPS、AES 在表面分析中各有何特点？

4. 分析俄歇电子产额与原子序数的关系。

5. 电子能谱中聚合物的样品制备技术有哪些？在检测中应注意什么问题？采用什么方法进行克服？

6. XPS 电子能谱图中产生的伴峰是什么原因引起的？定性和定量依据是什么？

第9章　X射线衍射分析法

9.1　X射线引论

X射线是19世纪末20世纪初物理学的三大发现之一，X射线的发现对20世纪以来的物理学以至整个科学技术的发展产生了巨大而深远的影响。1895年，德国实验物理学家伦琴（Wilhelm Konrad Rontgen，1854—1923）用克鲁克斯阴极射线管做实验，发现电流通过时，不远处涂了亚铂氰化钡的小屏发出明亮的荧光，使黑纸包住的胶片感光，纸屏上会留下手骨的阴影。伦琴意识到这可能是某种特殊的从来没有观察到的射线，它具有特别强的穿透力。1895年12月28日，伦琴向德国维尔兹堡物理和医学学会递交了第一篇研究通讯“一种新射线的发现”，因无法确定这一新射线的本质，伦琴在他的通讯中把这一新射线称为X射线。1901年，诺贝尔奖第一次颁发，伦琴因发现X射线而获得了这一年的物理学奖。人们为纪念伦琴对物理学的贡献，称X射线为伦琴射线。

自伦琴发现X射线后，许多物理学家都在积极地研究和探索。1897年，法国物理学家塞格纳克（G. M. M. Sagnac，1869—1926）发现当X射线照射到物质上时会产生二次辐射，这一发现为以后研究X射线的性质作了准备。1907—1908年，对X射线波动性和微粒性的争论在英国物理学家巴克拉（Charles Glover Barkla，1877—1944）和亨利·布拉格（William Henry Bragg，1862—1942）之间展开，巴克拉关于X射线的偏振实验和波动性观点可以说是后来劳厄发现X射线衍射的前奏，其最重要的贡献是发现了元素发出的X射线辐射都具有和该元素有关的特征谱线，又称标识谱线。X射线标识谱线对建立原子结构理论极为重要，巴克拉由于发现X射线标识谱线在1917年获得了诺贝尔物理学奖。

虽然在1895年伦琴已发现X射线，但十多年来人们对它的本质并不了解，X射线究竟是一种电磁波还是微粒辐射波呢？仍然无法确定。有一种鉴定方法就是看X射线能否借助衍射光栅而衍射，使其改变射线方向。德国物理学家劳厄（Max von Laue，1879—1960）想到自然界中的晶体，他认为晶体是一种几何形状整齐的固体，在固体平面之间有特定的角度，并且有特定的对称性。每层原子和原子之间的距离大约是X射线波长的大小，如果是这样，那么晶体应能使X射线衍射。1912年，劳厄的研究小组把一束X光射向硫化锌晶体，在感光版上捕捉到散射现象，劳厄证明了X射线具有波的性质和晶体内部结构的周期性，发表了“X射线的干涉现象”论文。1914年，这一发现为劳厄赢得了诺贝尔物理学奖。

劳厄发现X射线衍射表明了X射线是一种波，这对X射线的认识迈出了关键的一步，布拉格引出的简单实用的布拉格方程，进一步说明了X射线照射晶体产生衍射的事实，一方面X射线本质是一种波长较短的电磁波，另一方面对晶体的空间点阵假说做出了实验验证，说明了晶体结构的周期性。

1945年，美国材料实验协会（ASTM）将衍射资料编印成索引的标准卡片，并逐年补充，完成粉末衍射卡数据与发行的初步工作。

20 世纪 60 年代起，中国物理学家 X 射线衍射专业委员会、中国化学学会晶体学专业委员会、中国金属学会 X 射线专业委员会、中国晶体学会粉末专业委员会等相继成立，促进了 X 射线学在我国的许多行业的应用和发展。

9.1.1　X 射线的基本性质

X 射线是一种较短波长的高能电磁波，波长范围为 0.001～10 nm，介于远紫外和 γ 射线之间，X 射线衍射仪所用波长一般为 0.05～0.25 nm。X 射线既然是一种电磁波，也就具有类似于可见光、电子、质子、中子等的性质（波粒二象性）。X 射线是大量以光速运动的粒子流，这些粒子称为光电子或光量子，每个光电子具有的能量为

$$E = hv = h\frac{c}{\lambda} \tag{9-1}$$

式中，h 为普朗克常数，$h=6.62618\times10^{-34}\,\text{J}\cdot\text{s}$；$c$ 为光速，$c=3\times10^{8}\,\text{m}\cdot\text{s}^{-1}$；$E$，$v$，$\lambda$ 分别为 X 射线光子的能量、频率、波长。

X 射线的波动性和微粒子性是同时存在的，不同频率和波长的 X 射线，其光子的能量是不同的。频率越高，波长越短，光子能量越大。

X 射线除具有波动性和微粒性外，还有其他一些性质：①能使照相底片感光；②能使荧光物质，如 ZnS、CdS、NaI（TI）（铊激发的碘化钠晶体）发荧光；③能使气体电离；④折射率接近等于 1；⑤穿透力很强，工业上用此性质对材料进行探伤，医学上用此性质进行某些疾病的诊断；⑥X 射线对人体有害，应高度注意防护。

（1）**X 射线谱**

由 X 射线管发出的 X 射线束并不是由单一波长辐射组成的，若用分光晶体将 X 射线束加以分解，就会得到如图 9-1 所示的 X 射线谱。从图中可看出，X 射线谱由两部分叠加而成，即强度随波长变化而变化的连续谱和强度很高而波长一定的特征谱，又称标识谱或线谱。连续 X 射线谱由某一最短波长（λ_{min}）和各种 X 射线波长组成。衍射仪使用 X 射线的特征谱，连续谱仅仅产生 X 射线衍射的本底，要设法去除。

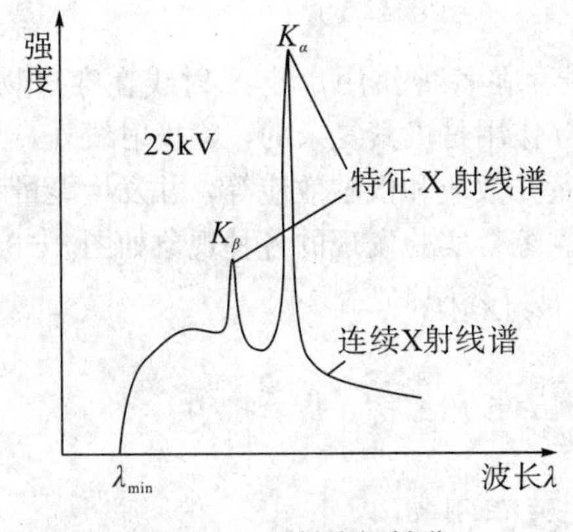

图 9-1　X 射线衍射谱

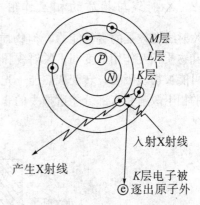

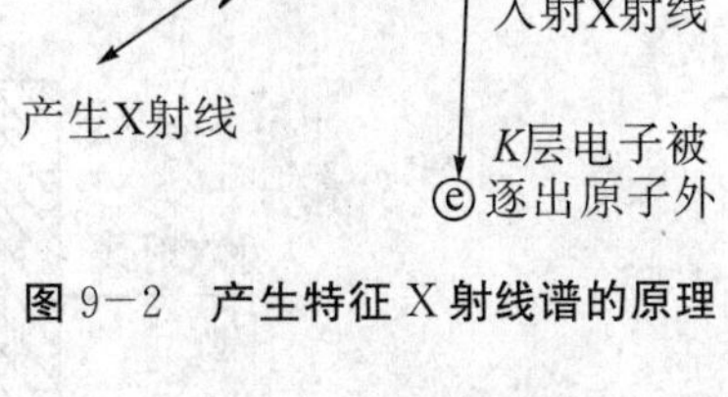

图 9-2　产生特征 X 射线谱的原理

（2）**特征 X 射线谱**

特征 X 射线谱是由 X 射线管的阳极靶材料的原子结构决定的。X 射线管灯丝发射的电子在高电场中加速并获得很高的能量，高能量的电子与靶的原子相碰撞时，原子内层电子被

撞击出去，形成电子空穴；当外层电子回补内层空穴时，将能量以特征 X 射线释放出来。如图 9-2 所示，当 K 层电子被打出后，其空穴可被外层中任一电子所填充，从而产生一系列 K 系谱线，特征 X 射线能量与两个层电子能量相当，可用下式表示：

$$E_n - E_K = hV_K = h\frac{c}{\lambda_K} \tag{9-2}$$

式中，E_n为 L、M、N 层电子的能量，E_K为 K 层电子的能量，h 为普朗克常数，c 为光速，V_K为 K 系列的特征 X 射线的频率，λ_K为 K 系列的特征 X 射线的波长。

所有元素的特征谱都很类似，只是波长按原子序数的增加而减小。特征谱可分成不同线系，波长最短的称为 K 线系，次短的为 L 线系等。在 X 射线衍射中最有用的是 K 线系，K 线系有三条谱线，其中最强的两条是互相靠得很近的双线 $K_{\alpha 1}$和 $K_{\alpha 2}$，$K_{\alpha 1}$的强度是 $K_{\alpha 2}$的 2 倍，而 $K_{\alpha 1}$的波长较短。在 X 射线分析中，许多情况下这双线是分不开的，被称为 K_α线，其波长采用加权平均值表示，即

$$\lambda_{K\alpha} = \frac{2\lambda_{K\alpha 1} + \lambda_{K\alpha 2}}{3} \tag{9-3}$$

K 系的第三条谱线为 K_β，它的波长比 K_α 约短 10%，强度约为 K_α的 1/7。

特征谱线只有加速电压达到一定值时才能产生，因为只有当高速电子的能量大于内层电子的能量时，才能将内层电子撞出，从而使原子处于激发态而产生特征谱线。这一最低电压称为该特征线的激发电压。越靠近原子核的电子与核的结合力越大，因此激发 K 系射线所需电压比激发 L 系的要高，原子序数要大，核对 K 层电子的结合力也越大，所需的激发电压也越高。为了获得较高的特征 X 射线强度和避免其他谱线干扰，适应的工作电压应取激发电压的 3~5 倍。

特征 X 射线的强度可由实验测定的下述经验公式表示：

$$I = A_i(V - V_K)^n \tag{9-4}$$

式中，V 为 X 射线管电压，i 为管电流，V_K为 K 系激励电压，A 为常数。在 $V \leqslant 2.3V_K$时，n 约为 2；在 $V > 2.3V_K$时，n 约为 1.5。提高 V 和 i 可以提高特征 X 射线的强度，但同时也提高了连续 X 射线谱的强度。不同靶材的 V 值可以参见相关书籍。

9.1.2 X 射线与物质的相互作用

X 射线有较强的穿越能力，但物质对 X 射线存在各种作用，使 X 射线在穿过物质时，由于和物质相互作用而变弱。X 射线和物质的相互作用是极其复杂的，除投射线外，入射 X 射线可能被物质吸收，转变成热能、光电效应、荧光效应和俄歇效应等，并发生能量和波长不变的相干散射和有部分能量损失的非相干散射。综合实验发现的各种现象如图 9-3 所示。

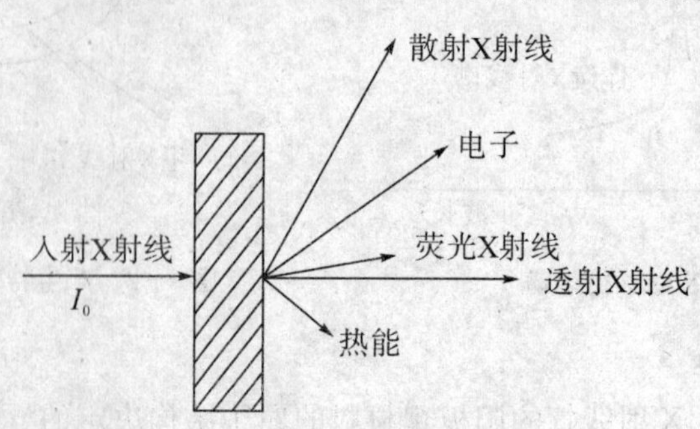

图 9-3　X 射线与物质的相互作用

实验表明，X 射线穿过物质的衰减规律满足下式：

$$I_t = I_0 e^{-\mu t} \tag{9-5}$$

式中，t 为穿过物质的厚度，I_0为入射 X 射线的强度，I_t为穿过物质后的 X 射线强度，μ 为物质的线吸收系数（当 X 射线通过 1 cm 厚的物质时被吸收的比率）。

由上式可知，X 射线穿过物质时，将按指数规律衰减。线吸收系数 μ 是与 X 射线波长、吸收物质及吸收物质物理状态有关的量。

式（9-5）可改写为

$$I_t = I_0 e^{-(\mu/\rho)\rho t} \tag{9-6}$$

或

$$\frac{I_t}{I_0} = e^{-\mu_m \rho t} \tag{9-7}$$

式中，$\frac{I_t}{I_0}$为透过系数或透射因子；ρ 为吸收物质的密度，单位为 $g \cdot cm^{-3}$；μ/ρ 称为质量吸收系数，简写为 μ_m，单位为 $cm^2 \cdot g^{-1}$，μ_m对一种物质和一定的 X 射线波长是一常数，与物质所处状态无关，仅与物质由哪些元素构成有关。可见，透射 X 射线是按指数规律迅速衰减的。例如，冰、水和水蒸气有相同的质量吸收系数，金刚石、石墨和炭粉也有相同的质量吸收系数。混合物和化合物的质量吸收系数按下式计算：

$$\mu_m = \mu_m(A)W_A + \mu_m(B)W_B + \cdots \tag{9-8}$$

式中，$\mu_m(A)$ 和 $\mu_m(B)$ 分别为 A 元素和 B 元素的质量吸收系数，W_A 和 W_B 分别为 A、B 元素在化合物或混合物中所占质量分数乘积之和。各种元素在不同波长下的质量吸收系数，可查阅 X 射线结晶学的相关书籍。

吸收系数 X 射线波长和吸收体的原子序数满足下列关系：

$$\mu_m = K\lambda^3 Z^3 \tag{9-9}$$

式中，K 为常数，λ 为波长，Z 为原子序数。由式（9-9）可知，X 射线波长越长，吸收体的原子序数越大，X 射线就越易被吸收。图 9-4 是铂的质量吸收系数与波长的关系曲线。当波长在某一数值时，质量吸收系数发生突变，各元素 μ_m 突变时的波长值称为该元素的吸收限。式（9-9）只在不同吸收限之间的一段曲线才满足。可利用元素质量吸收系数的突变性，使 X 射线管产生的 X 射线准单色化，即可选择一定厚度的某种物质，这种物质的吸收限正好介于 X 射线谱 K_α 和 K_β 之间，使 K_β 几乎全部被吸收，而 K_α 被吸收的较少，剩下的基本上是单色的 K_α 线，这一定厚度的物质称为滤波片。滤波片材料的原子序数一般比靶材料的原子序数小 1～2，其厚度按衰减规律公式进行计算。

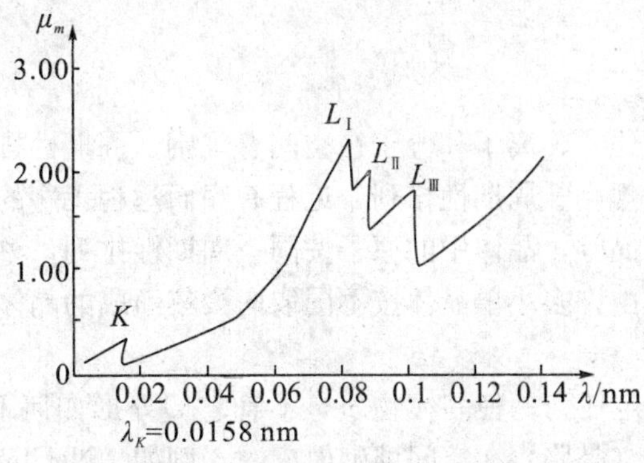

图 9-4　铂的 μ_m-λ 关系曲线

9.1.3 X射线的相关技术

X射线发展至今，已形成了三种完整的技术，即X射线形貌技术（Radiography）、X射线光谱技术和X射线衍射技术（X-Ray Diffration，XRD）。X射线形貌技术是利用X射线的穿透吸收能力的差异分析物质中的异物形态，主要用在医学诊断放射学和治疗放射学研究。X射线光谱技术是利用物质中元素被X射线所激发产生次生特征X射线，次生特征X射线称为特征X荧光，通过分析特征X荧光的波长和强度来了解物质的化学组成。X射线光谱技术也称X荧光分析，利用特征X荧光强度与该元素在样品中含量成正比的关系，可以进行定量分析。此外，电子探针和离子探针微区的分析都属于X射线光谱的分析范畴。

X射线衍射技术是利用X射线在晶体和非晶体中的衍射和散射效应，进行物相的定性和定量分析、结构类型和不完整性分析的技术。X射线衍射技术是目前最广泛应用的技术，在此基础上又衍生出新理论、新技术，包括：扩展X射线吸收精细结构分析技术（Extended X-ray Absorption Find Structure，EXAFS），X射线漫散射及广角非相干、小角相干和非相干散射技术，X射线光电子能谱（XPS）分析技术，X射线衍射貌相技术（X-ray Diffraction Topography）。

扩展X射线吸收精细结构分析技术是利用X射线穿过试样后，在吸收限高能侧（10～1000 eV的范围）显示出强度不同的震荡现象，由EXAFS谱的傅里叶变换得到邻近原子的配位数、间距和无序数等结构信息。X射线漫散射及广角非相干、小角相干和非相干散射技术是利用晶体的畸变、缺陷和原子的热运动等，使衍射强度减弱及出现漫散射现象，研究漫散射的几何强度可以了解晶体中点阵缺陷的状态和统计分布情况。利用X射线小角散射（SAXS）理论，可研究分布在均匀物质中尺度为1～100 nm的散射中心（如纳米粒、薄膜和有机高分子）的形状、大小和分布。

在衍射和散射的分析方法中，作为常规的分析实验手段，使用最多和最广泛的是X射线衍射技术。X射线的物相分析是利用X射线衍射技术来研究单晶或多晶的方法。结晶物质可以是单晶和多晶体，大多数材料如陶瓷、高分子聚合物和金属是多晶体。一般来说，单晶衍射图较容易识别，但多数材料很难获得单晶体，所以不得不用粉晶衍射法来研究，本章重点介绍粉晶X射线衍射分析方法。

9.2 X射线衍射理论

9.2.1 晶体学基础

晶体是指构成物质的原子、离子和分子在空间有规则、周期性排列的固体物质；而非晶体是指原子、分子不存在规则、周期性排列，近程有序而远程无序的无定形体。在晶体中有单晶、多晶、微晶和纳米晶等，晶体中的原子按同一周期性排列，整块固体基本以一个空间点阵所惯穿，称为单晶。由许多小单晶体按不同取向聚集而成的晶体称为多晶体（多晶）。

（1）**点阵和晶胞**

X射线衍射法可以确定任何一种晶体物质，不管它们外形如何不相同，但从微观来看，它们都是由一些基本单位（晶胞）在空间堆砌而成的。例如，NaCl晶体是由如图9-5所示的晶胞在三维空间堆积起来的。用●及○分别代表Na^+和Cl^-，并取OX、OY、OZ作坐标轴。若 Na^+ 分别沿 OX、OY、OZ 方向平行移动，能自行重复的最短长度为 a、b、c，则 a、b、c 为沿该方向的周期。晶胞就是被最小周期所概括的空间，它是晶体结构的基本重复单元。

晶体结构中包含了不同的原子，看起来似乎很复杂，但这种周期性结构具有一个特点，就是将其中周围环境完全相同的所谓等同点，例如将 NaCl 晶体中全部 Na^+ 或全部 Cl^- 抽出来，用一个点子来代表，原 NaCl 的晶胞可视为如图 9-6 所示的平行六面体，这种平行六面体并置堆积构成所谓空间点阵。考虑到晶体的对称性，由不同晶体而得到的平行六面体有十四种类型，一般称为十四种布拉威空间格子，根据 1866 年布拉威（Bravais）的推导，从一切晶体结构中抽象出来的空间点阵，按选取平行六面体单位的原则，只能有十四种空间点阵（格子），十四种布拉威格子如图 9-7 所示。其中有七种平等六面体只在角顶有阵点，这种晶胞称为初基晶胞；而另外七种平行六面体分别在体内或面上有阵点，这些晶胞分别叫体心、面心或底心晶胞。平行六面体的三条棱长 a、b、c 和棱间夹角 α、β、γ 称为晶格常数，根据晶格常数的不同关系，晶体分别为七个晶系，它们的名称和晶格常数的关系见表 9-1。

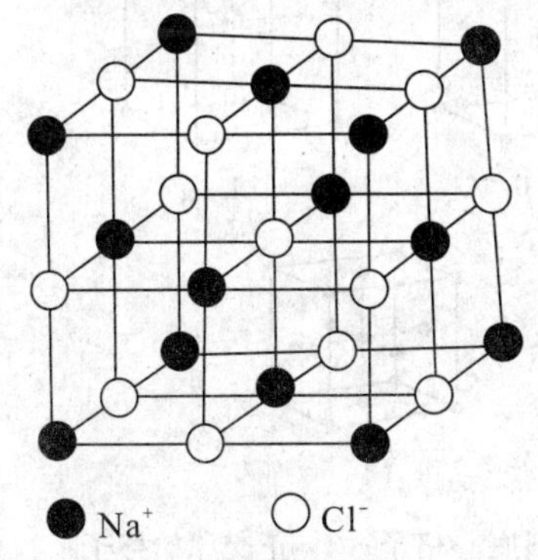

图 9-5　NaCl 的晶胞结构

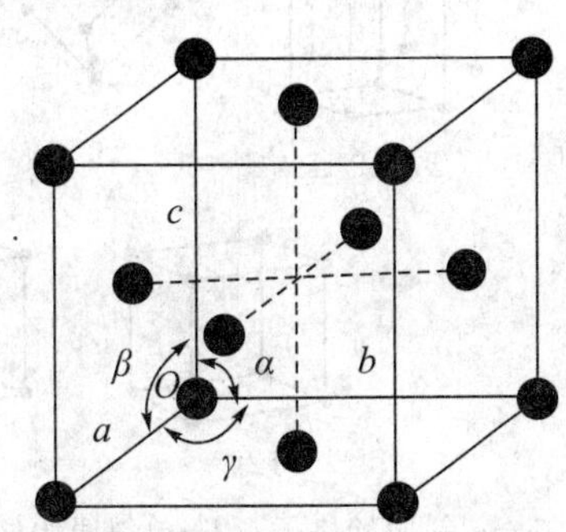

图 9-6　NaCl 晶胞结构的平行六面体

表 9-1　七种晶系与晶格常数的关系

晶系	晶格常数之间的关系
立方	$a=b=c$，$\alpha=\beta=\gamma=90^\circ$
六方	$a=b\neq c$，$\alpha=\beta=90^\circ$，$\gamma=120^\circ$
四方	$a=b\neq c$，$\alpha=\beta=\gamma=90^\circ$
三方	$a=b=c$，$\alpha=\beta=\gamma<120^\circ$ 且 $\alpha=\beta=\gamma\neq 90^\circ$
正交	$a\neq b\neq c$，$\alpha=\beta=\gamma=90^\circ$
单斜	$a\neq b\neq c$，$\alpha=\gamma=90^\circ\neq\beta$
三斜	$a\neq b\neq c$，$\alpha\neq\beta\neq\gamma$

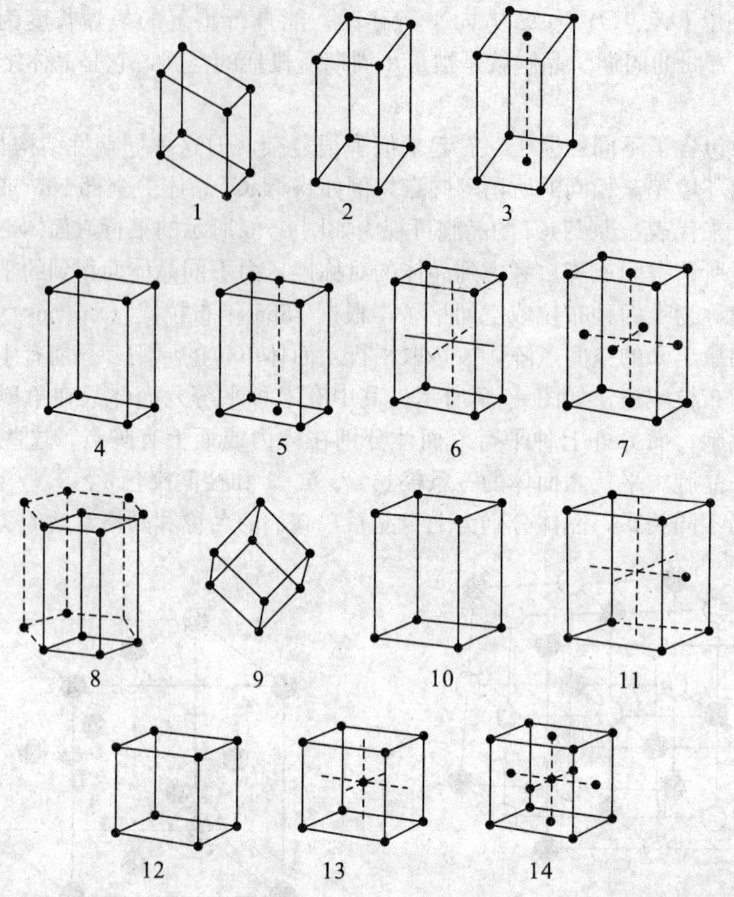

1－三斜原始格子；2－单斜原始格子；3－单斜底心格子；4－正交原始格子；
5－正交底心格子；6－正交体心格子；7－正交面心格子；8－六方原始格子；9－三方原始格子；
10－四方原始格子；11－四方体心格子；12－立方原始格子；13－立方体心格子；14－立方面心格子

图 9－7　十四种布拉威空间格子

（2）**阵点坐标、晶向指数、晶面指数和晶面间距**

要晶体对 X 射线的衍射，需要一种用来表示空间点阵中各晶向和晶面的方法，即需要有晶向指数和晶面指数的知识。在空间点阵中，选取某一平行六面体的角顶为坐标原点，三条棱为单位向量 $\boldsymbol{a}$、$\boldsymbol{b}$、$\boldsymbol{c}$。空间点阵中某一阵点的坐标定义为：从原点至该阵点的向量 $\boldsymbol{R}$ 的分量 U、V、W，一般写为［UVW］。

空间点阵中任意二阵点 A、B 的连线称晶向，晶向指数由二阵点坐标决定，设 A、B 二阵点坐标分别为［$U_1V_1W_1$］和［$U_2V_2W_2$］，定义 AB 晶向指数为

$$(u_1-u_2):(v_1-v_2):(w_1-w_2)=u:v:w \qquad (9-10)$$

习惯用［uvw］表示，如图 9－8（a）所示。空间点阵中，不在一直线上的任意三个点决定平面晶面。由于阵点的周期性排列，每一个晶面上四点的排列也是规则的，因此，把任一晶面等距、平等地重复排列起来，就可得到整个点阵，这些彼此相同且等距平等的晶面称为晶面族。在同一点阵中，可以用许多不同的方法划分晶面族，如图 9－9 所示。

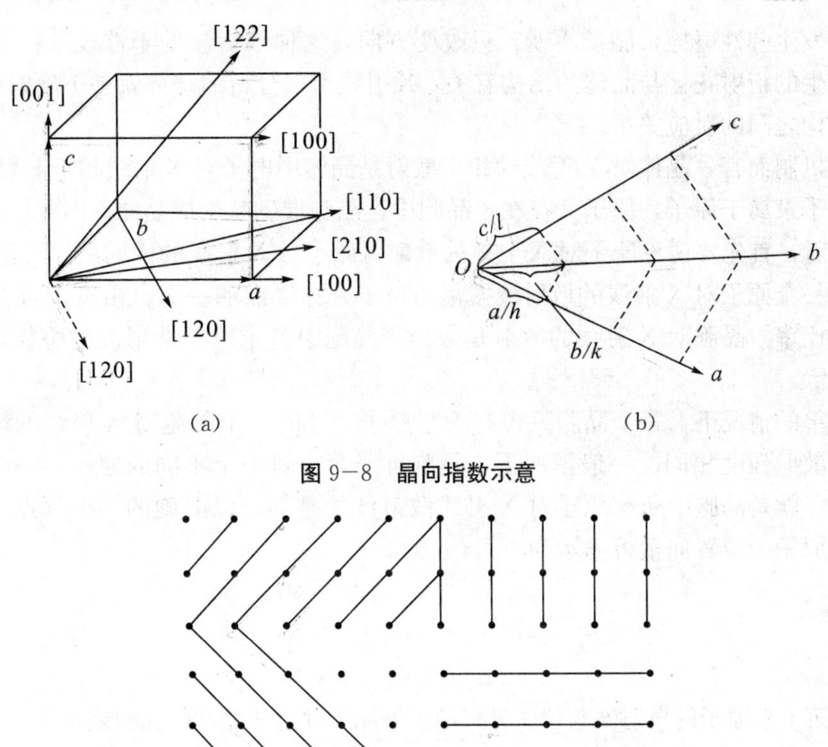

图 9-8　晶向指数示意

图 9-9　平面晶面族的划分

为了说明各晶面族是怎样选取的，只需说明晶面族中各个晶面的共同法线方向。以晶胞的一个顶点为原点，以晶胞的三个通过原点的边 a、b、c 为坐标轴，晶面族中必有一个晶面通过坐标原点，而与此晶面紧邻的晶面和三个坐标轴相截于 a/h、b/k、c/l，如图 9-8（b）所示。通常按 a、b、c 三边的顺序写成（hkl）代表该晶面族的法线方向，而称（hkl）为该面族的晶面指数。

晶面指数不仅可以表示出晶面法线方向，而且还可以用来计算相邻晶面的垂直距离（晶面间距）。由于不同晶系晶格常数有特定的相互关系，除三斜晶系外，其他晶系晶面间距的公式可以简化，例如：

立方晶系：

$$a = \sqrt{h^2 + k^2 + l^2} \cdot d_{(hkl)} \tag{9-11}$$

四方晶系：

$$\frac{1}{d_{(hkl)}^2} = \frac{(h^2 + k^2)}{a^2} + \frac{l^2}{c^2} \tag{9-12}$$

六方晶系：

$$\frac{1}{d_{(hkl)}^2} = \frac{4}{3}\left(\frac{h^2 + hk + k^2}{a^2}\right) + \frac{l^2}{c^2} \tag{9-13}$$

9.2.2　X 射线的衍射的方向

当一束 X 射线投射在晶体上时，使其前进方向发生改变而产生散射现象。散射现象分相干散射和非相干散射（入射 X 光与原子中的电子发生非弹性碰撞），相干散射的 X 光与原子中的电子发生弹性碰撞，能量不变，只改变方向，这种散射波的干涉现象称为 X 射线衍射。干涉产生的衍射花样与晶体的结构有关，X 射线衍射分析的任务就是正确地建立衍射花样与晶体结构之间的对应关系。

从微观机制而言，晶体对 X 射线的相干散射是晶体中电子对 X 射线相干散射波的叠加。晶体中的电子隶属于原子，原子又存在于晶胞中，晶胞堆砌就构成晶体。因此，讨论晶体对 X 射线的衍射，首先要讨论原子对 X 射线的散射。原子对 X 射线的散射用原子散射因子 f_a 来表示，即一个原子对 X 射线的散射波振幅与位于坐标原点的一个自由电子对 X 射线的散射波振幅的比率。晶胞对 X 射线的散射是分属于晶胞中各个原子散射波的叠加，用结构因子 F_{hkl} 来表示。

在最简单的情况下，每个晶胞只含有一个原子，这时一个晶胞对 X 射线的散射强度与一个原子的散射强度相同。一般情况下，晶胞可能含有若干个不同的原子，一个晶胞对 X 射线的散射，就是晶胞中所有原子对 X 射线散射波的叠加。以晶胞的一个顶点为原点，晶胞中第 j 个原子的位置向量可表示为

$$\boldsymbol{r}_j = x_j a + y_j b + z_j c \begin{bmatrix} 0 \leqslant x_j \leqslant 1 \\ 0 \leqslant y_j \leqslant 1 \\ 0 \leqslant z_j \leqslant 1 \end{bmatrix} \tag{9-14}$$

因此，第 j 个原子的散射波与位于坐标原点处原子散射波之间的光程差（见图 9-10）为

$$\Delta_j = r_j \cdot (S - S_0) \tag{9-15}$$

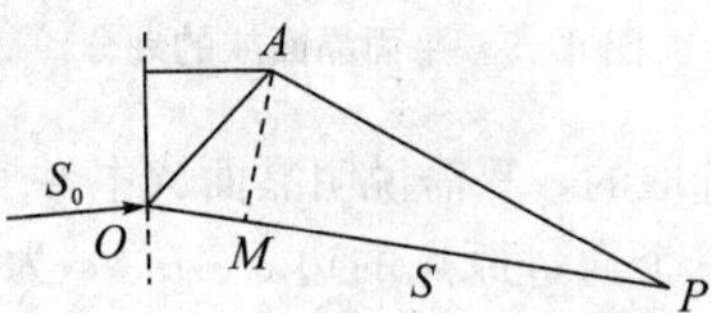

图 9-10 多原子散射波程差示意

它们之间的位相差为

$$\Phi_j = \frac{2\pi\Delta_j}{\lambda} = 2\pi r_j \cdot (S - S_0)/\lambda \tag{9-16}$$

因此，晶胞对 X 射线的散射的振幅可表示为

$$F = \sum_{j=1}^{N} f_j \mathrm{e}^{2\pi i} r_j \cdot (S - S_0)/\lambda_m \sum_{j=1}^{N} f_j \mathrm{e}^{2\pi i(hx_j + ky_j + lx_j)} \tag{9-17}$$

式中，N 为晶胞中所含原子数，f_j 为第 j 个原子的散射因子，S_0 和 S 分别为入射线和衍射线的单位向量，h、k、l 为晶面指数，F_{hkl} 一般称为结构因子，其模量 $|F_{hkl}|$ 称为结构振幅。晶胞的散射强度 $I_y = I_e |F_{hkl}|^2$，I_e 为位于原点的一个自由电子在 P 点的散射强度，即

$$I_e = I_0 \frac{e^4}{m^2 c^4 r^2} \left(\frac{1 + \cos 2\theta}{2}\right) \tag{9-18}$$

式中，I_0 为入射光强，e 为电子的电荷，m 为电子的质量，c 为光速，2θ 为观察方向与入射线的夹角，一般称为衍射角，如图 9-11 所示。

小晶体对 X 射线的散射强度为

$$I = I_e |F_{hkl}|^2 N^2 \tag{9-19}$$

式中，N 为小晶体的晶胞数。要能观察到衍射，$|F_{hkl}|^2$必不为零，由$|F_{hkl}|^2$计算可知，只有某些（hkl）才能产生衍射，而另外一些（hkl）的$|F_{hkl}|^2$为零，产生消光现象。

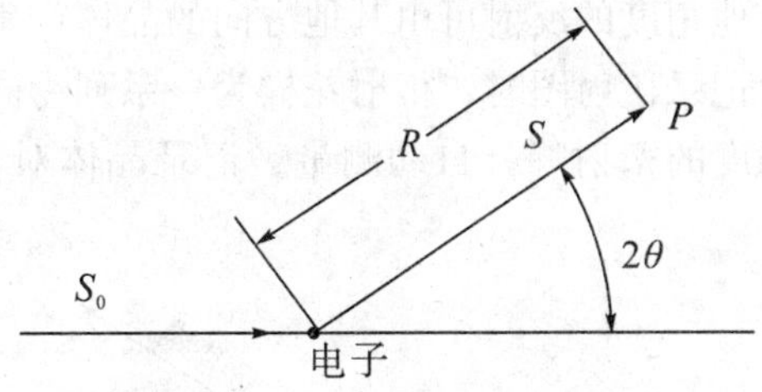

图 9-11　自由电子散射示意

决定晶体衍射方向的基本方程有劳厄方程和布拉格方程，前者以直线点阵为出发点，后者以平面点阵为出发点。这两个方程都反映了衍射方向、入射线波长、入射角和点阵参数的关系。劳厄方程需要考虑三个方程，实际应用不方便，而布拉格方程将衍射现象理解为晶体面族有选择的反射，比劳厄方程更实用。

将 X 射线衍射看成反射是布拉格方程的基础，X 射线的反射与可见光的镜面反射有所不同，可见光在大于某一个临界角的任意入射角方向均能产生反射，而 X 射线只能在有限的布拉格角方向才能产生反射。另外，可见光的反射是物体的表面现象，而 X 射线衍射是一定厚度内晶体许多面间距相同的平行面族共同作用的结果。

晶体与 X 射线相互作用产生的衍射的方向用布拉格方程来描述，如图 9-12 所示。图中（hkl）为某一族晶面，d 为晶面间距，θ 为入衍射线与晶面的夹角。衍射线 $1'$与 $2'$的光程差为

$$\Delta = BD + DC = 2d_{(hkl)} \cdot \sin\theta \qquad (9-20)$$

当光程差是入射 X 射线波长 λ 的整数倍时，衍射线增强。因此，产生衍射的条件为

$$2d_{(hkl)}\sin\theta = n\lambda \qquad (9-21)$$

式（9-21）称为布拉格方程，其中 n 为干涉级次。由图 9-12 可知 X 射线衍射可视为一种“选择性”反射，入射线和反射线间夹角为 2θ（衍射角）。

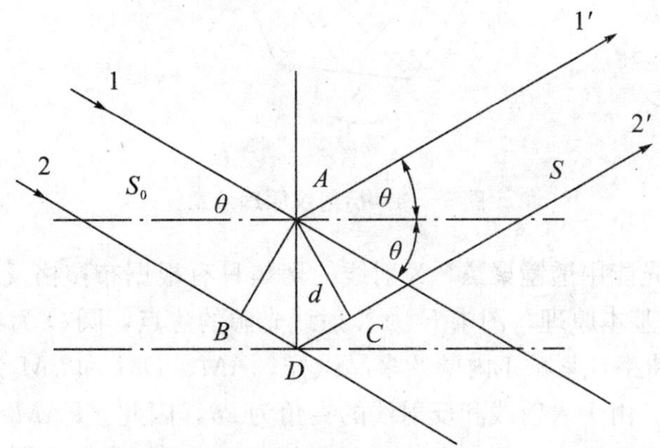

图 9-12　布拉格方程的意义

9.2.3　多晶体对 X 射线衍射

为了获得某一平面族的某一级反射，该平面与入射线的夹角应满足 $2d\sin\theta = n\lambda$，则反

射线与入射线的夹角应为 2θ。在多晶体中，所有与入射线夹角为 θ 的晶面所反射的光束，必在空间连接成一个以入射线方向为轴，4θ 为顶角的圆锥面上，如图 9－13 所示，这个圆锥习惯上称为衍射圆锥。其他角度的反射可由其他方向的晶体产生另外的衍射圆锥。当用垂直于入射线的平板照相底片记录衍射图时，衍射花样为一系列为同心圆。若用辐射探测器记录衍射花样，则出现不同强度的衍射峰。自动测量、记录晶体对 X 射线辐射所产生的衍射花样的仪器称为衍射仪。

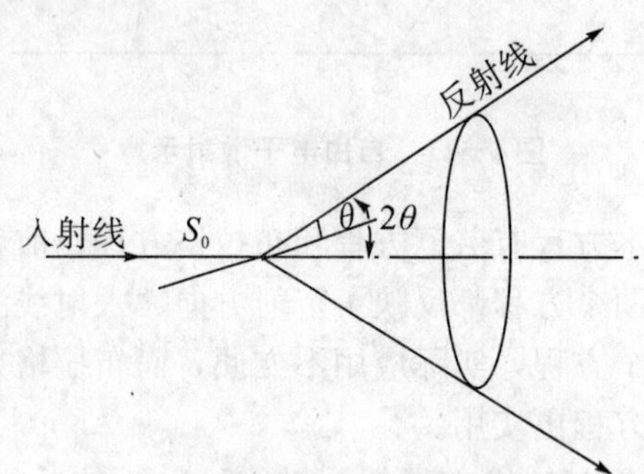

图 9－13　多晶试样产生的衍射圆锥

衍射基本原理如图 9－14 所示。图中 F 为 X 射线管线焦斑，S 为平板试样中心，C 为接收狭缝中心，S·C 为探测器。一般衍射仪都按 Bragg－Brentano 准聚焦原理设计，即满足 $FS=SC=R$，R 为衍射仪半径；样品和探测器同时转动，且转动轴同心，而转动角度之比为 1∶2。

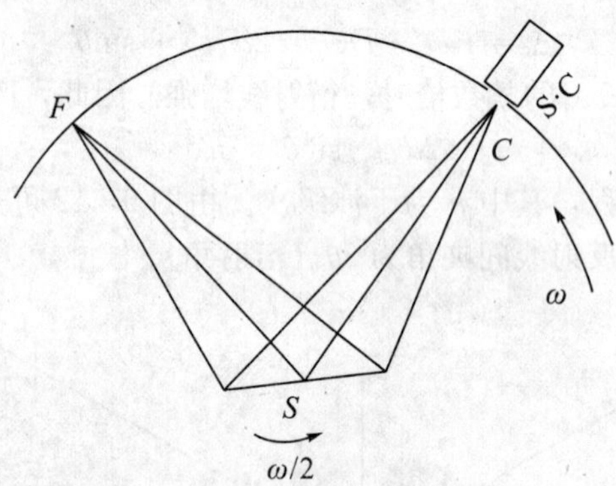

图 9－14　衍射仪原理示意

X 射线不像可见光能用透镜聚焦，X 射线的聚焦只有根据布拉格反射原理来实现。图 9－15 表明了 X 射线的基本原理，图中 F 为 X 射线光源的焦点，圆 O 为半径是 R 的圆筒的截面，AB 为与圆筒同曲率且紧贴于内壁的多晶试样，AM、DM 和 BM 为某些小晶体同一晶面族的选择性反射线。由于入射线和反射线的夹角为 2θ，因此 $\angle FAM=\angle FDM=\angle FBM$，因圆周角相等，则所对弧长也相等，必然是反射线 AM、DM、BM 相交于一点。衍射仪正是采用了上述的聚焦原理来达到聚焦，F、S、C 三点必须共圆。一个聚焦圆半径对应一个 θ 值，且只能对应一个。

要接收到样品的衍射线，试样和探测器必须绕同一轴心按 1∶2 的角速度同时转动，即样品转 θ 度，探测器转 2θ 度。因为实际的衍射仪所用样品为平板状，并不完全满足聚焦条件，所以称准聚焦。要达到理想聚焦，必须把试样制成圆弧状，而且圆弧要跟随聚焦圆半径 $L=R/2\sin\theta$ 的变化关系而变化，这实际上是不太可能实现的。

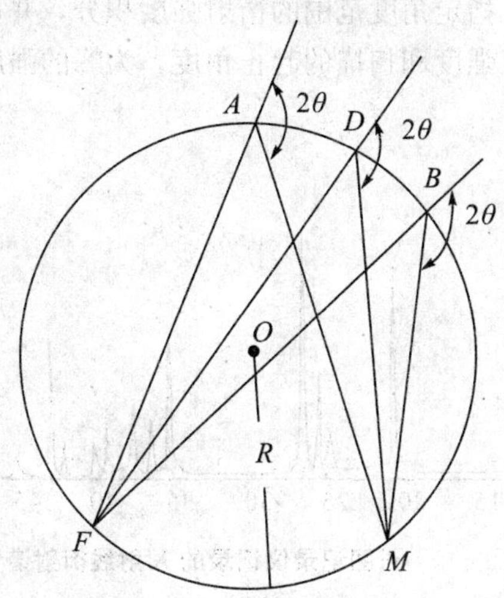

图 9-15　X 射线的聚焦原理

衍射仪记录谱线位置的方法是靠一套精密的机械与传动装置来实现的，当入射线、平板试样表面、接收狭缝中心位于一条直线上时（$2\theta=0°$），而当进行样品测试时，样品转 θ，探测器转 2θ，其所转角度可用一定方式显示。样品衍射花样的位置和强度由记录系统显示。

9.2.4　多晶体的衍射强度

由多晶试样产生的衍射花样和衍射仪的原理可知，衍射仪接收到的衍射谱线是每个衍射圆锥的一部分，即入射线和探测器所在平面与衍射圆锥相交截部分。由于仪器结构的原因，一般仪器只能收集到一定范围的衍射线。可以证明，若试样满足多晶体完全混乱取向时，衍射仪记录的谱线强度由下式表示：

$$I_{相对}=\frac{I_0}{16\pi R}\frac{e^4}{m^2C^4}\frac{\lambda^8}{V_a}m_{hkl}\mid F\mid^2\frac{1+\cos^2 2\theta}{\sin\theta\sin 2\theta}e^{-2M}\cdot A(\theta) \tag{9-22}$$

式中，R 为衍射仪圆半径，λ 为入射单色光波长，V_a 为试样晶胞体积，$\frac{1+\cos^2 2\theta}{\sin\theta\sin 2\theta}$ 为角因子，由偏振因子 $\frac{1+\cos^2 2\theta}{2}$ 和罗仑兹因子 $\frac{1}{\sin^2\theta\cos 2\theta}$ 构成，m_{hkl} 为多晶衍射多重性因子，e^{-2M} 为温度修正因子，$A(\theta)$ 为吸收修正因子。若试样厚度 t 满足公式 $t\geqslant\frac{3.45\sin\theta}{\mu}$ 时，$A(\theta)=1/2\mu$，$I_{相对}$ 可改写为

$$I_{相对}=Km_{hkl}\mid F\mid^2\frac{1+\cos^2 2\theta}{\sin\theta\sin 2\theta}e^{-2M} \tag{9-23}$$

式中，$K=\frac{I_0}{16\pi R}\frac{e^4}{m^2C^4}\frac{\lambda^3}{v}-\frac{1}{2M}$，对于一定的实验，$K$ 为常数。

近代 X 射线衍射仪记录衍射谱主要采用连续扫描、连续积分扫描、步进扫描、积分步进扫描等方法。

①连续扫描：由长图记录仪记录，其衍射谱图如图 9-16 所示。由横坐标可测得衍射峰

位置的 2θ 角，由纵坐标可测量峰的高度，或精确地测量峰的面积，扣除背底后得到各峰的相对强度。也可观察峰的形状、测量峰的半高度。

②连续积分扫描：可进行指定角度范围的衍射强度积分，并可扣除峰的背底，由打印机打出峰面积的积分强度、背底强度和扫描的起止角度，为峰的强度测定提供数据。常用于定量分析中。

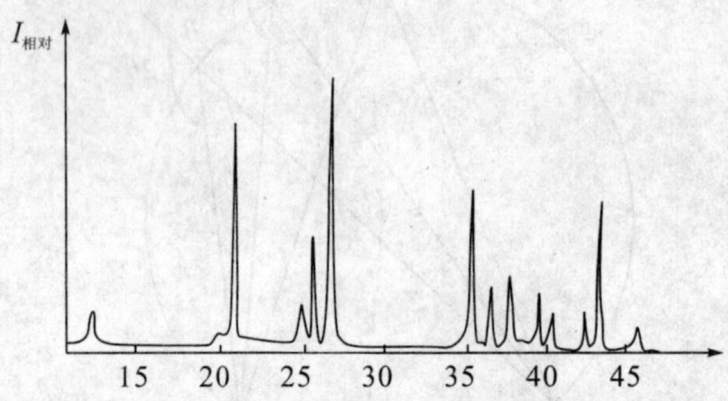

图 9-16 长图记录仪记录的 X 射线衍射谱

③步进扫描：按一定的角分度进行步进扫描，根据寻峰条件的不同设定，可由打印机打出每步的角度和相对强度，也可打印出每个峰的位置（2θ）、相对强度、峰的半高宽度和峰对应的晶面间距值（d 值）。

④积分步进扫描：按一定的角分度进行步进扫描，进行指定角度范围的强度积分，同样可扣除背底，由打印机打出峰面积的步进积分强度、背底强度和步进扫描的起止角度。

总之，不同衍射仪因功能不同，记录衍射花样的方式也有差异，但连续扫描、由长图记录仪记录衍射谱是共有的。

9.3 X 射线衍射仪装置

现代 X 射线衍射仪装置的基础部分由如图 9-17 所示的实线方框部件组成，图中虚线方框部件为数据处理系统，还可配置多种专用附件。

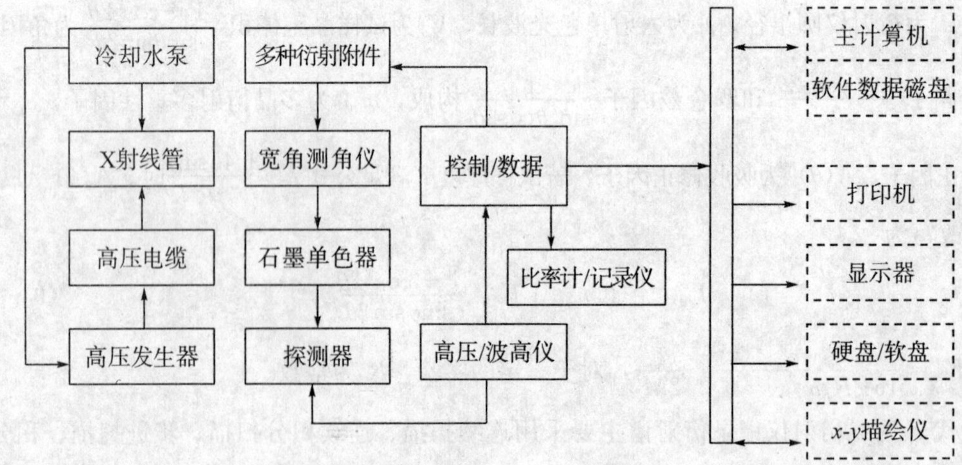

图 9-17 X 射线衍射仪装置

9.3.1　X 射线衍射仪部件

(1) **X 射线发生器**

由 X 射线管、高压电缆、高压和灯丝电源组成。为了安全与使用方便，配置有冷却水泵，电流、电压调节与稳定装置，一系列的安全保护系统。大功率转靶衍射仪还须配有真空抽取、监测和保护等系统。

(2) **测角仪**

测角仪是 X 射线衍射仪的核心部件。测角仪种类很多，最常用的是水平宽角测角仪。它由能调水平和出射角的机座，狭缝系统，与 θ 轴同步转动的样品台，与 2θ 分度盘同步转动的操测器座，θ、2θ 驱动步进电机和传动系统组成。

测角仪的光路系统如图 9-18 所示，由线焦斑 F、入射梭粒狭缝 S_1、发散狭缝 DS、样品表面 S、防散射狭缝 SS、接收梭粒狭缝 S_2、接收狭缝 RS 组成。仪器转动中，F、S、RS 应始终保持在聚焦圆周上，当使用无机材料弯晶单色器 C 时，弯晶 C 与接收狭缝 RS 和第二接收狭缝 rs 应调整在半径为 r 的第二聚焦圆上，如图 9-19 所示。

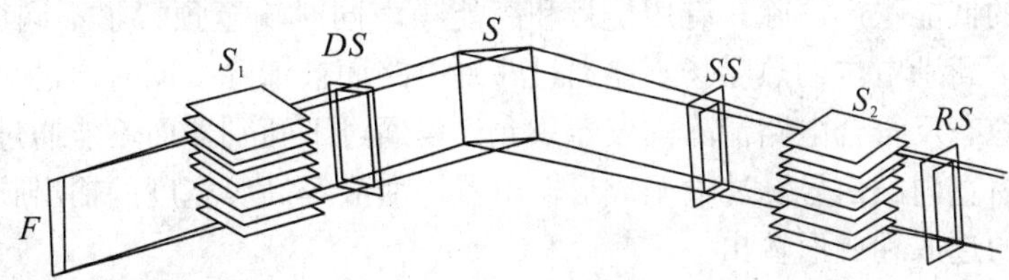

图 9-18　测角仪光路系统示意

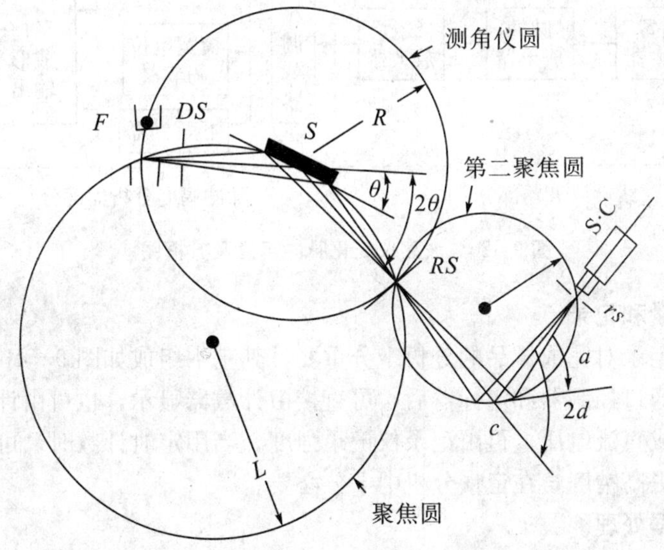

图 9-19　测角仪衍射几何示意

高质量的测角仪必须起动快、惯性小、速度均匀、分度精细、读数准确、可连续和步进扫描。测角仪应注意精细调整，其光路的零位误差应调到±0.01°以内。

(3) **探测器**

衍射仪现大多数配用闪烁探测器或正比探测器，其中盖革探测器因性能差已逐渐被淘汰。其基本原理：当X射线穿透铍窗后，铊激活碘化钠晶体（闪烁体）吸收X射线，发射出波长为410 nm的可见光光子，光子中的大部分到达光电倍增管的光阴极，由光电效应游离出光电子，再经次阴极逐次打出更多的次极电子，经9～14级倍增后，被阳极收集而输出电脉冲。输出脉冲的幅度、数量与入射X射线能量有关，也与光电管增益、闪烁体的光子产额、光阴极的光照灵敏度和量子效率等因素有关。

（4）**脉冲高度分析器（波高仪）**

除盖革探测器外，X射线衍射仪使用的其他探测器输出脉冲幅度都在数十毫伏以内，而输出阻抗又很高，要直接计量是不现实的。探测器输出的信号脉冲中，还夹有各种干扰，因此在直接测量前，必须进行阻抗转换、线性放大和脉冲选择，这些任务均由波高仪来完成。实际上，波高仪对X射线辐射还起单色化效果。脉冲高度分析器（波高仪）由线性放大器、脉冲幅度分析器两大部分组成，其方框图如图9－20所示。

其基本原理：前置放大器对探测器输出的脉冲进行电流放大和阻抗转换；脉冲成形器把前后沿畸变、宽窄不一的脉冲成形为有利于线性放大的较窄矩形脉冲；线性放大器完成输入脉冲成正比的线性电压放大。但因信号和干扰同时放大，只有靠基线调节器钳位，才可把小于预置基线电位的低能噪声清除；有用信号和高能噪声同时输至预置了不同窗宽电位的上、下甄别器，低于下甄别电位的热噪场不能通过甄别电路而被清除，同时通过上、下甄别器的高能干扰通过双稳态反符合电路清除，仪器只允许仅通过下甄别器而不能通过上甄别器的信号脉冲，即落入窗宽内的信号脉冲输至成形输出器，变成等高等宽度的输出脉冲至计数器电路，完成对脉冲的选取和成形输出。

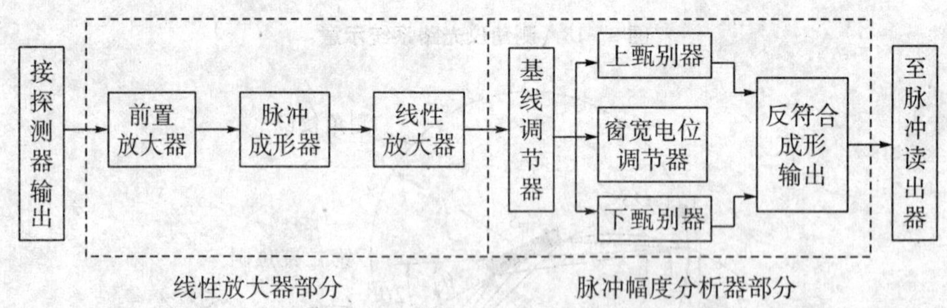

图9－20 波高仪简化脉冲示意及方框图

（5）**脉冲的测量和记录**

脉冲的测量和记录对完成样品的分析十分重要，其基本组成如图9－21所示。经波高仪选取的信号脉冲，通过控制器和定标器后，可直接由计数器显示，也可由计数率计的积分电路处理，把脉冲变成直流电压，再由记录仪记录强度。当用定时计数时，可求出峰的积分强度，并可扣作背底提高精度，在定量分析中十分必要。

（6）**控制和数据处理**

计算机控制衍射仪和数据处理，包括应用于衍射仪的硬件有各种控制器、存储器、运算器和多种输入与输出设备。而软件更为丰富，有用于调机、测量、手控、自检的控制软件；有用于平滑峰、背底扣除、自动寻峰、积分、作图和数据处理的软件；还有用于物相定性与定量分析，测量结晶度、晶粒度、径向分布函数等的应用软件。

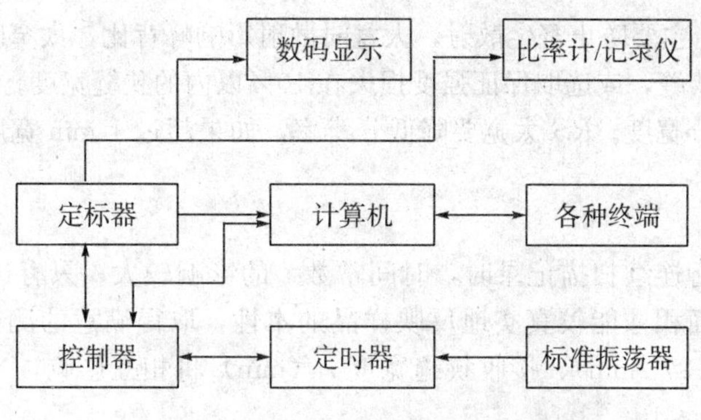

图 9－21　脉冲测量和记录方框图

9.3.2　X 射线衍射分析参数

在 X 射线衍射分析中，除仪器安装调试必须按要求严格进行外，合理地选择实验操作参数也十分重要，只有正确认识影响实验的因素并控制好操作条件，才能获得准确满意的结果。

(1) 靶及靶工作电压

在衍射实验中，主要使用靶的 K 系标识谱，因此，总希望标识与连续谱的强度比值越大越好，实践证明，当工作电压为靶的 K 系数激发电压的 3～5 倍时，样品中的某些元素对某些靶的 K 系标识谱会产生强烈吸收散射效应，为此，可更换其他种类的靶，使结果改善。常用靶的工作电压、K 系波长、所用滤波片及产生强烈吸收散射的元素等均列于表 9－2 中。

表 9－2　几种常用靶的工作条件

靶材		滤波片		K 系波长（Å）				工作电压 (kV)	强吸收、散射元素	
元素	原子序数	元素	原子序数	$K_{\alpha 1}$	$K_{\alpha 2}$	K_{α}	K_{β}		K_{α}	K_{β}
Cr	24	V	23	2.28970	2.29361	2.29100	2.08487	30～40	Ti，Se，Ca	V
Fe	26	Mn	25	1.93597	1.93998	1.93735	1.75651	35～45	Cr，V，Ti	Mn
Co	27	Fe	26	1.78897	1.79282	1.79026	1.62079	30～35	Mn，Cr，V	Fe
Cu	29	Ni	28	1.54056	1.54439	1.54184	1.39222	35～45	Co，Fe，Mn	Ni
Mo	42	Zr	40	0.70930	0.71359	0.71073	0.63229	50～60	Y，Sr	Ze

(2) 测角仪最佳条件

出射角通常选用 3°～6°，过大会使分辨率太低，过小虽可提高分辨率，但强度损失太大。对于狭缝系统，除梭拉狭缝外，仪器都配有一套不同宽度的狭缝，可供使用中选择。发散狭缝 DS 的宽度决定入射 X 射线照射在样品上的面积和强度，当 DS 宽度不变时，入射线与样品表面的掠射角 θ 越小，所照射样品的面积越大。DS 宽度与样品被照射宽度的关系式为

$$x=\left[\frac{1}{\sin(\theta+\alpha)}+\frac{1}{\sin(\theta-\alpha)}\right]R\sin\alpha \qquad (9-24)$$

式中，x 为照射宽度，θ 为掠射角，α 为 DS 的 1/2 宽度，R 为测角仪圆半径。

防散射狭缝 SS 主要防止寄生散射，太宽时散射影响峰背比，太窄时影响强度，一般选用与 DS 等宽度的狭缝，或选取保证强度损失在10%以内的狭缝宽度。接收狭缝 RS 影响强度、峰背比和峰积分宽度。RS 太宽要降低分辨率，如果超过 1 mm 宽度，背底完全损害强度，测量失效。

（3）**时间常数**

用计数率仪进行连续扫描记录时，时间常数 t 的影响较大，只有选取适当的 t，强度、峰形、峰位、积分面积才能较真实地反映样品的本性，取得满意的测量结果。时间常数 t（s）、扫描速度 w（$2\theta°$/min）、接收狭缝宽度 r（mm）将相互影响，当发散狭缝 DS 不变时，应满足 $5 \leqslant wt/r \leqslant 10$。

（4）**探测器高压**

闪烁探测器高压切勿调得过高，可先根据使用的靶不同预置。例如 Cu、Co 靶、850 V，Mo 靶、800 V，Cr、Fe 靶、950 V，待测角仪光路调准直后再细调。细调方法是用结晶完善样品的已知晶面进行衍射，此时波高仪用微分×0.1 方式，基线 B、L 和窗宽 W 也需要预置，例如 B、L 为 200 分度，W 为 100 分度，再调整探测器高压，当衍射最强时停止，此电压作为选用值。

（5）**基线和窗宽**

波高仪基线的电位和窗宽的电压范围对强度、分辨率影响很大，必须通过微分曲线去选取。各种靶的微分曲线不同，可在细调探测器高压后进行，使用的试样和波高仪方式同探测器高压细调，先预置一定数量的窗宽值，再在最大强度的 1/10 处画一条与基线的平行线，它将和微分曲线相交两个点，其下限为基线值，上限与下限之差为窗宽值，按此值调波高仪基线和窗宽电位器到位，完成此项选择。

9.3.3 X 射线衍射仪附件

（1）**高温衍射附件**

装在宽角测角仪上（对在高温下要分解、熔化的样品需用 $\theta-\theta$ 测角仪，使样品保持水平位置不变），加热器根据加热范围不同可在空气中、抽真空或充隋性气体的状态下对试样加热。此附件配有测温敏感元件，通过温控装置，可进行恒温或程序升温控制。它可对金属、矿物、陶瓷、高聚物、化合物等进行高温下的相变和膨胀系数等测定。该附件的某些型号可在 2500℃下使用。

（2）**低温衍射附件**

也装在宽角测角仪上。样品、测温元件、致冷剂等都置于气密封室内，以隔绝热量交换。当用液氮作致冷剂时，样品室温度可低至－190℃。主要用于研究金属、非金属、化合物及其他材料的低温相变等。

（3）**应力附件**

配置于宽角测角仪上的应力附件，采用平行光束，能迅速、准确地测定各种金属和其他材料表面的残留应力。用固定波长的 X 射线辐射，测定衍射线条的位移，研究金属材料的应力，是唯一的无损测量法。当配用特制的梭拉狭缝时，能提高应力测量中 $\sin^2\Psi$ 法的可靠性。

（4）**极图附件**

由载物台和极驱动器组成，装于宽角测角仪上，样品不仅能绕衍射仪轴和样品板面法线旋转，还能绕样品表面的水平轴旋转。通过各种参数的设置与调整，采用平行光束，可在样品的透射和反射区进行自动或半自动极图测定。该装置用于测试金属、高聚物等的结构。

(5) **小角散射测角仪**

X射线通过具有电子密度差的薄层试样时，原光束将发生散射。小角散射测角仪是用于测量此种散射的专用设置，它具有细小的狭缝准直光路。它在小角度区利用各种物质的不同散射特性，研究尺寸为1～100 nm量级物质的结构特性，如高聚物的长周期，共混高聚物的相关距离，金属、催化剂、胶体的颗粒大小及形状等。若配用Kratky狭缝系统，可进行10.4 nm以上粒子大小的测定。

(6) **微区衍射测角仪**

专门分析微量样品或样品细微区域衍射的测角仪，采用φ=10～100 μm的准直光管，限制X射线在样品上的照射面积，用环形接收狭缝，更有效地接收样品对X射线的衍射强度。可采用透射和反射两种测试方式。当改变环形接收狭缝与样品的距离时，能得到所测微区或微量样品的衍射图。最适用于金属和矿物沉淀相研究，也适用于污染物、无机与有机物的痕量相分析，还可测定半导体材料中的杂质等。

(7) **纤维样品附件**

能对纤维样品施加拉力并附有加热器的机械装置。可对纤维、高聚物以及丝状材料的拉伸态、膨胀态结构进行测定。

(8) **薄膜X射线衍射附件**

这是宽角测角仪的附件。采用平行光束，试样表面与入射X射线取小的固定掠射角(通常$\theta=1°\sim10°$)，以提高样品的入射厚度，增加衍射强度。为减小择优取向，使用转动样品座。采用平晶单色器，以提高分辨率。本装置可对蒸镀的玻璃、陶瓷、单晶、金属、高分子材料等基底上的薄膜进行研究，可得到10 nm左右薄膜的结构信息。宽角测角仪的样品台上还可装置其他附件，如转动样品台、摆动样品台，都用来消除样品的择优取向。又如由计算机控制的样品自动更换器，可使数十件样品依次更换。石墨弯晶单色器是装于宽角测角仪探测器臂上的附件，它使样品衍射的X射线单色化，可明显提高峰背比。为了充分利用X射线衍射仪光源，可同时进行X射线照相法测定。

9.4 X射线衍射分析技术

随着科学技术的不断发展，X射线衍射分析范围越来越广，现已跨出晶体物质范畴，向非晶态物质扩展。它广泛地应用于冶金、化工、高分子、生物、医药和环保等领域，是科研、生产、教学中必不可少的重要分析手段。

X射线衍射分析可针对不同需要，对样品进行物相定性、定量分析，可研究和测定试样的结构、应力、织构、晶粒度、颗粒度和高分子材料的结晶度、取向度，可精确测量晶体的晶格常数，还可测量样品的高、低温相变和膨胀系数等。X射线衍射仪对样品不损坏，使用样品少，取得结果快。

9.4.1 X射线物相分析

X射线物相分析是对结晶物进行X射线衍射研究的基础。物相分析不同于一般的化学成分分析，它以结晶物结构差异为鉴定的根据，能直接获得样品中的物相组成，即不同组分的化合形式。特别对异构体的分析，比化学分析更为优越。

任何结晶物质都具有特定的结构类型、晶胞参数和原子特性。当一定波长的 X 射线照射结晶物质时，将产生该结晶物的衍射花样，衍射仪就能在不同角度位置记录到不同强度的衍射线条。利用这些不同强度的衍射线条，判断结晶物质物相的方法称为物相定性分析法。

物相分析的关键在于广泛地搜集各种已知结晶物质完整的衍射数据。从 20 世纪 30 年代开始，科学工作者就在不断地充实和完善这些数据。1941 年，以美国材料试验学会为首的几个单位，首先把已搜集到的数据编印成卡片，被称为 ASTM 粉末衍射卡。1972 年，由国际粉末衍射标准联合会出版的经扩充、完善和修正的粉末衍射卡片，改称 JCPDS 卡片，至今已搜集了无机、有机粉末衍射卡片 5 万余张。

（1）**粉末衍射卡**

JCPDS 粉末衍射卡片格式的内容包含 10 个部分，如图 9－22 所示。说明如下：

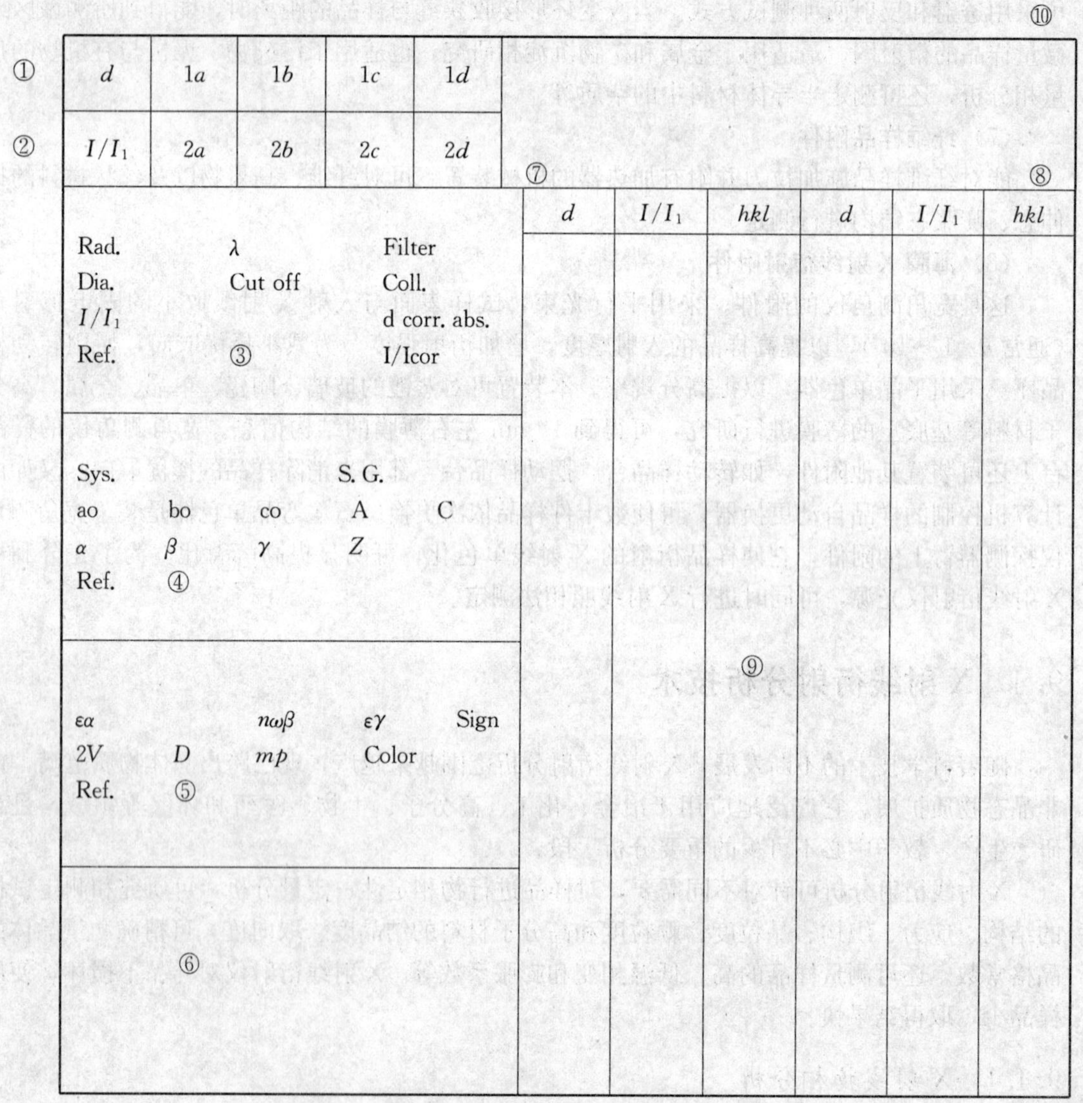

<table>
<tr><td>①</td><td>d</td><td>1a</td><td>1b</td><td>1c</td><td>1d</td><td colspan="6">⑩</td></tr>
<tr><td>②</td><td>I/I_1</td><td>2a</td><td>2b</td><td>2c</td><td>2d</td><td colspan="6"></td></tr>
<tr><td></td><td colspan="5">Rad. λ Filter
Dia. Cut off Coll.
I/I_1 d corr. abs.
Ref. ③ I/Icor</td><td>⑦ d</td><td>I/I_1</td><td>hkl</td><td>d</td><td>I/I_1</td><td>hkl ⑧</td></tr>
<tr><td></td><td colspan="5">Sys. S. G.
ao bo co A C
α β γ Z
Ref. ④</td><td colspan="6" rowspan="3">⑨</td></tr>
<tr><td></td><td colspan="5">εα nωβ εγ Sign
2V D mp Color
Ref. ⑤</td></tr>
<tr><td></td><td colspan="5">⑥</td></tr>
</table>

图 9－22 JCPDS 卡片的标准格式

①d 为晶面间距（nm），1a、1b、1c 为三条最强衍射线的 d 值，1d 为该样品的最大晶

面间距值。

②$2a$、$2b$、$2c$、$2d$ 为上述四条衍射线的相对百分强度，其中最强线值定为 100。

③在实验条件中，Rad 为 X 射线辐射种类（Cu，Fe，Mo，…），λ 为波长，Filter 为滤波片材料，Mone 为单无双，Dia 为照相机直径，Cut off 为相机能记录的最大晶面间距值，I/I_1 为测量衍射线条相对强度（衍射仪、强度标、目测估计，I/I_{cor}）。Ref 为③和⑨的资料来源。

④Sys 为晶系，S. G 为空间群，ao、bo、co 为晶格常数，A＝ao/bo，C＝co/bo，为轴率，α、β、γ 为轴角，Z 为晶胞中相当于化学式的分子数，D_X 为 X 射线测量密度，Ref 为④的资料来源，V 为晶体体积。

⑤$\varepsilon\alpha$、$n\omega\beta$、$\varepsilon\gamma$ 为折射率，sign 为光符，$2V$ 为光轴角，D 为密度，mp 为熔点，Color 为颜色。

⑥样品来源及参数：分解温度（D. T），转变点（T. P），升华点（S. P），样品热处理温度。

⑦物相的化学式和英文名称。

⑧矿物的英文通用名称或有机物的结构式。

⑨d 为晶面间距，I/I_1 为相对强度，hkl 为晶面指数。此部分出现的 b 为宽线或弥散线，d 为双线，n 为不是所有文献都有的线，nc 为晶胞参数不符的线，ni 为已知晶胞参数不能指标化的线，np 为已知空间群不允许的指标，β 为 $K\beta$ 线存在时强度不可靠的线，fr 为痕迹。

⑩卡片顺序号，它标在卡片右上角。例如，5－0490 表示第五组内的 490 号卡片。

另外，卡片中还给出了物相的化学式和英文名称，卡片顺序标在卡片右上角。

（2）**粉末衍射卡片索引**

粉末衍射卡片索引分无机和有机两大类，又分英文字母顺序索引和 d 值数值顺序索引两种方式。

化学名称和矿物名称英文字母顺序索引：按物相英文名称字母顺序排列，每列依次排有该物相的英文名称、化学式、三条最强线的 d 值和相对强度、卡片顺序号。此索引的优点为已知被测物的英文名称或化学式时，可迅速指出该物相的卡片，了解详细的衍射数据。

哈纳瓦耳脱（hanowalt）数值索引：依次列出 8 条最强衍射线的 d 值，并附有分 10 级的强度下标，然后排出化学式和卡片顺序号。其中最强的 3 条线的 d 值按强度顺序作轮式循环排列，后 5 条按强度降次排列，每个物相在索引中先后出现 3 次。例如：

d_A、d_B、d_C、d_D、d_E、d_F、d_G、d_H

d_B、d_C、d_A、d_D、d_E、d_F、d_G、d_H

d_C、d_A、d_B、d_D、d_E、d_F、d_G、d_H

当所选线条少余 8 条时，补 0.00 代替空缺。此索引将 1.00～999.99 nm 的 d 值按适当的间隔分为 51 个组。它的优点是可根据未知物相的衍射峰强度和 d 值查找出卡片，判断样品的物相和其他数据。

有机和有机金属相名称和数值索引：其英文名称和 d 值数值的查找方法分别同于前两种索引。它还列有分子式索引，先以 C 的个数排列，再以 H 的个数顺序进行小排列，查找时非常方便。

芬克（Fink）无机数值索引：以每种物相 8 条强线的 d 值递减顺序排列，为了增加寻找机会，每种物相的 8 条强线按 d 值顺序作轮式循环排列，例如：

d_1、d_2、d_3、d_4、d_5、d_6、d_7、d_8

d_2、d_3、d_4、d_5、d_6、d_7、d_8、d_1

……

d_8、d_1、d_2、d_3、d_4、d_5、d_6、d_7

每个 d 值均标 10 级相对强度下标，也列有化学式和卡片顺序号。

普通相索引：实际上是英文名称字母顺序索引和哈纳瓦耳脱索引的缩简本，它包括 2300 种常见无机物。

（3）**物相定性分析方法**

①可靠性：为了保证物相分析准确可靠，必须具有待测样品完整可靠的衍射数据。注意制样，减小择优取向，保证衍射线条的相对强度准确，产生衍射的位置准确。选取对样品合适的辐射源，降低样品的吸收散射，保证有足够数量的衍射线条和分辨能力。按布拉格公式 $d=\lambda/2\sin\theta$ 准确地求出每条衍射线的 d 值，较准确地估计或测量各条衍射线的强度。

②对单一物相的定性分析：可根据求得的 d 值与强度，按索引寻找方式，先用 3 强线，再用 8 强线进行解索，找出一张或数张 d 值、强度相符或基本相符的卡片，与所有的衍射数据对照，最后获得一张数据吻合的卡片，该卡所示物相即为被测物物相，完成单一物相样品的定性分析。

③复杂物相的定性分析：在混合相样品中，随物相增多，其定性的难度增大，但首先仍应从最强线着手，先找出一种物相，再利用剩余的衍射线条寻找其他物相。在分析中，对强度太高或峰宽增加明显的线条要特别注意，它可能是两种或多种物相在同位置或相邻很近位置峰的叠加。在复杂物相分析中，还可根据元素分析的结果进行预测，也可在不破坏样品或不改变样品中未知物相的原则下，借助其他物理或化学手段处理样品，最后完成其定性分析。

④其他注意事项：仪器应经常用标样校准，保证衍射数据准确可靠。d 值相符为物相分析第一要素，d 值的允许误差随 2θ 角增加而减小，允许误差范围可参见索引。粉末衍射卡所引资料来源不一，目前正陆续进行校正，相同的物相的不同顺序号卡片出现数张时，应以较大顺序号的卡片或有★号的卡片为准。

（4）**物相定量分析**

X 射线粉末衍射法是多晶物质物相定量分析的主要方法之一。因为混合物中，某物相的某条特征衍射线的强度是随此物相在该混合物中的含量而变化的，它是 X 射线物相定量分析的依据。

$$I_{ij}=k_{ij}\frac{X_j/\rho_j}{\sum X_j(\mu_j)} \tag{9-25}$$

式中，I_{ij} 为 j 组分的 i 条线的强度，k_{ij} 是取决于 j 组分的本质和仪器的几何条件的一个比例常数，X_j 是混合物中 j 组分对 X 射线的质量吸收系数。

对于 X 射线定量分析，人们进行了大量的研究，总结了许多具体方法，如内标法、单线条法、K 值法、绝热法、直接对比法、等强度线对法等，可以根据测定要求选择分析方法。

9.4.2 晶格常数的分析

任何晶体物质，在一定状态下，都有确定的晶格常数。当晶体所含成分变化、有晶体缺陷和应力，或外界温度、压力改变时，晶格常数均会相应地变化，有时其变化量仅 10^{-5} nm 数量级，因此，精确测定晶格常数是十分必要的。

用衍射仪测量晶格常数时，要先准确地测量出衍射线的角度（2θ）值，根据布拉格方程求出晶面间距 d 值，再经指标化确定晶面指数（hkl），由不同晶系的晶面间距和晶面指数的关系式求出晶格常数。不同晶系的晶格常数的数目也不相同，例如立方晶系只有一个需要测定的晶格常数，而三斜晶系有六个晶体常数需要测定。立方晶系的晶胞参数 a 的测定较易完成，可由

$$a = \sqrt{h^2 + k^2 + l^2}\, d(hkl) \tag{9-26}$$

计算求得，当指示特殊晶面线（hoo）时，可简化为

$$a = hd(\text{hoo}) \tag{9-27}$$

而其他晶系，尤其是三斜晶系的晶胞参数测定就复杂多了。具体测量与计算方法请参阅有关专著。

由布拉格公式得知，晶格常数的精确度取决于 $\sin\theta$ 的精确度，当衍射线测量误差 $\Delta\theta$ 一定时，越接近 90°的衍射线，其 $\sin\theta$ 值误差越小，d 值的误差也越小，因此，应尽量选用高角度的衍射线条测量晶格常数。引起误差的主要因素有仪器误差、试样制作与放置误差、平板试样误差、透射误差、实验参数选择不当造成的误差等。为了尽量消除这些误差、提高晶格常数测定精度，常常用内标法来获得，例如在被测样品中加入少量高纯度的 Si 进行较正，达到修正误差、提高精度的目的。误差校正方法还有图解外推法和最小二乘法等。

晶格常数的精确测定在金属、非金属、催化剂相变和半导体参杂中得到普遍应用，在无机和高分子材料膨胀、应力和应变的测定中也具有广泛的用途。

9.4.3　应力的分析

材料的内应力可根据其作用范围分成三类，即宏观应力、微观应力和超微观应力。除了有专门的应力分析测试仪外，在 X 射线衍射仪上配置应力测试附件也能进行各种应力的测定。

（1）**宏观应力**

宏观应力也称一类应力，是指材料在较大范围内，或在许多晶粒范围内存在并保持平衡的内应力。当这种平衡被破坏时，将产生宏观尺度变化，工程中称这类应力为残余应力。宏观应力对材料的疲劳强度、静强度、抗蚀性、尺寸稳定性、相变、硬度、磁性、电阻、内耗等都有影响。

测定残余应力的方法很多，用 X 射线衍射仪时，主要靠测衍射线晶面间距 d 值的改变量来计算。就平面应力而言，有

$$\delta_1 + \delta_2 = -\frac{Z}{r}\frac{d_n - d_0}{d_0} \tag{9-28}$$

式中，$\delta_1+\delta_2$ 为主应力之和，Z 为弹性模量，r 为泊松比，d_0 为无应力时的晶面间距，d_n 为应力试样平行于拉伸方向晶面的面间距。

（2）**微观应力**

微观应力也称二类应力，是指在晶粒范围内达到平衡的内应力，当平衡破坏时，也引起宏观尺寸的变化。用衍射仪测微观应力时，主要测量衍射线的宽化度，但应力和晶粒碎化都能使衍射线条宽化，因此必须从衍射线的真实宽化中分离出晶粒碎化引起的宽化部分，求出

微观应力引起的宽化度 n（弧度）。宽化度与微观应变平均值 $\overline{\Delta d}/d$ 的关系式为

$$n = 4 \mid \frac{\overline{\Delta d}}{d} \mid \tan\theta \quad (9-29)$$

而微观应力的平均值为

$$\bar{\delta} \approx Z \frac{\overline{\Delta d}}{d} \quad (9-30)$$

式中，Z 为材料的弹性模量。

（3）**超微观应力**

超微观应力也称三类应力，是发生在晶界、滑移面、位错附近更微小范围内并取得平衡的内应力。当平衡破坏后，只引起原子尺度内的尺寸变化。因为原子位移将使 X 射线衍射线条的强度下降，所以可以通过有、无畸变晶体衍射线强度的变化来求出此类应力。

9.4.4 晶体粒度大小的分析

高聚物、固体催化剂、生物陶瓷等晶体粒度的大小与它们的性能有密切关系。理论和实践表明，如果晶体粒度太小，就不能再近似地看成有无限多晶面的理想晶体，通过 X 射线衍射仪测量时，衍射线条变得不敏锐而弥散加宽。根据峰的宽化程度，可以测量这类晶体的粒度大小。1918 年雪莱提出了测量粒度的公式：

$$\beta = k\lambda / D\cos\theta \quad (9-31)$$

式中，θ 为布拉格角，β 为衍射峰半高宽的宽化度（弧度），D 为晶粒尺寸，λ 为单色 X 射线的波长，k 为常数，它与晶粒形状等因素有关，一般可取 0.9。

因仪器有几何宽度，它由狭缝宽度、样品厚度、X 射线波长、光源焦斑大小造成，应用时必须扣除。在实际测试中，可借助于粒度相当大（$\sim 10^3$ nm）的标准试样，对几何宽度进行校正，求出真正的宽化度 β，即

$$\beta = (b - b_0)\sqrt{b^2 - b_0^2} \quad (9-32)$$

也可简化为

$$\beta = \sqrt{b^2 - b_0^2} \quad (9-33)$$

式（9−32）、（9−33）中的 b 为峰宽化后的半高宽值，b_0 为标样的半高宽值。注意，算出的 β 应化成弧度。当代入雪莱方程时，即可求得样品的粒度大小，即

$$D = \frac{k\lambda}{\beta\cos\theta} \quad (9-34)$$

9.4.5 X 射线小角散射分析

X 射线小角散射与可见光瑞利散射相似，它与 X 射线宽角衍射不同。当一束平行的 X 射线通过某物质时，由于散射体与周围介质的电子密度差，使 X 射线在入射线方向附近的很小范围内散射开，其散射强度随散射角增大而降低。

X 射线小角散射的散射角 ε 和入射线波长 λ 及散射粒子尺寸 d 的关系满足 $\varepsilon = \lambda / d$。对于结晶高聚物，$d$ 为结晶区尺寸 C 和非晶尺寸 A 之和，即 $d = C + A$，一般称为长周期，由于 X 射线的波长为 0.1 nm 左右，可测量的 ε 角为 $10^{-8} \sim 10^{-1}$ 弧度，所以要想产生小角度散射斑点或花样，试样中粒子尺寸应在几纳米到几百纳米的范围内。当 d 太大时，ε 太小，无法测量；当 d 太小时，ε 角虽然增大，但强度相应降低太多，同样也不便测量。

自 1925 年 Debye 提出 X 射线小角度散射理论后，有许多人进行了研究，提出了不少测量和计算方法，其中 Guinier 对由 M 个半径为 r 的圆球形粒子组成的且粒子间距离远大于粒子尺寸的体系进行了研究，推导出散射强度的近似公式：

$$I = I_e M N^{2e^{-\frac{4\pi^2 R^2 \varepsilon^2}{3\lambda^2}}} \qquad (9-35)$$

式中，I 为散射角 ε 对应的散射强度，$N = \rho_e V$，是体积为 V 的粒子中的电子数，ρ_e 为电子密度，λ 为射线波长，R 为回转半径，M 为样品中的粒子数，I_e 是电子散射强度。从表 9－3 中，可查出不同形状的粒子回转半径。显然是近似计算式，但它给出了 X 射线小角散射强度和散射角之间的关系。

表 9－3　简单表状物体的回转半径

简单粒子形状	回　转　半　径
球形（半径为 R）	$(3/5)^{\frac{1}{2}} R$
球壳（外半径为 R，内半径为 C）	$(3/5)^{\frac{1}{2}} R[(1-C^6)/(1-C^3)]^{\frac{1}{2}}$
旋转椭球体（半轴分别为 a、a、ω）	$a[(2+\omega^2)/5]^{\frac{1}{2}}$
圆柱（高为 $2H$，半径为 R）	$(R^2/2+H^2/3)^{\frac{1}{2}}$
薄圆片（半径为 R）	$2^{-\frac{1}{2}} R$
纤维（长为 $2H$）	$3^{-\frac{1}{2}} H$
长方形平行六面体（长为 $2a$、宽为 $2b$、高为 $2c$）	$[(a^2+b^2+c^2)/3]^{\frac{1}{2}}$
立方体（边长为 $2a$）	a

小角散射的应用包括以下几个方面：

①高聚物结晶形态的分析。通过高聚物 X 射线小角散射谱，可以获得晶态、非晶态高聚物的长周期尺寸、分子链堆积和晶体聚集状态的信息，可以弄清聚合物结构及其在加工和热处理过程中受到的影响，测定高聚物在接枝、共聚、共混时的各组分比和相溶性，可测定晶区和非晶区的尺寸。

②微粒大小和分布的测定。在催化剂活性研究、金属粉末加工、炭黑生产、环境中粉尘处理等工作中，常需测定微粒大小和分布。用 X 射线小角散射仪测定时，可采用 Guiniet 近似式或散射函数进行分析，测定其回转半径，再根据形状等已知参数，求出粒子大小和分布。

③材料中微孔的分析。高聚物、合成材料等由于多种原因存在微孔或缺陷。有时有规律分布的微孔恰好构成材料的特殊性能，如离子交换树脂、分子筛、半导体材料等。而有些微孔和缺陷往往导致材料强度的下降。因此，分析微孔及缺陷的尺寸和分布是很重要的。利用 X 射线小角度散射方法，可以实现上述分析，不仅可测干态树脂，也可测溶胀状态树脂的孔结构，还可对超塑合金 10 nm 量级的微孔及其生产规律进行研究。

④固体表面结构研究。固体表面微细突起的数量、形状和大小像微细粉末一样，也会产生 X 射线小角度散射效应，因此，可通过 X 射线小角散射研究固体表面结构，如金属材料在退火、冷轧、抛光前后的表面结构变化，表面成核过程中核的平均尺度等。

9.4.6 高聚物结晶度和取向度的分析

高聚物聚集状态与性能关系密切，结晶度高，则硬度大，但易脆且不透明，可通过成型加工条件来控制结晶度，达到改善材料性能的目的。

在一般高聚物的X射线衍射谱图中，同时存在着明锐和弥散两种散射。明锐散射由高聚物中具有点阵结构的晶体产生；弥散散射由非晶、不完善晶体或完整晶体中的原子、分子或基团，因热振动使点阵排列发生畸变而产生。根据结晶度的定义，如用X射线衍射强度表示，则为

$$X_c = \frac{1}{1 + K\frac{I_a}{I_c}} \times 100\% \tag{9-36}$$

式中，I_a为非晶散射强度，I_c为结晶峰的总强度，对于一定的实验，K为常数。K、I_a、I_c的求得有一定的任意性，K值可用直接校正法和间接校正法求得，I_a、I_c由Natta法、Farrow分峰法、函数分峰法、计算机分峰法等求得。但所得结晶度仍是一个相对概念，尽管如此，它在实际工作中还是有意义的。

聚合物取向度的分析是指合成纤维、薄膜往往在一定条件下，经过不同形式拉伸工艺制成，在拉伸和热处理过程中，高聚物的分子链沿拉伸方向排列，即沿拉伸方向择优取向。取向度和结晶度一样，都是表征纤维、薄膜等聚合物材料聚集结构的重要参数，它直接影响材料的性能。用X射线衍射技术研究结晶聚合物的取向度是非常有用的方法，可分别用取向因子、取向度和极图来表征高聚物的取向特性。

（1）**取向因子**

赫尔曼（Hermann）提出，用$<\cos^2\varphi>$定量地表示微晶相对于参考方向的取向因子$f\varphi$的公式为

$$f\varphi = \frac{3<\cos^2\varphi>-1}{2} \tag{9-37}$$

式中，φ是给定微晶与参考方向之间的夹角，$<\cos^2\theta>$是均方方向余弦，均方是对所有的小晶体而言的。

Stein提出了与赫尔曼公式相近似的三个表达式：

$$\begin{cases} f_{a\cdot z} = \dfrac{3<\cos^2\varphi_{a\cdot z}>-1}{2} \\ f_{b\cdot z} = \dfrac{3<\cos^2\varphi_{b\cdot z}>-1}{2} \\ f_{c\cdot z} = \dfrac{3<\cos^2\varphi_{c\cdot z}>-1}{2} \end{cases} \tag{9-38}$$

式中，a、b、c是三个晶轴承，z是参考方向，若想求取向因子$f\varphi$，首先要设法求出取向参数$<\cos^2\varphi>$。

（2）**结晶聚合物的极图**

根据极图的概念和结晶聚合物所有晶粒在空间的取向分布状态，可用这些晶粒的某一晶面（通常用低指数晶面）的法线在空间的分布状态来描绘。若把结晶聚合物样品放在投影球心上，可用某一晶面法线与投影球面的交点（极点）的分布，来表征该样品的取向。如把这些极点都投影在包括参考轴的子午面（过球心的平面与投影球相交得到的面）上，这种投影

图就称极图。从极点投影的分布不仅能反映结晶聚合物试样中微晶在空间的取向分布，而且也能看出微晶的取向与参考轴的关系。

（3）**方位角半高宽法**

取向度高，将使衍射线强度分布变窄，半高宽度变小。因此，可用下面的经验公式表示取向度 n 的大小：

$$n = \frac{180^o - H^o}{180^o} \times 100\% \tag{9-39}$$

式（9－39）虽无明确的物理意义，但用此公式计算某些晶面的取向度却有一定实用意义，适宜作取向度的相对比较。

9.4.7　晶体结构的分析

当物质结构并不复杂而又难于获得该物质的单晶时，可应用 X 射线衍射仪来进行结构分析。结构测定的步骤如下：

①收集待测样衍射数据。对待测样（要确证为纯样）作 X 射线衍射，获得各衍射线的 2θ 值和积分强度值，精度一般要求 $\Delta\sin^2\theta \leqslant 0.0005$，需用内标法校正才能达到上述精度。

②确定待测样所属晶系。确定晶系较好的办法是利用高温衍射附件，收集待测样在不同温度时的衍射数据，从衍射线的位移情况可以判断晶系。如果全部衍射线的位移量都相同，则属立方晶系，因为立方晶系膨胀系数各向同性。如果所得衍射线位移量不尽相同，可估计属于何种晶系。

③衍射线的指标化。当待测样的晶系为已知或假定属于某一晶系时，就可进行衍射线的指标化工作。所谓指标化，是指通过一定方法找出各衍射线对应的晶面指数（hkl）。目前主要有三类方法，即图解法、分析法和计算机程序法。指标化结果正确与否，可根据待测样的密度、衍射线出现数目、对晶胞体积的限制以及 de Wolff 提出的优值指数等进行判断。

④晶胞中原子数或分子数的确定。衍射谱经指标化后，可根据晶格常数与晶面指数（hkl）和晶面间距 d 的关系，计算出待测样的晶格常数，从而计算出晶胞体积。晶胞中的原子数或分子数 n 可由下式表达：

$$n = \frac{\rho V}{1.66 \times 10^{-24} A} \tag{9-40}$$

式中，V 为晶胞体积，ρ 为待测样密度，A 为待测样原子量或分子量。

⑤空间群的确定。对指标化所得的一系列（hkl）进行分析，找出哪些（hkl）的衍射线不存在，即找出系统消光规律，将所得系统消光规律与 120 个衍射群的消光规律（载于国际结晶学表第一卷）进行比较，从而可以确定待测样属于何空间群，或辅以其他方法来确定属何空间群或可能的空间群。

⑥晶胞中原子坐标的确定。根据晶胞中所含各种原子的数目和待测样所属的空间群，可以初步确定晶胞中各原子的可能坐标。从原子的可能坐标，利用结构因子公式，可计算出 $|F_{hkl}|^2$ 值，由多晶衍射强度公式可计算出各衍射线的强度，将计算的强度与实验测量得到的强度对照，若相符合，则确定了各原子的坐标。由原子坐标可进一步计算待测晶体的键长和键角，最后完成结构测定工作。结构测定比较复杂，详细情况可参阅专著。

参考文献

[1] Ewald P P, Ed. Ewald P P. Fifty Years of X-ray Diff raction [M]. Utrecht: N. V. A. Uosthoek, International Crystallography Union, 1962.

[2] Lawrence Bragg Ed, Philips D, Lipson S. The Development of X-ray Analysis [M]. G. Bell & Sons, 1975.

[3] 周公度. 晶体结构测定 [M]. 北京：科学出版社，1981.

[4] 梁敬魁. 粉末衍射法测定晶体结构 [M]. 北京：科学出版社，2011.

[5] 解其云，吴小山. X射线衍射进展简介 [J]. 物理，2012 (41)：11.

[6] 丛秋滋. 多晶二维X射线衍射 [M]. 北京：科学出版社，1997.

[7] 刘粤惠，刘平安. X射线衍射分析原理与应用 [M]. 北京：化学工业出版社，2003.

思考题

1. 简述X射线的定义、性质和与物质的相互作用。

2. X射线的基本原理是什么？写出布拉格方程的表达式及各参数的含义。

3. 为什么X射线照射晶体时能发生衍射，而可见光却不能？

4. 简述粉晶X衍射定性、定量原理及其分析方法。

5. 如果需要测定多晶样品的晶胞参数并鉴定其是否含有微量物质，样品应采用哪种衍射仪测试？

6. 用钯靶的特征X射线（$\lambda=0.0581$ nm）射向NaCl晶体的（200）面。在$2\theta=11.8^\circ$处出现一级衍射。求：（200）面间距是多少？NaCl晶胞的边长是多少？